云计算工程师系列

Linux 系统管理

主　编　肖　睿

副主编　闫应栋　马冬侠　叶建森

中国水利水电出版社
www.waterpub.com.cn
·北京·

内 容 提 要

本书针对 Linux 零基础人群，采用案例或任务驱动的方式，由入门到精通，采用边讲解边练习的方式，使得读者在学习的过程中完成多个运维项目案例。本书分为零基础体验和系统管理两大部分，首先介绍 Linux 系统的安装，进而体验如何构建 LAMP 网站平台，然后依次介绍 Linux 常用命令、文件目录管理、账号权限管理、磁盘管理、Linux 引导过程、计划任务管理，最后介绍了系统安全、深入分析了 Linux 文件系统。本书内容是学习 Linux 的必备，需要多动手多练习，达到炉火纯青的地步，为后续学习做好充足的准备。

本书通过通俗易懂的原理及深入浅出的案例，并配以完善的学习资源和支持服务，为读者带来全方位的学习体验，包括视频教程、案例素材下载、学习交流社区、讨论组等终身学习内容，更多技术支持请访问课工场 www.kgc.cn。

图书在版编目（CIP）数据

Linux系统管理 / 肖睿主编. -- 北京 : 中国水利水电出版社，2017.5（2024.9 重印）
（云计算工程师系列）
ISBN 978-7-5170-5375-0

Ⅰ. ①L… Ⅱ. ①肖… Ⅲ. ①Linux操作系统 Ⅳ. ①TP316.85

中国版本图书馆CIP数据核字(2017)第099122号

策划编辑：石永峰　责任编辑：张玉玲　加工编辑：高双春　封面设计：梁　燕

书　　名	云计算工程师系列 Linux系统管理 Linux XITONG GUANLI
作　　者	主　编　肖　睿 副主编　闫应栋　马冬侠　叶建森
出版发行	中国水利水电出版社 （北京市海淀区玉渊潭南路 1 号 D 座 100038） 网址：www.waterpub.com.cn E-mail：mchannel@263.net（答疑） sales@mwr.gov.cn 电话：（010）68545888（营销中心）、82562819（组稿）
经　　售	北京科水图书销售有限公司 电话：（010）68545874、63202643 全国各地新华书店和相关出版物销售网点
排　　版	北京万水电子信息有限公司
印　　刷	三河市德贤弘印务有限公司
规　　格	184mm×260mm　16 开本　16 印张　347 千字
版　　次	2017 年 5 月第 1 版　2024 年 9 月第 4 次印刷
印　　数	7001—8000 册
定　　价	49.00 元

丛书编委会

前　言

“互联网 + 人工智能”时代，新技术的发展可谓是一日千里，云计算、大数据、物联网、区块链、虚拟现实、机器学习、深度学习等等，已经形成一波新的科技浪潮。以云计算为例，国内云计算市场的蛋糕正变得越来越诱人，以下列举了 2016 年以来发生的部分大事。

1. 中国联通发布云计算策略，并同步发起成立“中国联通沃云 + 云生态联盟”，全面开启云服务新时代。

2. 内蒙古斥资 500 亿元欲打造亚洲最大云计算数据中心。

3. 腾讯云升级为平台级战略，旨在探索云上生态，实现全面开放，构建可信赖的云生态体系。

4. 百度正式发布“云计算 + 大数据 + 人工智能”三位一体的云战略。

5. 亚马逊 AWS 和北京光环新网科技股份有限公司联合宣布：由光环新网负责运营的 AWS 中国（北京）区域在中国正式商用。

6. 来自 Forrester 的报告认为，AWS 和 OpenStack 是公有云和私有云事实上的标准。

7. 网易正式推出“网易云”。网易将先行投入数十亿人民币，发力云计算领域。

8. 金山云重磅发布“大米”云主机，这是一款专为创业者而生的性能王云主机，采用自建 11 线 BGP 全覆盖以及 VPC 私有网络，全方位保障数据安全。

DT 时代，企业对传统 IT 架构的需求减弱，不少传统 IT 企业的技术人员，面临失业风险。全球最知名的职业社交平台 LinkedIn 发布报告，最受雇主青睐的十大职业技能中“云计算”名列前茅。2016 年，中国企业云服务整体市场规模超 500 亿元，预计未来几年仍将保持约 30% 的年复合增长率。未来 5 年，整个社会对云计算人才的需求缺口将高达 130 万。从传统的 IT 工程师转型为云计算与大数据专家，已经成为一种趋势。

基于云计算这样的大环境，课工场（kgc.cn）的教研团队几年前开始策划的“云计算工程师系列”教材应运而生，它旨在帮助读者朋友快速成长为符合企业需求的、优秀的云计算工程师。这套教材是目前业界最全面、专业的云计算课程体系，能够满足企业对高级复合型人才的要求。参与本书编写的院校老师还有闫应栋、马冬侠、叶建森等。

课工场是北京大学下属企业北京课工场教育科技有限公司推出的互联网教育平台，专注于互联网企业各岗位人才的培养。平台汇聚了数百位来自知名培训机构、高校的顶级名师和互联网企业的行业专家，面向大学生以及需要“充电”的在职人员，针对与互联网相关的产品设计、开发、运维、推广和运营等岗位，提供在线的直播和录播课程，并通过遍及全国的几十家线下服务中心提供现场面授以及多种形式的教学服务，并同步研发出版最新的课程教材。

除了教材之外，课工场还提供各种学习资源和支持，包括：

- 现场面授课程
- 在线直播课程
- 录播视频课程
- 授课 PPT 课件
- 案例素材下载
- 扩展资料提供
- 学习交流社区
- QQ 讨论组（技术，就业，生活）

以上资源请访问课工场网站 www.kgc.cn。

本套教材特点

（1）科学的训练模式

- 科学的课程体系。
- 创新的教学模式。
- 技能人脉，实现多方位就业。
- 随需而变，支持终身学习。

（2）企业实战项目驱动

- 覆盖企业各项业务所需的 IT 技能。
- 几十个实训项目，快速积累一线实践经验。

（3）便捷的学习体验

- 提供二维码扫描，可以观看相关视频讲解和扩展资料等知识服务。
- 课工场开辟教材配套版块，提供素材下载、学习社区等丰富的在线学习资源。

读者对象

（1）初学者：本套教材将帮助你快速进入云计算及运维开发行业，从零开始逐步成长为专业的云计算及运维开发工程师。

（2）初中级运维及运维开发者：本套教材将带你进行全面、系统的云计算及运维开发学习，逐步成长为高级云计算及运维开发工程师。

课工场出品（kgc.cn）

课程设计说明

课程目标

读者学完本书后，能够掌握 Linux 系统的安装、管理与维护。

训练技能

- 掌握 Linux 系统的安装与基本操作。
- 理解网站与域名的关系，申请域名与备案流程。
- 掌握对 Linux 系统的操作与管理。
- 理解 Linux 启动引导过程。
- 掌握增强 Linux 系统安全的方法。
- 深入理解 Linux 文件系统。

设计思路

本书采用了教材 + 扩展知识的设计思路，扩展知识提供二维码扫描，形式可以是文档、视频等，内容可以随时更新，能够更好地服务读者。

教材分为 14 个章节、2 个阶段来设计学习，即零基础体验、Liunx 系统管理，具体安排如下：

- 第 1 章～第 5 章介绍 Linux 操作系统的安装与基本操作、网站与域名、体验 LAMP 网站平台部署等基础知识，使读者建立系统感，不要求完全掌握。
- 第 6 章～第 14 章是管理与维护 Linux 操作系统，使用 Linux 常用管理命令对程序、账号、权限、磁盘、服务等进行管理，并且使用 PAM、扫描端口等操作增强系统安全性，深入理解 Linux 文件系统，理解 inode 与 block、硬链接与软链接。

章节导读

- 技能目标：学习本章所要达到的技能，可以作为检验学习效果的标准。
- 本章导读：对本章涉及的技能内容进行分析并展开讲解。
- 操作案例：对所学内容的实操训练。
- 本章总结：针对本章内容的概括和总结。
- 本章作业：针对本章内容的补充练习，用于加强对技能的理解和运用。
- 扩展知识：针对本章内容的扩展、补充，对于新知识随时可以更新。

学习资源

- 学习交流社区（课工场）
- 案例素材下载
- 相关视频教程

更多内容详见课工场 www.kgc.cn。

目　录

第1章

服务器硬件与 Linux 初体验

技能目标

- 掌握服务器硬件的构成
- 认识 Linux 操作系统
- 掌握制作U盘启动盘的方法
- 掌握U盘启动安装 Linux 服务器的方法

本章导读

服务器是工程师日常工作中打交道非常多的对象，本章我们将了解服务器的基本硬件构成、如何给服务器安装操作系统。

知识服务

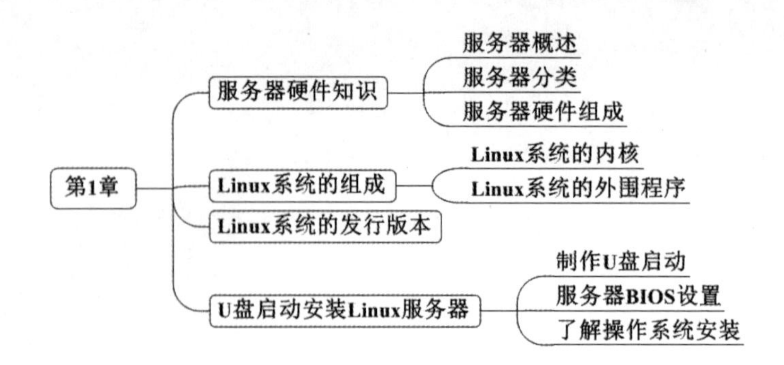

1.1 服务器硬件知识

1. 服务器概述

我们知道，组成计算机的硬件主要有主机和输入/输出设备。主机包括机箱、电源、主板、CPU（Central Processing Unit，中央处理器）、内存、显卡、声卡、网卡、硬盘、光驱等，输入/输出设备包括显示器、键盘、鼠标、音箱、摄像头、打印机和扫描仪等。那么什么是服务器呢？

服务器是指在网络环境下运行相应的应用软件，为网上用户提供共享信息资源和各种服务的一种高性能计算机，英文名叫做 Server。服务器无论是在网络连接性能，还是在稳定性等其他各个方面都比 PC 机要高得多，具体性能对比如表 1-1 所示。

表 1-1 服务器与 PC 指标对照表

指标	服务器	PC
处理器性能	支持多处理器，性能高	一般不支持多处理，性能低
I/O 性能	强大	相对弱小
可管理性	高	相对低
可靠性	非常高	相对低
扩展性	非常强	相对弱

2. 服务器分类

（1）按照体系架构分类

1）非 x86 服务器。

这种服务器有很好的稳定性，整体性能强，就是价格昂贵，体系封闭。主要用在金融、电信等大型企业的核心系统中。包括大型机、小型机和 UNIX 服务器，主要采用 UNIX 和其他专用操作系统的服务器。使用 RISC（精简指令集）或 EPIC（并行指令代码）处理器，RISC 处理器主要有 IBM 公司的 POWER 和 PowerPC 处理器、Sun 与富士通公司合作研发的 SPARC 处理器，EPIC 处理器主要是 Intel 研发的安腾处理器等。

2）x86 服务器。

又称 CISC（复杂指令集）服务器，基于 PC 机体系结构，也被称为 PC 服务器，一般使用 Intel 或其他兼容 x86 指令集的处理器芯片。这种服务器主要用在中小企业和非关键业务中，价格相对便宜、兼容性好。

（2）按照应用层次分类

分为入门级服务器、工作组级服务器、部门级服务器和企业级服务器。越往上服务器的档次也越高，所支持的处理器个数、插槽个数越多，所支持的内存、带宽越多，对于数据处理的能力也就越强。

（3）按照机箱结构分类

1）塔式服务器。

塔式服务器在外型和结构上和台式机差不多，所以也被称为“台式服务器”。由于塔式服务器的机箱比较大，主板扩展性较强，插槽也多，所以服务器的配置可以很高，成本比较低，适合入门级、工作组级服务器应用。但是在外形尺寸上没有统一的标准，占用空间多也不方便管理，整体的扩展性能会受到主板和机箱的限制。

2）机架式服务器。

机架式服务器外形上类似于交换机，有 1U（1U=1.75 英寸）、2U、4U 等不同规格。被安装在标准的 19 英寸机柜里面。相对于塔式服务器要更节约空间，适合于大型专用机房统一部署和管理大量的服务器的场合。

3）刀片式服务器。

刀片式服务器是一种高可用高密度的低成本服务器，主要结构为标准高度的机架式机箱，内部可以插上多“刀片”，其中每一“刀片”都是一块系统母板，相当于一个独立的服务器，每一系统母版都可以运行自己的系统。比机架式服务器更节省空间，但是为了散热，机箱内需要安装大型强力风扇。这种服务器的价格比较昂贵，一般用于大型的数据中心或者需要大规模计算的领域，是专门为特殊应用行业和高密度计算机环境设计的。

3. 服务器硬件组成

使用课工场 APP 或登录 kgc.cn 网站观看视频：服务器与 Linux 初体验 1-2 解剖 PC 服务器。

1.2 Linux 系统的组成

Linux 操作系统由 Linux 内核和各种外围程序组成。Linux 内核是一个特殊的软件程序，用于实现 CPU 和内存分配、进程调度、设备驱动等核心操作，以面向硬件为主；外围程序包括分析用户指令的解释器、网络服务程序、图形桌面程序等各种应用型的软件程序，以面向用户为主。

1.2.1　Linux 系统的内核

对操作系统来说，内核就好像是人的心脏一样，在整个系统中有举足轻重的地位。Linux 内核之所以受到人们的如此重视，是因为它是构成整个 Linux 操作系统最关键的组成部分。可以毫不夸张地说，没有 Linux 内核的出现就没有今天的 Linux 操作系统。

Linux 内核最初由芬兰大学生李纳斯•托沃兹（Linus Torvalds）在 1991 年发布，主要使用 C 语言及一小部分汇编语言开发而成。Linux 内核的官方网站是 http://www.kernel.org/，从该站点中可以下载已发布的各个版本的内核文件。Linux 内核的标志是一个名为 Tux 的小企鹅，如图 1.1 所示。

图 1.1　Linux 内核的标志 Tux

长期以来，Linux 内核采用了稳定版本和开发版本并存的版本控制方式。版本号的命名格式为 x.yy.zz，其中 x 为主版本号，yy 为次版本号，zz 表示修订版本号。

- x 主版本号：用于表示内核结构、功能等方面的重大升级，主版本号升级比较缓慢，目前只使用了“1”“2”和“3”三个主版本号。
- yy 次版本号：用于表示内核版本是开发版本还是稳定版本，使用奇数代表开发版本，使用偶数代表稳定版本，如 2.3 和 2.5 属于内核的开发版本，2.4 和 2.6 属于内核的稳定版本。内核的某个开发版本经过不断的修正趋于稳定后将次版本号加 1 演变为内核的稳定版本，如内核的 2.5 开发版趋于稳定后会转换为 2.6 版。一般来讲只有内核的稳定版本才能够用于生产系统或被 Linux 发行版本采用。
- zz 修订版本号：用于表示对于同一个内核次版本（稳定版或开发版）的不断修订和升级，通常修订版本升级只是对内核进行较小的改变，如内核的 2.6.25 版升级后将作为 2.6.26 版进行发布。

1.2.2　Linux 系统的外围程序

构成 Linux 系统的外围程序大部分来自于 GNU 项目或其他组织的开源软件，如著名的 C 语言编译工具 gcc、命令解释器程序 bash、网站服务器程序 httpd 等。因此，Linux 操作系统更确切的含义应为“GNU/Linux 操作系统”。

GNU 的名称来源于“GNU is Not UNIX”的缩写，GNU 项目由自由软件运动的倡导者 Richard Stallman 于 1984 年发起并创建，其目标是编写大量兼容于 UNIX 操作系统的可自由传播、使用的软件，用于替换 UNIX 系统中的各种商业软件。GNU 项目的官方网站网址：http://www.gnu.org/。此外 GNU 项目还成立了一个软件基金会，称为 FSF（Free Software Foundation，自由软件基金会），其官方网站网址：http://www.fsf.org/。

1. GPL 和 LGPL 协议

为了确保 GNU 项目所发布的软件经过传播、改写以后仍然具有“自由”的特性，GNU 项目提出了针对自由软件的授权许可协议 GPL（General Public License，通用公共许可证），其核心内容主要包括以下几点。

- 软件必须以源代码的形式发布，允许用户任意复制、传递、修改使用及再次发布新的软件版本。
- 如果新发布的某个软件项目使用了受 GPL 协议保护的任何自由软件的一部分，则发布时也必须遵守 GPL 协议，将源代码开放并允许其他用户任意复制、传递及修改使用。
- 不对使用自由软件的任何用户提供任何形式的责任担保或承诺。
- 不排斥对自由软件进行商业性质的包装和发行，也不限制在自由软件的基础上打包发行其他非自由软件。

而 LGPL（Lesser General Public License，次级公共许可证）协议作为 GPL 授权协议的一个变种，是 GNU 项目为了得到更多开发者（包括商用软件开发商）的支持而提出的。相对于 GPL 来说，LGPL 显得要更为宽松一些，允许使用者在自己的程序中使用 GNU 程序库，而无须公开全部源代码。LGPL 协议为使用 Linux 平台开发商业软件、推进 Linux 系统的进一步发展提供了更多的空间。

2. 开源软件

开源软件即开放源代码软件（Open Source Software），其最重要的一个特性是源代码开放，任何人都可以获得开源软件的所有源代码。开源软件的出现对传统的商业软件模式（封闭源代码）是一个极大的挑战。自 20 世纪 80 年代以来，开源软件从诞生到逐渐兴起，再到今天的蓬勃发展，已逐渐演化成了一种潮流。

广义上的开源软件包括任何开放源代码的软件，遵守 GPL 协议的所有自由软件都可以称为开源软件，但是开源软件不一定就是自由软件（虽然这种情况比较少）。例如，微软公司曾经对部分国家开放过一小部分源代码，但并不表示对应的 Windows 系统也是自由软件。

开源软件项目的官方网站网址：http://www.opensource.org/。

1.3 Linux 系统的发行版本

Linux 内核和软件采用了相对开放的用户许可协议，任何软件公司和社团甚至是个人都可以将 Linux 内核和自由软件打包成一个完整的 Linux 操作系统，因此出现了各种不同的 Linux 发行版本。每个 Linux 发行版本都拥有单独的名称，如 Red Hat Linux、Ubuntu Linux、SUSE Linux、Debian Linux 等，它们所采用的 Linux 内核和使用的软件包基本类似，但在具体操作和使用上略有差别。

Linux操作系统经过20多年的不断发展，已经形成了多达数百种的Linux发行版本，足以让广大的 Linux 初学者目不暇接，难以做出选择。主流的 Linux 发行版本中，主要包括Red Hat公司、Novell公司、Debian社区、Ubuntu社区发行的一系列Linux系统。

1. Red Hat 系列

Red Hat 公司是成立较早的 Linux 发行版本厂商，其推出的红帽系列 Linux 发行版本得到了软、硬件厂商的广泛支持，一直以来是许多企业首选的服务器平台，也成为许多商用开源操作系统的参照标准。Red Hat 的中文官方网站网址：http://cn.redhat.com/。

CentOS 是一个基于 Red Hat 操作系统提供的、可自由使用源代码的社区企业操作系统。两者的不同在于 CentOS 不包含闭源代码软件，有些要求高度稳定的服务器使用 CentOS 代替商业版的 Red Hat Enterprise Linux 使用。CentOS 的官方网站网址：https://www.centos.org/。

2. Debian 系列

该系列是完全由社区进行维护的 Linux 发行版本，也是在开源社区中作为项目运作的成功典范。Debian Linux 的发展得到了全世界范围内数以千计的开源软件开发者和爱好者的参与和支持，积累了规模庞大的用户群。Debian 的官方网站网址：http://www.debian.org/。

3. Ubuntu 系列

Ubuntu Linux 是一个以 Debian 为原型的 Linux 后起之秀，它是由南非的 Canonical 公司提供运营支持的社区版 Linux 系统，在 Linux 桌面环境、硬件支持以及易用性等方面表现卓越，在短短的几年时间内迅速获得了大量个人用户的喜爱。Ubuntu Linux 的官方网站网址：http://ubuntu.org.cn/。

1.4 U 盘启动安装 Linux 服务器

服务器安装操作系统有几种方法，根据安装所需的安装介质不同可分为：光盘安装、U 盘安装、网络安装等。

光盘安装是最常规的方法，也是最基本的方法。U 优盘安装适用于没有光驱的服务器或用在没有系统安装光盘的情况，要求电脑支持 USB 启动。网络安装需要进行相关服务的配置。

1.4.1　制作 U 盘启动盘

1. 准备工作

制作 U 盘启动盘，需要准备一个容量足够的 U 盘，能够存放下系统镜像文件，如安装 CentOS，可以从官网 http://www.centos.org 上下载合适的版本。

2. 制作 U 盘启动盘

下面以 UltraISO 为例来讲解如何制作 U 盘启动盘，UltraISO 工具工作界面如图 1.2 所示，具体操作步骤如下。

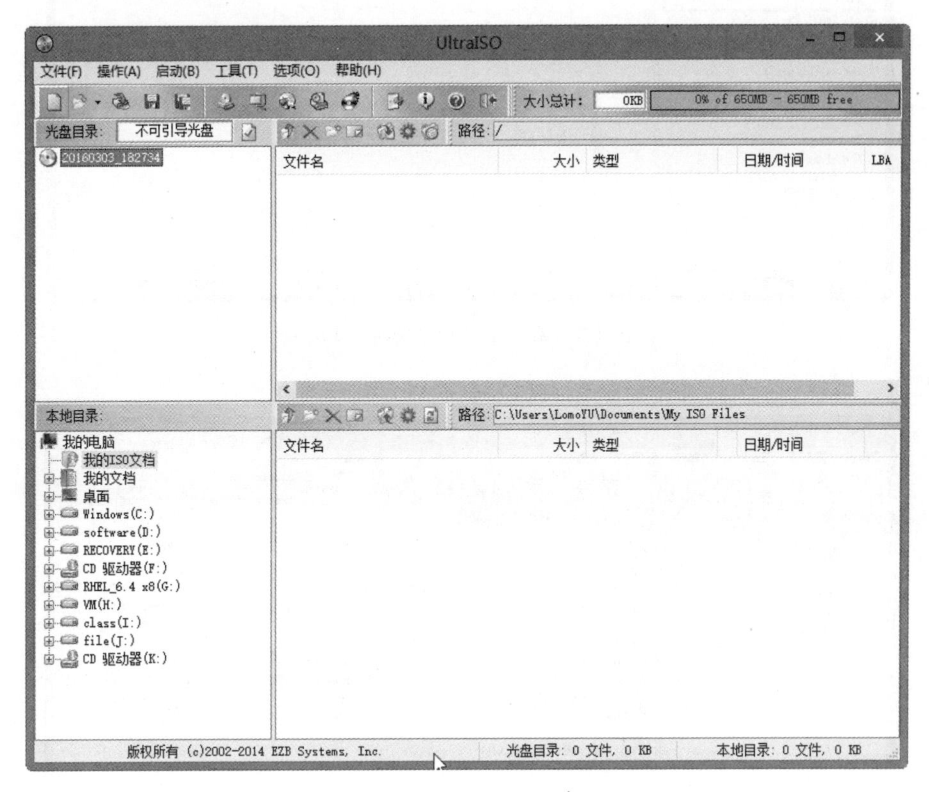

图 1.2　UltraISO 工具工作界面

（1）添加刻录镜像文件

在 UltraISO 工具菜单栏中选择“文件”→“打开”选项，如图 1.3 所示。选择之前下载好的系统镜像，所选取的镜像文件，会显示在光盘目录以及光盘文件窗口中，如图 1.4 所示。

（2）写入硬盘镜像

在菜单栏中选择“启动”→“写入硬盘镜像”选项，如图 1.5 所示。插入事先准备好的 U 盘到电脑，可以在写入硬盘映像窗口中看到硬盘驱动器信息、映像文件以及可以设定写入 U 盘启动盘的方式，这里为“USB-HDD+”的方式，如图 1.6 所示。

图 1.3　添加系统镜像文件（1）

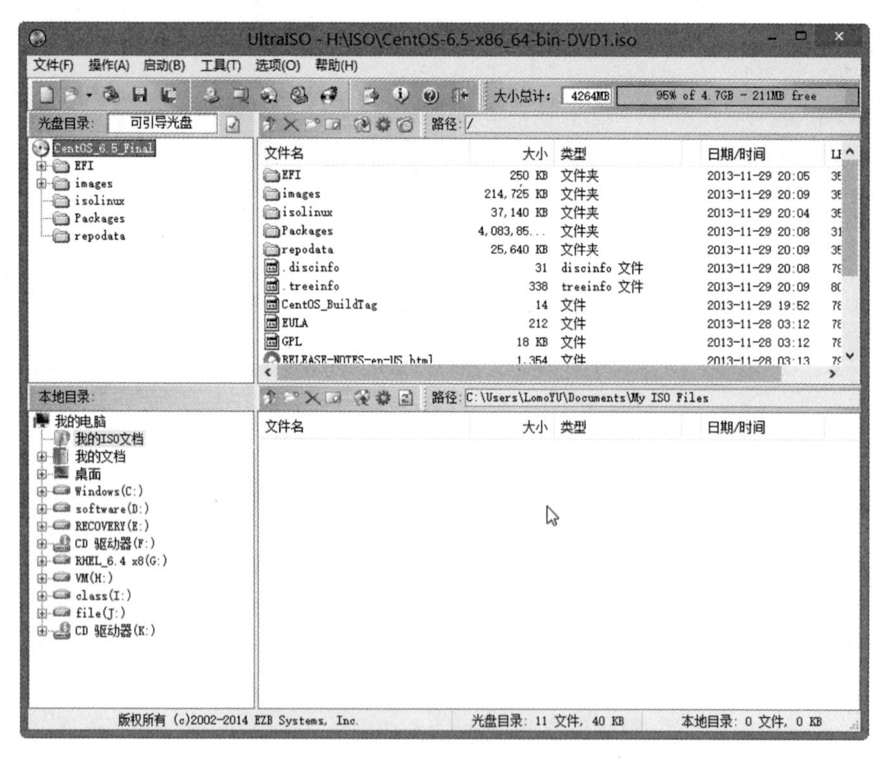

图 1.4　添加系统镜像文件（2）

图 1.5　写入映像（1）

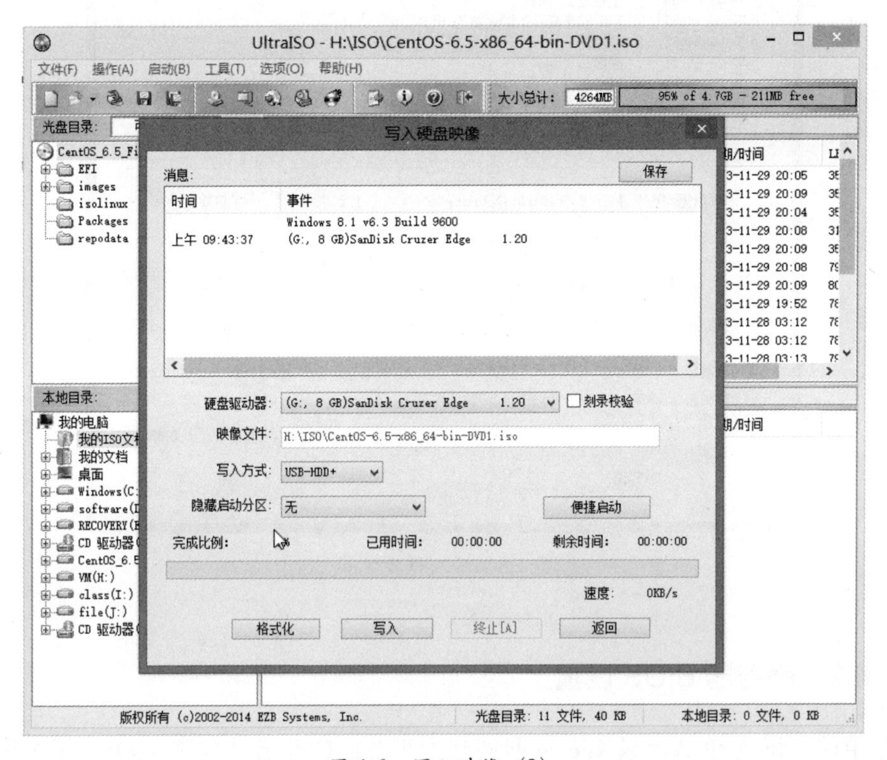

图 1.6　写入映像（2）

（3）确认写入镜像

单击“写入”按钮，这时会出现提示信息，警告 U 盘上的数据会被清除，如图 1.7 所示。

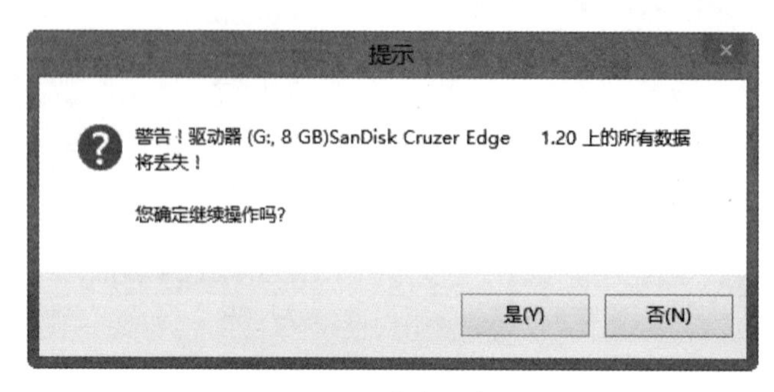

图 1.7 警告信息

开始写入硬盘映像，也是刻录系统镜像文件到 U 盘中的过程。等待直到刻录完毕，U 盘启动盘就做好了，如图 1.8 所示。

图 1.8 写入镜像完毕

1.4.2 服务器 BIOS 设置

使用课工场 APP 或登录 kgc.cn 网站观看视频：U 盘启动安装（2），掌握服务器 BIOS 设置。

1.4.3 了解操作系统安装

使用课工场 APP 或登录 kgc.cn 网站观看视频：Linux 安装及操控（1），了解操作系统安装。

如果要在个人计算机上练习安装 Linux，首先需要搭建虚拟环境，我们将在后续课程中介绍。

本章总结

- 服务器是指在网络环境下运行相应的应用软件，为网上用户提供共享信息资源和各种服务的一种高性能计算机。
- Linux 操作系统由内核和外围程序组成，其中 Linux 内核主要由 Linus Torvalds 开发并维护。
- GUN 自由软件项目为 Linux 系统贡献了大量的软件和程序，自由软件使用 GPL 授权许可协议。
- Linux 内核版本的命名形式为 x.yy.zz，其中的 x 为主版本号，yy 为次版本号。yy 为奇数时表示开发版本，为偶数时表示稳定版本。
- 服务器安装操作系统常见方法有：光盘安装、U 盘安装、网络安装等。

本章作业

用课工场 APP 扫一扫完成在线测试，快来挑战吧！

随手笔记

第2章

搭建 VMware 虚拟环境

技能目标

- 了解虚拟机的定义
- 学会使用 VMware Workstation
- 会安装 CentOS 系统
- 学会使用 Xshell 远程连接虚拟机

本章导读

在工作中经常要对一些新的程序进行测试，在测试过程中，可能需要反复重新搭建测试环境，使测试的周期延长。虚拟机的出现，使测试工作可以在一个相对独立的环境中进行，并且在虚拟机中复制测试环境变得很容易，大大节省了测试工作的时间成本。本章将介绍虚拟机的使用，在学习过程中使用虚拟机来模拟各种工作环境，完成相关的操作练习。

知识服务

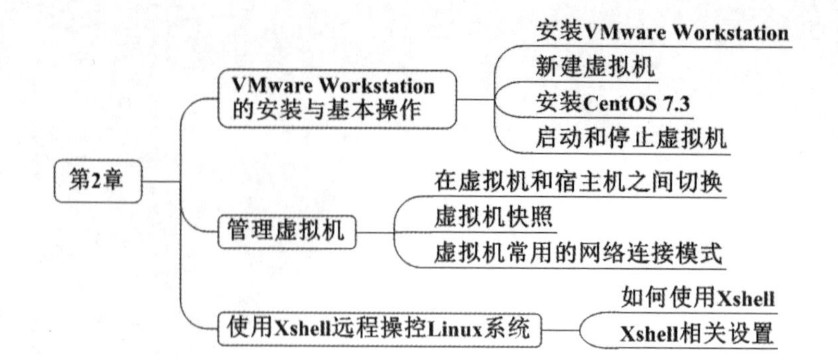

2.1 VMware Workstation 的安装与基本操作

VMware Workstation 是应用较为广泛的虚拟化平台，常被用做新应用的测试，系统平台的演示，以及各种教学、实验环境。本章主要介绍 VMware Workstation 12 Pro 的安装与使用。

2.1.1 安装 VMware Workstation

VMware Workstation 12 Pro 的安装比较简单，按照安装向导的提示进行安装即可。在安装过程中或安装完毕后，要输入 VMware 公司的许可证密钥（License Key）。

1. 在安装过程中输入许可密钥

在 VMware Workstation 12 Pro 的安装向导已完成时，会出现“许可证”按钮，单击后如图 2.1 所示，需输入许可证密钥，并单击“输入”按钮继续安装。也可以单击“跳过”按钮跳过此步，待安装完成之后再输入密钥。

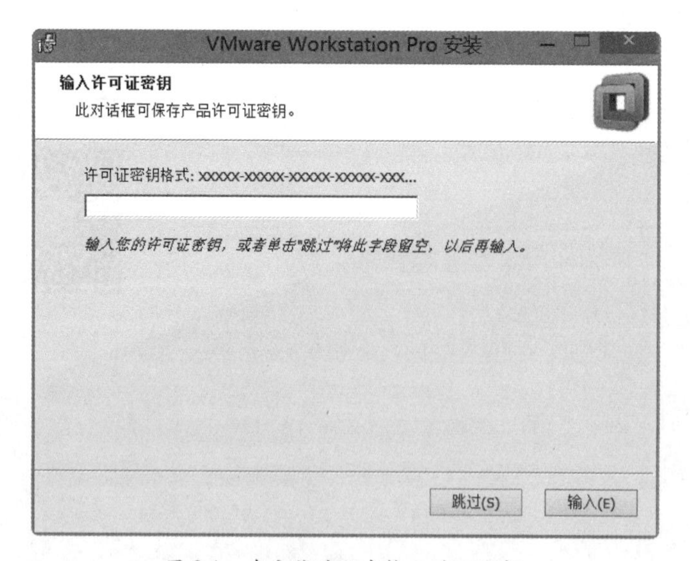

图 2.1　在安装过程中输入许可密钥

2. 安装完毕后输入许可证密钥

如果在安装过程中跳过了输入密钥的步骤，可以在安装完成之后，选择“帮助”→“输入许可证密钥”，在打开的对话框中单击“输入许可证密钥”按钮，输入许可证密钥，如图 2.2 所示。

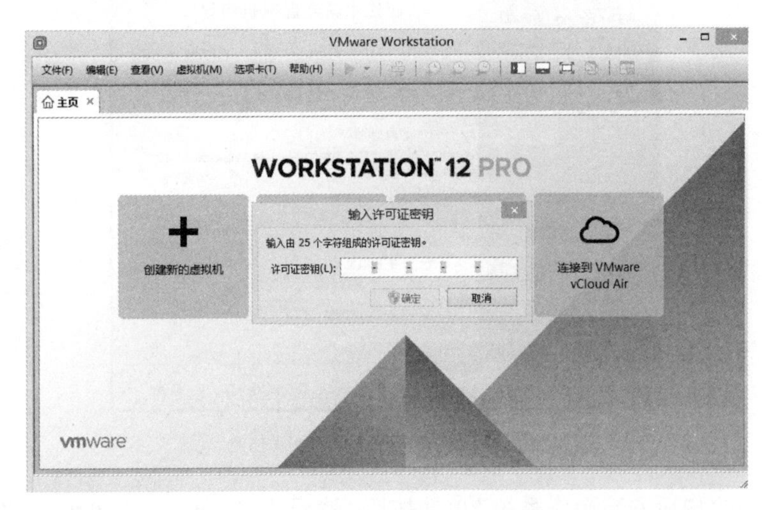

图 2.2　安装完成后输入许可证密钥

2.1.2　新建虚拟机

使用 VMware Workstation 可以创建、管理多个虚拟机。虚拟机的创建可以通过创建虚拟机向导完成，创建向导将根据用户的需要，为虚拟机分配不同的硬件资源，包括分配内存、硬盘空间等。其步骤如下。

（1）选择“文件”→“新建虚拟机”，或单击主界面上的“创建新的虚拟机”图标，如图 2.3 所示，打开新建虚拟机向导。

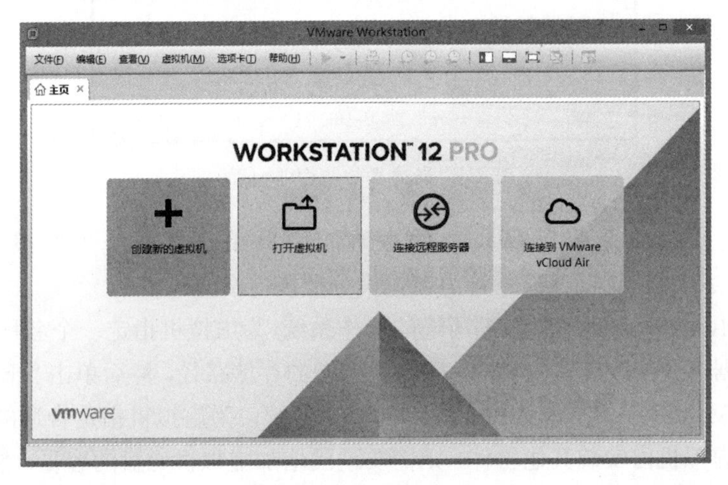

图 2.3　创建新的虚拟机

（2）在新建虚拟机向导中选择“典型（推荐）”单选按钮，单击“下一步”按钮，如图 2.4 所示。

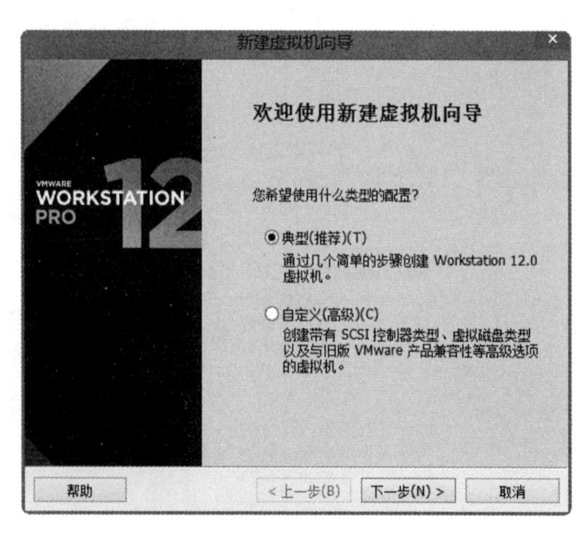

图 2.4　新建虚拟机向导（1）

（3）单击“稍后安装操作系统”单选按钮，然后单击“下一步”按钮，如图 2.5 所示。

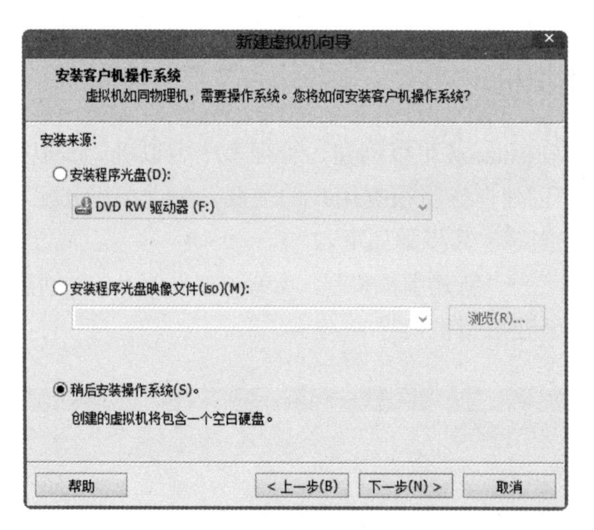

图 2.5　新建虚拟机向导（2）

（4）选择操作系统以及具体的版本，然后单击“下一步”按钮，VMware Workstation 会根据所选的操作系统为虚拟机分配硬件资源。

（5）VMware Workstation 根据所选的操作系统，为虚拟机指定一个名称，如“CentOS 64-bit”。根据需要修改默认的名称，指定虚拟机的存储路径，然后单击“下一步”按钮。

（6）VMware Workstation 根据所选的操作系统，为虚拟机指定合适的磁盘容量。如果需要在虚拟机内安装其他软件，则需要适当增加虚拟机磁盘的容量，然后单击“下一步”按钮。

（7）确认名称、路径等设置无误后，单击“完成”按钮，完成虚拟机的建立。

（8）新建的虚拟机如图 2.6 所示，名称为“CentOS 64-bit”。

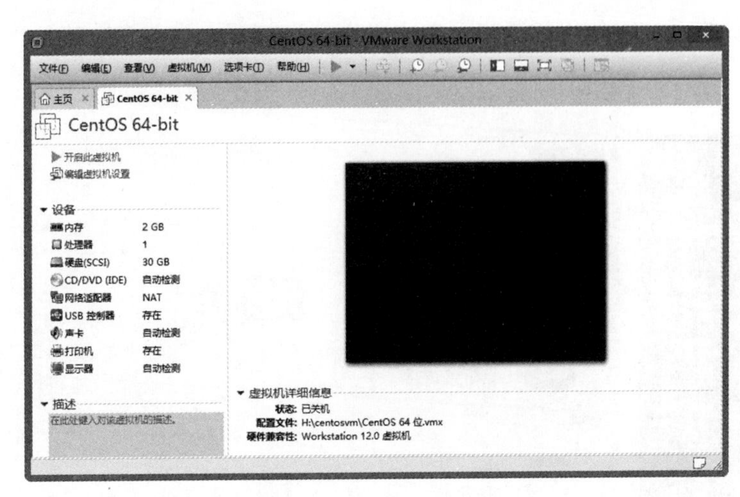

图 2.6 新建完成的虚拟机

2.1.3 安装 CentOS 7.3

CentOS 7.3 版本镜像可以从官网 https://www.centos.org/download/ 下载，使用镜像引导系统提供给用户三种选择，分别是直接安装 CentOS 7 系统、测试安装介质并安装 CentOS 7 系统、修复故障。如果能够确保安装介质没有问题，可以选择第一项直接进行安装。在加载媒体安装程序完毕后，就会进入图形安装界面，如图 2.7 所示。

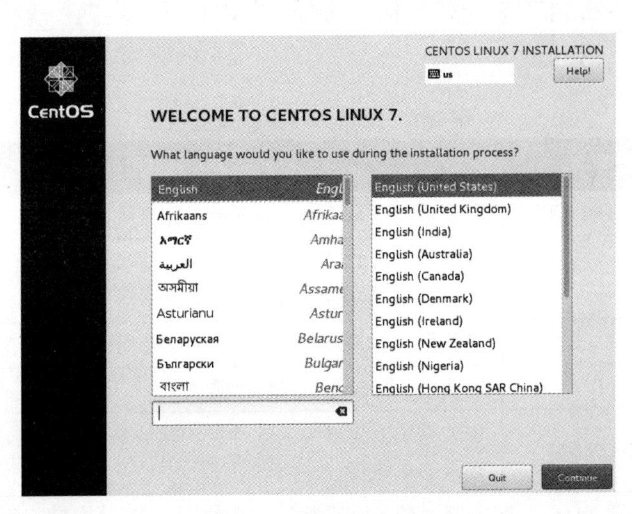

图 2.7 图形安装界面

1. 选择安装语言

在进入图形安装界面后，可以选择安装过程中所使用的语言（默认为英文）。选择

“中文 Chinese”后，安装界面就会转换为中文显示。

2. 安装信息摘要

选择完安装系统所使用的语言后单击“继续”按钮，进入安装信息摘要页面，如图 2.8 所示。

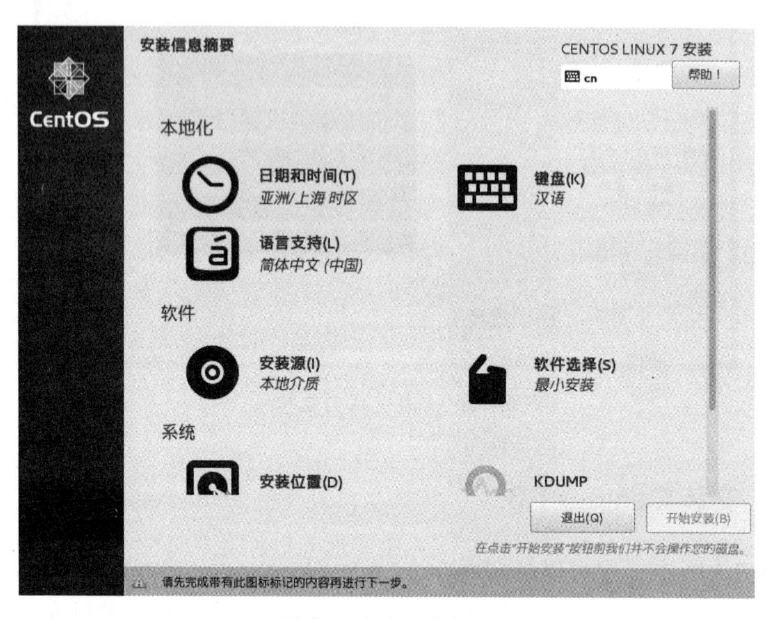

图 2.8　安装信息摘要

安装信息摘要页面包含了很多选项，可以完全自定义安装我们的系统。按照此界面下方提示“请先完成带有黄色叹号标记的内容再进行下一步”，一般会依次进行设置。主要配置选项如表 2-1 所示。

表 2-1　CentOS 7.3 配置选项

类别	配置项	说明
本地化	时间和日期（T）	安装系统后的时间，需选择服务器所在位置的时区
	键盘（K）	安装系统后的键盘，一般会配置中文键盘（中文安装界面默认）以及英语（美国）键盘
	语言支持（L）	安装系统后的语言支持，如需支持简体中文，在此项中添加
软件	安装源（I）	安装系统时选择的安装介质
	软件选择（S）	安装系统附带安装的组件包，默认最小化安装，只安装系统启动必须的软件包
系统	安装位置（D）	选择安装系统的设备，支持本地标准磁盘和网络磁盘
	KDUMP	安装系统后是否启用 KDUMP 功能
	网络和主机名（N）	安装系统后的主机名以及网络参数
	安全策略	安装系统后的安全策略设置

（1）本地化设置

在“本地化”类别中，选择“日期和时间”选项，可在此定义是否使用网络时间，以及修改系统日期、时间和定义时间显示格式（24 小时或者 AM/PM 形式）；选择“键盘”选项，可以通过页面的“+”按钮添加其他键盘，比如选择安装语言为简体中文，那么默认键盘使用中文键盘，可以在此添加英文（美国）键盘使用；选择“语言支持”选项，可以选择安装系统后所支持的语言。

（2）软件设置

在“软件”类别中，选择“安装源”选项，可以选择使用本地光盘、ISO 镜像文件，还可以选择网络源，从网络提供安装介质进行安装操作系统等。还可以在此验证光盘或镜像是否完整，防止安装过程中出现软件包不完整而导致的系统无法安装。

选择“软件选择”选项，可以选择要安装的组件，默认使用最小化安装方式进行安装，仅安装最基本的软件包使系统可以运行，没有图形化组件。生产环境中建议选择最小化安装方式，安装软件包较少，安装速度快且启动系统的速度也快。如果后续操作需要桌面环境，安装支持桌面的软件包组即可。

（3）系统设置

1）在“系统”类别中，选择“安装位置”选项，可设置安装系统的设备，支持本地标准磁盘和网络磁盘（远程存储设备，如 SAN、NAS 设备）。可以设置分区划分方式（自动配置分区和手动划分分区），还可以启用分区加密来保护数据。这里保持默认选项即将系统安装到本地磁盘，自动划分磁盘分区，如图 2.9 所示。

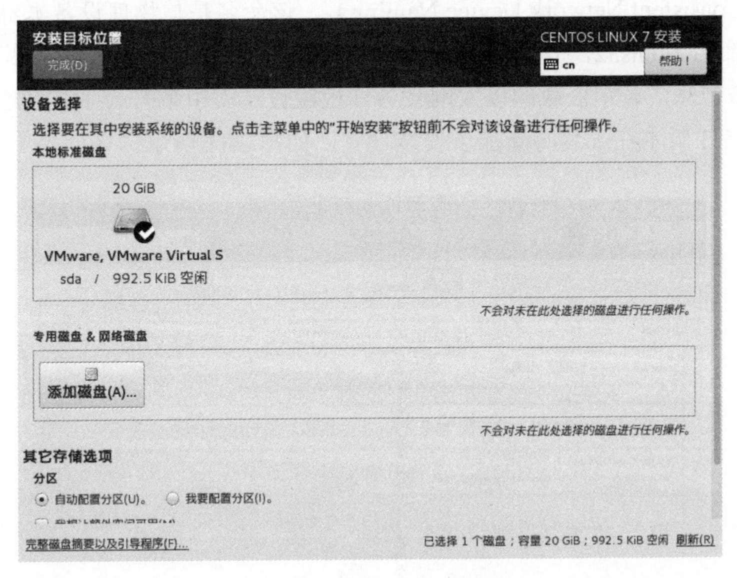

图 2.9 安装目标位置

2）选择“KDUMP”选项，可设置是否启用 kdump 备份机制。kdump 是在系统崩溃、死锁或者死机的时候用来转储内存运行参数的一个工具。系统不需要分析内核崩溃原因时不用开启，需要的时候可以手动开启。

3）选择“网络和主机名”选项，可以启动网络接口设置（默认未启动）、修改主机名以及配置网络接口设备。选择网络接口设备单击“开启 | 关闭”按钮即可启动或者关闭指定的网络接口设备，如图 2.10 所示。

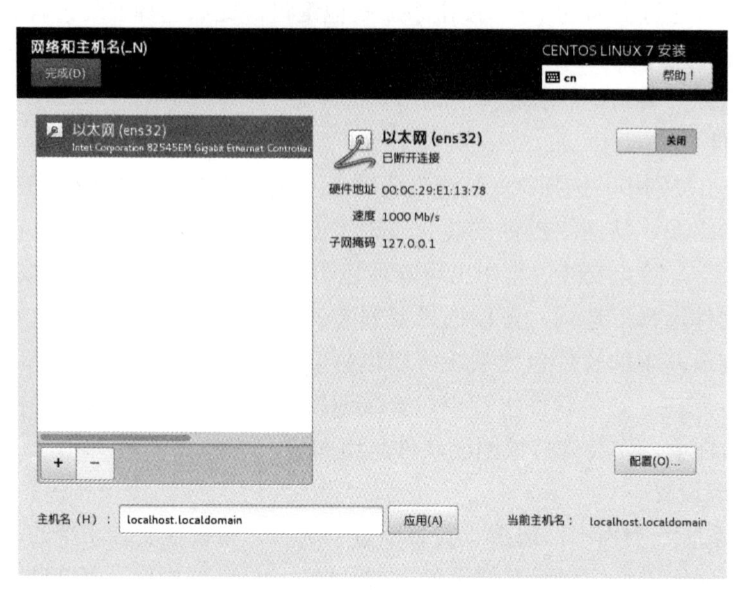

图 2.10　网络和主机名设置

CentOS 7 之前的网卡命名采用 eth0、eth1 等，而 CentOS 7 版本采用了一致的网络设备命名（Consistent Network Device Naming），该命名是与物理设备本身相关的。上图中的网卡命名为 ens32，其中 en 表示以太网设备（Ethernet）。常见的其他网卡命名例如 eno16777736，表示板载的以太网设备（板载设备索引编号为 16777736）。

CentOS 7.3 版本在安装时新加了安全设置，如图 2.11 所示。

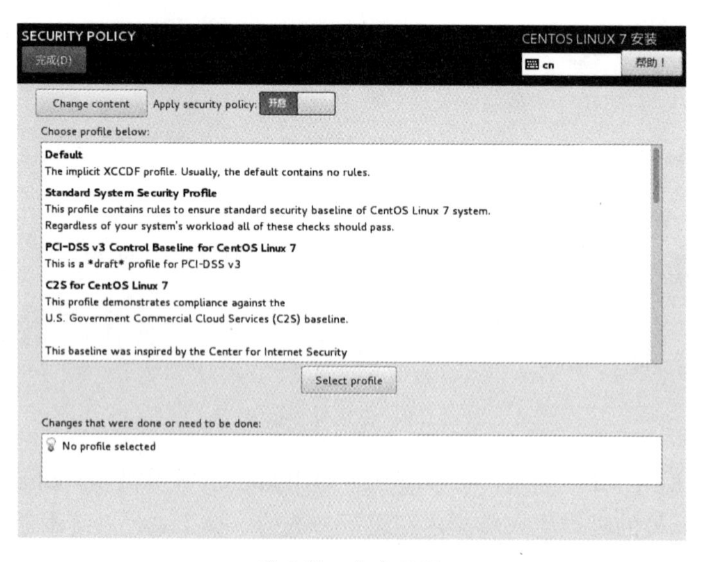

图 2.11　安全设置

可以选择安装系统后使用的安全策略。其中所包含策略如表 2-2 所示。也可以选择关闭这些安全设置，在安装完系统之后根据需要自行配置。

表 2-2 安全策略

策略	说明
Default（默认策略）	通常情况下，默认策略不包含规则
Standard System Security Profile	这是一个标准系统安全配置文件，包含基本的规则，以确保标准安全的 CentOS 7 系统
Draft PCI-DSS v3 Control Baseline for CentOS Linux 7	这是一个 PCI-DSS v3 概要草案，控制基线 Linux 系统规则
CentOS Profile for Cloud Providers (CPCP)	这是一个云提供商 CentOS 7 概要规则草案
Common Profile for General-Purpose Systems	这个概要文件包含项目普遍通用的桌面和服务器安装规则
Pre-release Draft STIG for CentOS Linux 7 Server	CentOS 7 的预发布草案，用于控制 Linux 系统通信规则

当所有的配置完成后，就可以单击“开始安装”按钮，进行安装。

（4）用户设置

开始安装后进入如图 2.12 所示的配置界面，在此界面可以设置 ROOT 用户密码，还可以创建一个常用的普通账号。

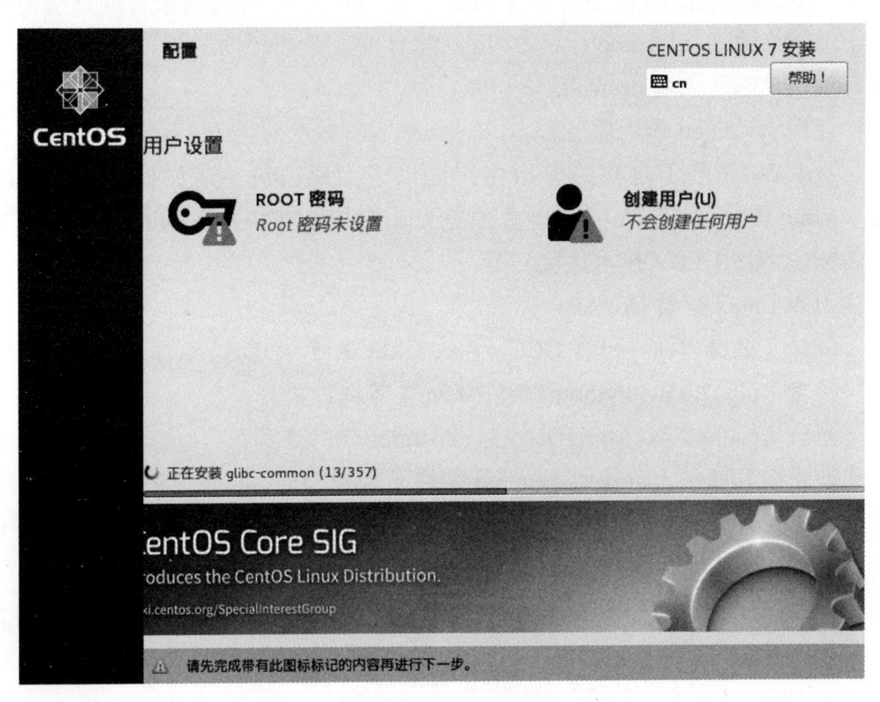

图 2.12 用户配置

等待所有的软件包都安装完成后，就可以重新启动系统，然后进入系统。

相对于 CentOS 6 版本来说，CentOS 7 中对于用户基本操作过程的最大改变在于运行级管理程序和防火墙均发生彻底的改变。

Linux 内核在加载启动后，第一个发起的进程就是初始化进程，为 /sbin/init 文件，其特点是进程号恒为 1。不同发行版本采用了不同的启动程序，CentOS 6 版本以及之前的 CentOS 版本为 init，而 CentOS 7 版本之后为 systemd。当 systemd 掌权后，之前 init 进程的配置文件 /etc/inittab 也就不再起作用，取而代之的是 /etc/systemd/system/default.target 这个文件，当然也就没有了"运行级别"的概念，由 systemd 使用的 target 所取代。运行级管理程序也如以前的 service、chkconfig 统一由 systemctl 命令掌管。最大的优点在于在 systemd 中所有的服务都并发启动，极大地提高了系统启动速度。

CentOS 7 版本使用 firewalld 防火墙取代 CentOS 6 版本中的 iptables 防火墙。firewalld 是 CentOS 7 的一大特性，最大的好处有两个：第一个是支持动态更新，不用重启服务；第二个是加入了防火墙的"zone"概念。firewalld 由图形界面和工具界面进行管理，字符界面管理工具是 firewall-cmd，具体的操作在后续章节中进行讲解。

最后，CentOS 7 版本新特性总结如下。

- 仅支持 64 位 CPU。
- Kernel 3.10 版本，支持 SWAP 内存压缩可保证显著减少 I/O 并提高性能，采用 NUMA（统一内存访问）进行调度和内存分配。
- 将 XFS 作为默认的文件系统。
- 对 NetworkManager 进行大量改进，引进 team 作为链路聚合的捆绑方法，新增网络管理接口 nmcli。
- 使用动态防火墙 firewall。
- 使用 systemctl 调用服务脚本。
- 对 KVM（基于内核的虚拟化）提供了大量改进，诸如使用 virtio-blk-data-plane 提高快 I/O 性能（技术预览），支持 PCI 桥接、QEMU 沙箱、多队列 NIC、USB 3.0（技术预览）等。
- 引入 Linux 容器 Docker。
- 编译工具链方面，包含 GCC 4.8.x、glibc 2.17、GDB 7.6.1。
- 包含 Ruby 2.0.0、Python 2.7.5、Java 7 等编程语言。
- 包含 Apache 2.4、MariaDB 5.5、PostgreSQL 9.2 等。
- 在系统和服务上，使用 systemd 替换了 SysV。
- 引入 Pacemaker 集群管理器，同时使用 keepalived 和 HAProxy 替换了负载均衡程序 Piranha。
- 此外，还对安装程序 Anaconda 进行了重新设计和增强，并使用引导装载程序 GRUB 2。

2.1.4　启动和停止虚拟机

可以通过工具栏上的按钮启动和停止虚拟机，如图 2.13 所示，单击虚拟机软件左上角的绿色三角形下拉按钮，在弹出的下拉列表中有“打开电源”“关闭电源”“暂停”“重启”等选项。也可以通过选择“打开此虚拟机”选项启动虚拟机。

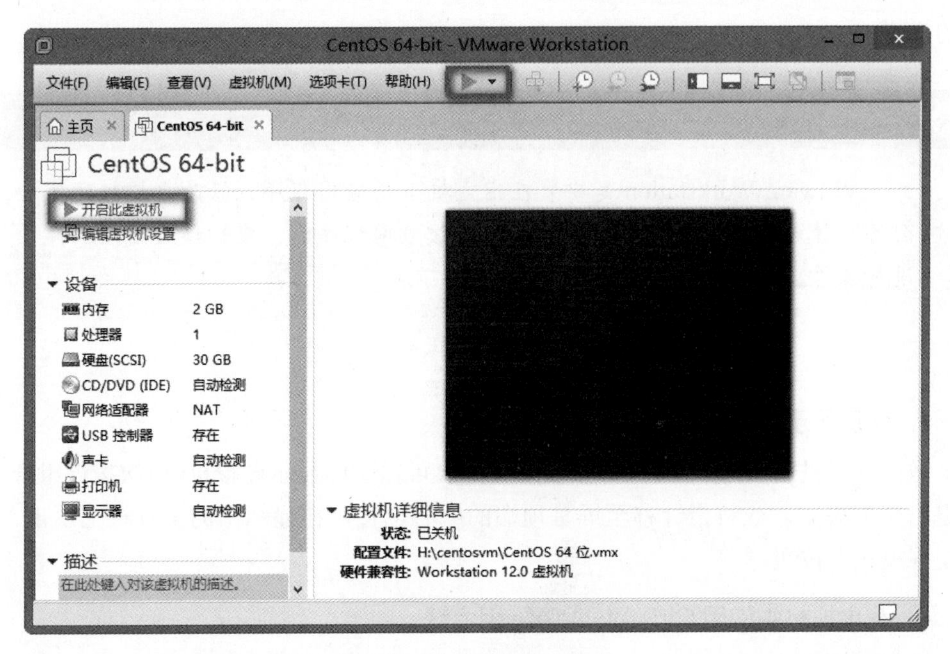

图 2.13　启动和停止虚拟机

名词解释

暂停也叫挂起，是指保持虚拟机运行状态，下一次启动时可以从挂起状态继续运行。在退出 VMware Workstation 时，如果不希望中断虚拟机中运行的程序，可以选择挂起。

2.2　管理虚拟机

2.2.1　在虚拟机和宿主机之间切换

无论是虚拟机还是宿主机，都需要使用键盘和鼠标操作，使用一个键盘（鼠标）操作多台计算机，需要进行切换，在 VMware Workstation 中可以使用一些组合键进行切换。

1. 切换至虚拟机

激活虚拟机窗口，并使虚拟机处于运行状态，按 Ctrl+G 组合键，或在虚拟机显示画面的任意位置单击，即可切换至虚拟机，可以使用键盘和鼠标操作虚拟机。

2. 切换至宿主机

在操作虚拟机的过程中，可以随时按 Ctrl+Alt 组合键切换至宿主机，恢复对宿主机的操作。

> **注意啦**
>
> VMware Workstation 是安装在宿主机上的应用程序，修改虚拟机硬件配置、挂起和复位虚拟机等操作是针对该应用程序的，应切换至宿主机再进行操作。

3. 全屏显示虚拟机

激活虚拟机窗口，按 Ctrl+Alt+Enter 组合键，可以全屏显示虚拟机，再次按该组合键，则退出全屏模式，或将指针移至屏幕顶端的中心位置，在显示出的工具栏上单击“退出全屏模式”按钮。

4. 在虚拟机中使用 Ctrl+Alt+Delete 组合键

当需要在虚拟机中使用 Ctrl+Alt+Delete 组合键时，为避免与宿主机冲突，可以选择“虚拟机”→“发送 Ctrl+Alt+Delete”，或者使用 Ctrl+Alt+Insert 组合键代替。

2.2.2 虚拟机快照

在使用虚拟机做测试或实验的过程中，如果虚拟机操作系统出现故障，无须费时费力地重新安装，VMware Workstation 的快照功能可以轻松地将系统恢复到稳定的状态。

1. 创建和使用快照

（1）创建快照

在做测试或实验之前，确保虚拟机系统处于稳定状态，可以单击工具栏上的“虚拟机”→快照”→”拍摄快照”按钮来创建虚拟机快照。另外还有创建快照、恢复最近的快照和快照管理等相关按钮，如图 2.14 所示。在打开的对话框中，输入一个便于识别的名称，单击“确定”按钮即可。

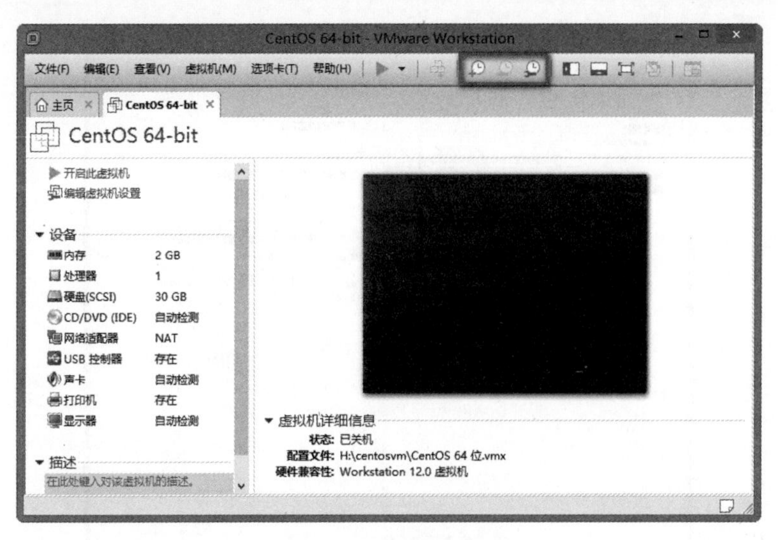

图 2.14　创建快照

（2）恢复快照

当虚拟机系统出现故障或者实验完成时，需要恢复至实验之前的状态，可以打开快照管理器，如图 2.15 所示，选择希望恢复的快照，如 pure，对话框中会显示该快照的预览，单击“转到”按钮即可恢复到创建快照时的状态。

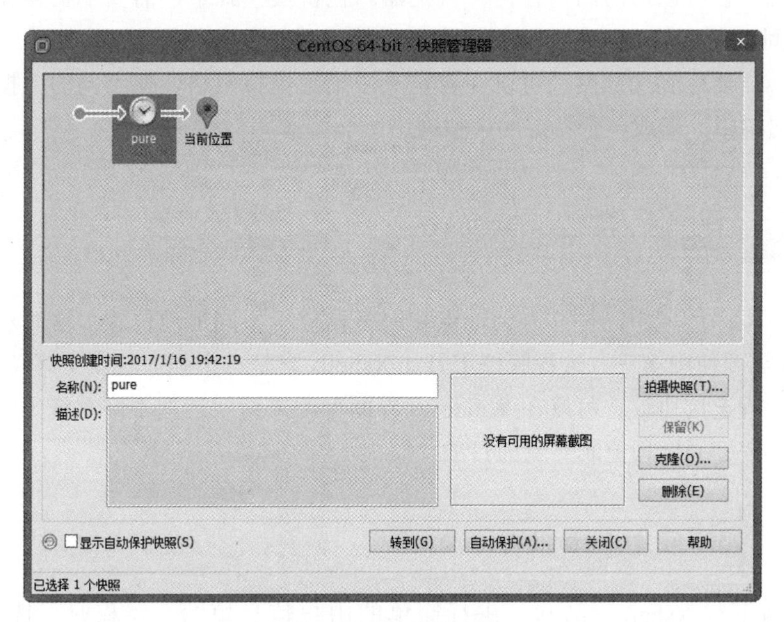

图 2.15　快照管理器

2.2.3　虚拟机常用的网络连接模式

VMware 提供了桥接模式、自定义模式等网络工作模式，如图 2.16 所示。

图 2.16　网络工作模式

要想在网络的管理和维护中合理应用它们，就应该首先了解一下这几种工作模式。

在桥接（bridged）模式下，VMware 虚拟出来的操作系统就像是局域网中的一台独立的主机，它可以访问网内任何一台机器。在桥接模式下，需要手工为虚拟机系统配置 IP 地址、子网掩码，而且还要和宿主机处于同一个网段。

如果不需要连到局域网，可以在自定义中指定虚拟网络，使不同的虚拟机处于相同的桥接网络中，形成一个特定的虚拟网络。

2.3　使用 Xshell 远程操控 Linux 系统

在实际生产环境中，往往办公地点和服务器位于不同地理位置，这时对服务器进行配置，就需要使用第三方远程管理工具如 Xshell，它是一个强大的安全终端模拟软件，支持多种远程连接协议。可以在 Windows 界面下用来访问远端不同系统下的服务器，从而达到比较好的远程控制终端的目的。

2.3.1　如何使用 Xshell

在官网下载 Xshell 安装包，进行简单的用户信息填写，授权时，选择 Free for Home/school（家庭 / 校园免费版）即可。安装完成后运行 Xshell，如图 2.17 所示。

这里以局域网内一台 CentOS 主机为例，建立一个新的连接，单击菜单栏中的“新建”选项，打开新建会话属性窗口，在窗口右侧“连接”中填入会话名称及主机 IP 地址，如图 2.18 所示。在窗口右侧“用户身份验证”中输入正确的用户名、密码，单击“确定”按钮，如图 2.19 所示。

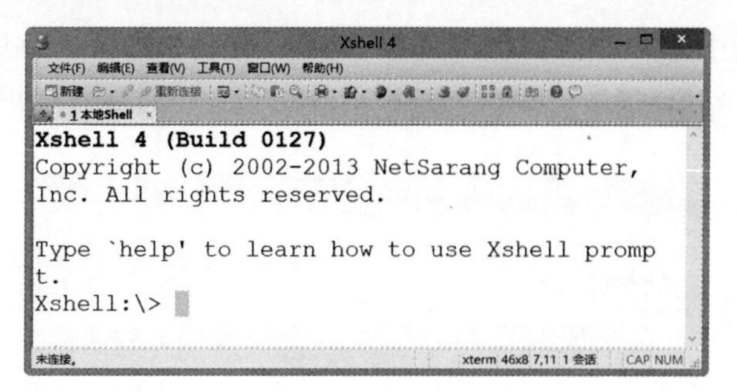

图 2.17　Xshell 运行界面

图 2.18　新建会话

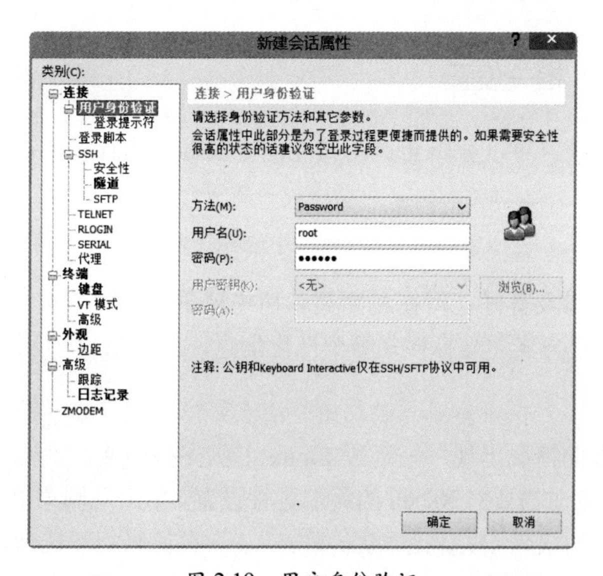

图 2.19　用户身份验证

在列表中选中刚刚添加的会话，单击“连接”按钮，如图 2.20 所示。成功登录，如图 2.21 所示。成功连接后，就可以使用 Xshell 对远程主机进行相关的配置了。

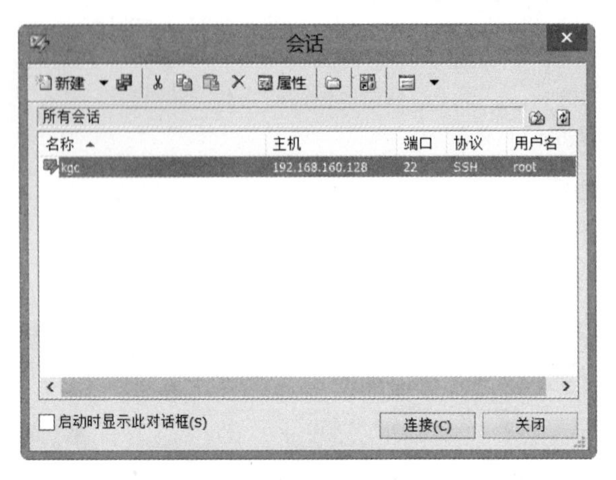

图 2.20　会话窗口列表

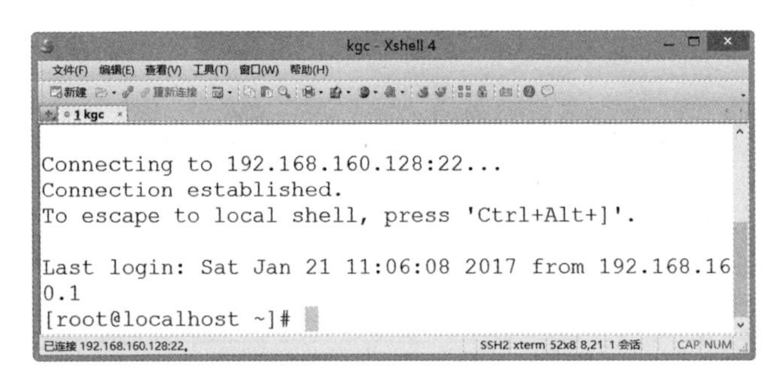

图 2.21　成功登录 Linux 系统界面

2.3.2　Xshell 相关设置

在会话窗口列表，可以编辑会话的属性，对 Xshell 进行相关设置，下面介绍几个常用设置。

1. 外观设置

根据用户需要以及喜好，可在左侧菜单栏中单击“外观”选项在右侧设置 Xshell 的字体、字号、配色方案、光标样式等个性化信息，如图 2.22 所示。

2. 终端设置

往往会有这样的情况出现——远程 Linux 主机支持中文，但在 Xshell 中所有中文的显示均为乱码，这时需要对 Xshell 的终端进行设置。单击左侧菜单栏中“终端”选项，在右侧设置 Xshell 的编码（默认是“默认语言”），在编码的下拉列表中选择“Unicode（UTF-8）”，如图 2.23 所示，这样就不会出现中文乱码问题。

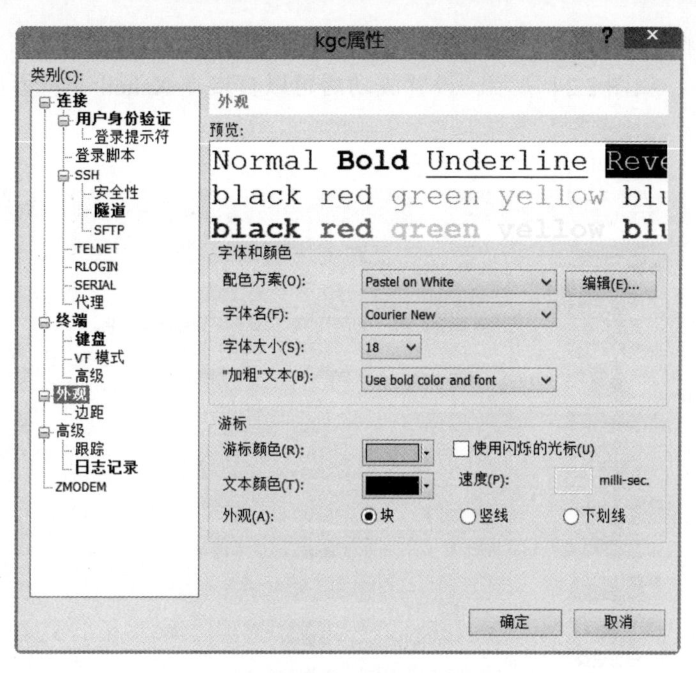

图 2.22　外观设置

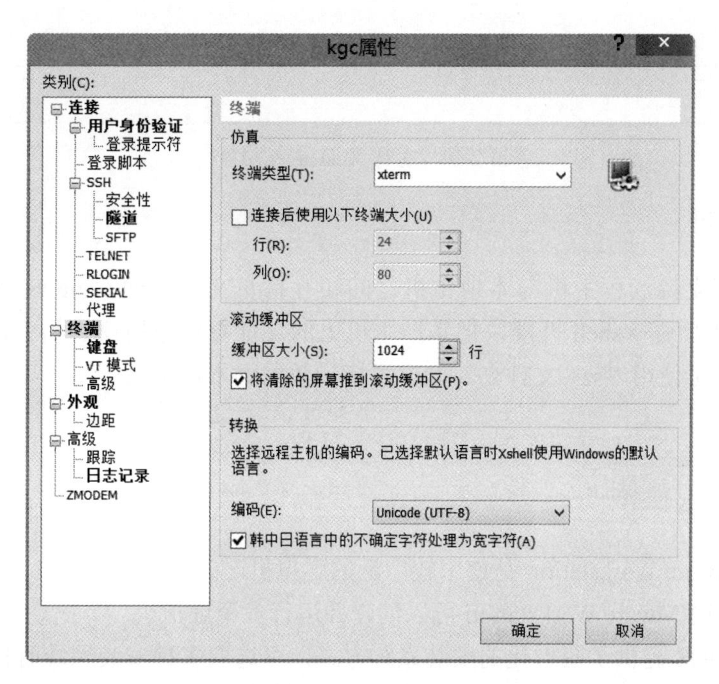

图 2.23　终端设置

3. Xmanager 的调用

Xshell 支持 Xmanager（浏览远端 X 窗口系统的工具），在工作中提供浏览器的作用，就像我们在 Linux 主机中打开本地浏览器一样。需要下载安装 Xmanager 软件，并在 Xshell 的属性对话框左侧菜单栏中单击“隧道”选项，在右侧勾选“转发 x11 连接到 Xmanager”，如图 2.24 所示。设置成功后可以直接在 Xshell 字符界面调用浏览器进行使用。

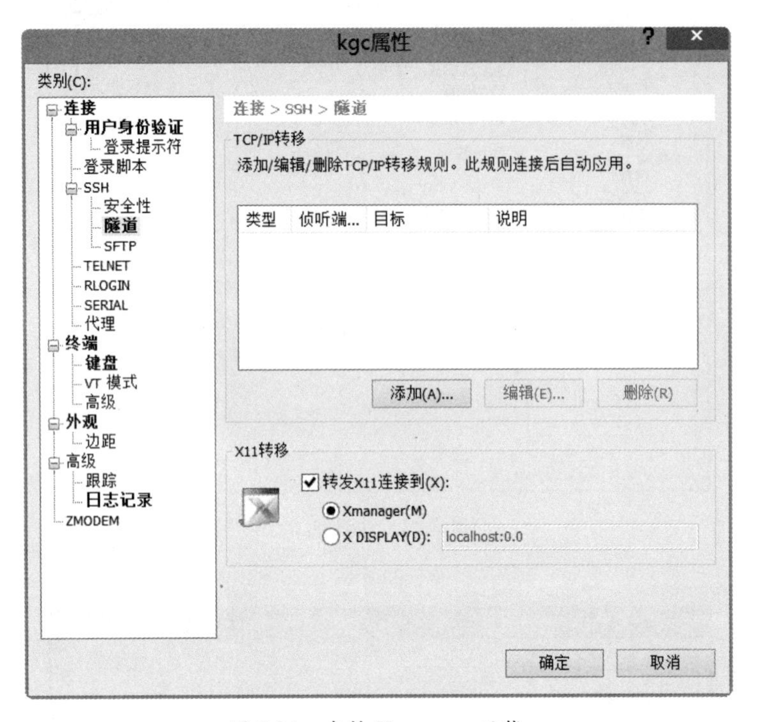

图 2.24　支持 Xmanager 功能

4. 其他

Xshell 还支持远程主机与本地主机之间相互拷贝文件，如 CentOS 系统可以安装 lrzsz 软件包来增强 Xshell 性能，把本地主机上的文件直接拖拽拷贝到 Linux 主机，同时 Linux 主机可使用“sz+ 文件名”的方式拷贝数据到本地主机。

本章总结

- VMware Workstation 是使用较广泛的虚拟机产品。
- 使用 VMware Workstation 可以创建并运行多个虚拟机。
- CentOS 提供了图形化的安装系统方式，可选取多种安装系统时使用的语言进行安装。
- 在虚拟机中可以通过 Ctrl+Alt 组合键切换至宿主机。
- 快照功能使虚拟机更容易维护。
- VMware 提供了桥接模式、自定义模式等网络工作模式。
- 为服务器安装完操作系统后可以用 Xshell 进行远程访问连接。

本章作业

1．关闭虚拟机电源和挂起虚拟机有什么区别？

2．课工场系统管理员小王需要搭建 2 套测试环境，需要完成以下任务：

- 安装 VMware Workstation。
- 新建 2 台虚拟机。
- 分别在虚拟机中安装 CentOS 7.3 和 CentOS 6.5 操作系统。

3．下载安装 Xshell，对 Xshell 进行简单设置，并对服务器进行远程管理。

随手笔记

第3章

体验 Linux 基本操作

技能目标

- 掌握 Linux 系统基本命令
- 掌握 vi 编辑器的基本使用

本章导读

与 Windows 系统不同，Linux 系统更多是在命令行下面进行管理与配置。在上一章，我们已经掌握了利用 VMware 软件安装 Linux 系统的虚拟机，本章我们将针对 Linux 系统的基本操作进行学习。

知识服务

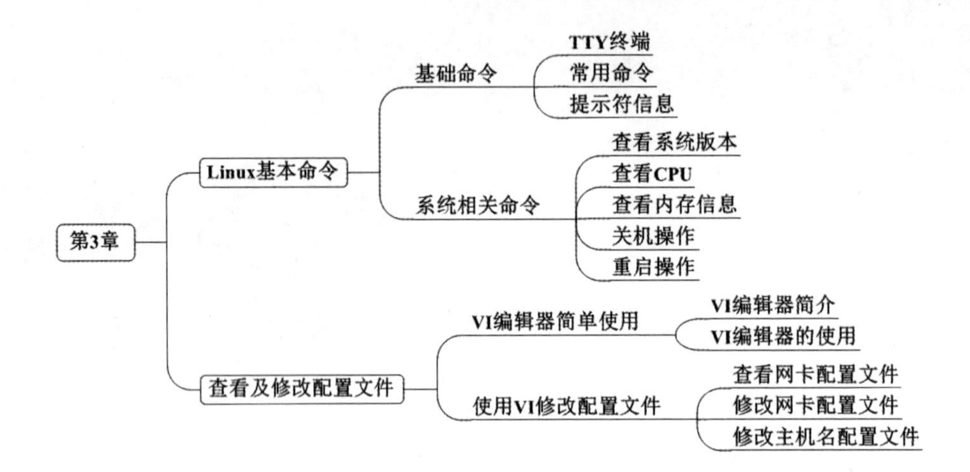

3.1 Linux 基本命令

3.1.1 基础命令

1. TTY 终端

在 Linux 默认的登录模式中，主要分为两种，一种是仅有纯文本界面的登录环境，另外一种则是图形桌面的登录环境。

Linux 默认情况下提供 6 个虚拟终端来让用户登录，系统将 F1 ～ F6 命令为 tty1-tty6。使用 Ctrl+Alt+Fn 组合键，就可以从图形界面切换到命令行界面的第 n 个虚拟终端。Fn 代表 F1、F2、...、F6 功能键（如果是 CentOS 7 系统，Fn 代表 F2、...、F6，而 F1 是图形界面）。按 Alt+Fn 组合键可以在虚拟终端间转换。

2. 常用命令

长期以来，字符模式的 Linux 系统，一直以其高效、稳定和可靠等优良特性被广泛应用于企业服务器领域。很多 Linux/UNIX 服务器通常并不需要提供显示器，对服务器的绝大部分管理、维护操作都是通过远程登录的方式进行的。

下面我们重点介绍一下 Linux 系统下常用的基础命令。

（1）hostname

执行 hostname 命令，可以查看当前主机的完整名称。

```
[root@localhost ~]# hostname
localhost.localdomain
```

hostname 命令也可以修改当前系统的主机名，例如执行“hostname kgc”表示修改当前系统主机名为 kgc，退出重新登录后主机名生效。

（2）pwd

pwd 命令用于显示用户当前所在的工作目录位置，工作目录是用户操作文件或其他子目录的默认位置起点。使用 pwd 命令可以不添加任何选项或参数。例如，root 用户在 /root 目录中执行 pwd 命令时输出信息为“/root”，则表示当前的工作目录位于 /root。

```
[root@kgc ~]# pwd
/root
```

（3）cd

cd 命令用于将用户的工作目录更改到其他位置，通常使用时需要切换到目标位置（文件夹路径）作为参数。若不指定目标位置，默认将切换到当前用户的宿主目录（家目录），宿主目录是 Linux 用户登录系统后默认的工作目录。例如，以下操作将会把工作目录更改为 /boot/grub2，并执行 pwd 命令确认当前所处位置。

```
[root@kgc ~]# cd /boot/grub2/
[root@kgc grub2]# pwd
/boot/grub2
```

在 Linux 系统中表示某个目录（或文件）的位置时，根据其参照的起始目录不同，可以使用两种不同的形式，分别称为绝对路径和相对路径。

- 绝对路径：这种方式以根目录“/”作为起点，如“/boot/grub2”表示根目录下 boot 子目录中的 grub2 目录。若要确切表明 grub2 是一个目录（而不是一个文件），可以在最后也加上一个目录分隔符，如表示为“/boot/grub2/”。因为 Linux 系统中的根目录只有一个，所以不管当前处于哪个目录中，使用绝对路径都可以非常准确地表示一个目录（或文件）所在的位置。但是如果路径较长，输入的时候会比较繁琐。
- 相对路径：这种方式一般以当前工作目录作为起点，在开头不使用“/”符号，因此使用的时候更加简短、便捷。相对路径主要包括如下几种形式。
- 直接使用目录名或文件名，用于表示当前工作目录中的子目录、文件的位置。例如，“grub.cfg”可表示当前目录下的 grub.cfg 文件。
- 使用一个点号“.”开头，可明确表示以当前的工作目录作为起点。例如，“./grub.cfg”也可表示当前目录下的 grub.cfg 文件。
- 使用两个点号“..”开头，表示以当前目录的上一级目录（父目录）作为起点。例如，若当前处于 /boot/grub2/ 目录中，则“../vmlinuz”等同于“/boot/vmlinuz”。
- 使用“~ 用户名”的形式开头，表示以指定用户的宿主目录作为起点，省略用户名时默认为当前用户。例如，“~teacher”表示 teacher 用户的宿主目录，而“~”可表示当前用户的宿主目录。

相比较而言，使用相对路径表示目录（文件）的路径形式灵活多变，通常用于表示当前目录“附近”的目录（文件）位置；而绝对路径常用来表示 Linux 系统中目录结构相对稳定（不经常改变）的目录（文件）位置。因此在使用相对路径或绝对路径时，应根据实际情况进行选择。

执行 cd 命令时，还可以使用一个特殊的目录参数“-”（减号），用于表示上一次执行 cd 命令之前所处的目录。例如，以下操作先通过执行“cd ~”命令（与单独执行“cd”命令效果相同）切换到当前用户的宿主目录，然后再执行“cd -”命令返回原来所在的目录位置。

```
[root@kgc grub2]# pwd
/boot/grub2
[root@kgc grub2]# cd ~
/root
[root@kgc ~]# pwd
/root
[root@kgc ~]# cd -
/boot/grub2
```

（4）ls

ls 命令主要用于显示目录中的内容，包括子目录和文件的相关属性信息等。使用的参数可以是目录名，也可以是文件名，允许在同一条命令中同时使用多个参数。

在字符模式中以颜色区分不同的文件，如果使用“--color=tty”，表示使用终端预定义的颜色方案。一般是这样的：深蓝色表示目录，白色表示一般文件，绿色表示可执行的文件，黄色表示设备文件，红色表示压缩文件。

执行不带任何选项、参数的 ls 命令，可显示当前目录中包含的子目录、文件列表信息（不包括隐藏目录、文件）。

```
[root@kgc grub2]# ls
device.map  grub.cfg  i386-pc  themesfonts     grubenv   locale
```

执行 ls -a 可以显示所有子目录和文件的信息，包括名称以点号“.”开头的隐藏目录和隐藏文件。

3. 提示符信息

Linux 系统下的提示符例如“[root@kgc grub2]#”形式，其中的“root”对应当前登录的用户账户名，“kgc”对应本机的主机名，“grub2”对应当前用户所在的工作目录，最后的“#”字符表示当前登录的是管理员用户（重要的操作都需要有管理员权限才可以执行），如果当前登录的是普通用户，则最后的“#”字符将变为“$”。在命令提示符后可以输入字符串形式的各种操作命令，按 Enter 键表示输入完毕并执行。

3.1.2 系统相关命令

下面介绍几个简单的命令行操作，主要用于查看 Linux 主机中的各种系统信息，以熟悉 Linux 命令行的作用和操作方法。

1. 查看系统版本

执行“lsb_release -a”命令，可以查看当前操作系统的系统版本（Linux 7 需要安装 redhat-lsb-core 软件包）。

```
[root@kgc ~]# lsb_release -a
LSB Version:        :core-4.1-amd64:core-4.1-noarch
Distributor ID:     CentOS
Description:        CentOS Linux release 7.2.1511 (Core)
Release:            7.2.1511
Codename:           Core
```

2. 查看 CPU

执行“cat /proc/cpuinfo”命令，可以查看当前主机的 CPU 型号、规格等信息。例如，查看 Pentium(R) Dual-Core E6700 3.20GHz 双核 CPU 的操作及输出信息如下。

```
[root@kgc~]# cat /proc/cpuinfo
processor           : 0
vendor_id           : GenuineIntel
cpu family          : 6
model               : 23
model name          : Pentium(R) Dual-Core CPU   E6700  @ 3.20GHz
stepping            : 10
microcode           : 0xa0c
cpu MHz             : 3200.116
cache size          : 2048 KB
…… // 省略部分信息
```

3. 查看内存信息

执行“cat /proc/meminfo”命令，可以查看当前主机的内存信息。在输出信息中，MemTotal 行表示物理内存的总大小，MemFree 表示空闲物理内存的大小。

```
[root@kgc~]# cat /proc/meminfo
MemTotal:           1010912 kB
MemFree:            78428 kB
Buffers:            74660 kB
Cached:             309840 kB
SwapCached:         0 kB
Active:             480424 kB
Inactive:           308480 kB
…… // 省略部分信息
```

4. 关机操作

要执行关机操作，需执行“shutdown -h now”或者“poweroff”命令，可以安全地关闭 Linux 系统，在完全关闭系统之前会先关闭各种服务和进程。

```
[root@kgc ~]# shutdown -h now
```

或者

```
[root@kgc ~]# poweroff
```

5. 重启操作

执行“shutdown -r now”或者“reboot”命令，可以安全地重启 Linux 系统，在重启系统之前会先关闭各种服务和进程。

```
[root@kgc ~]# shutdown -r now
```

或者

```
[root@kgc ~]# reboot
```

当系统重启之后会发现无法使用 Xshell 远程连接服务器，登录到服务器上发现之前配置的 IP 地址和修改的主机名都没有了，这是因为之前用来配置 IP 和主机名的命令在系统中只是临时的，重启机器后就会丢失。想要永久保存修改的 IP 地址和主机名就要修改系统中的配置文件。

下面我们将学习使用 VI 编辑器修改配置文件的方法。

3.2 查看及修改配置文件

首先需要到机器中执行“ifconfig eno16777736 192.168.160.128/24”为机器配置临时 IP 地址，使用 Xshell 重新连接虚拟机。到机器中修改网卡配置文件，配置永久 IP 地址。

网卡配置文件用于保存 IP 地址等信息，服务器重启后也不会丢失，默认存放在“/etc/sysconfig/network-scripts/”目录中，文件名格式为“ifcfg-XXX”，其中“XXX”是网卡名称。例如，网卡 eno16777736 的配置文件是“ifcfg-eno16777736”，使用 vi 编辑器即可修改配置文件内容。

3.2.1 vi 编辑器简单使用

1. vi 编辑器简介

文本编辑器是用于编写文本、修改配置文件和程序的计算机软件，在 Linux 系统中最常用的文本编辑器有 vi 和 vim。Linux 系统管理员通常使用这两种文本编辑器来维护 Linux 系统中的各种配置文件。其中 vi 是一个功能强大的全屏幕文本编辑工具，一直以来都作为类 UNIX 操作系统的默认文本编辑器。vim 是 vi 编辑器的增强版本，在 vi 编辑器的基础上扩展了很多实用的功能，但是习惯上也将 vim 称为 vi。为了使用方便，可以设置一个命令别名，将 vi 指向 vim 程序（本书中以 vim 程序为例）。

2. vi 编辑器的使用

（1）三种工作模式与不同模式之间的切换

vi 编辑器有三种工作模式：命令模式、输入模式、末行模式。在不同的模式中能够对文件进行的操作也不相同。

- 命令模式：启动 vi 编辑器后默认进入命令模式。该模式中主要完成如光标移动、字符串查找，以及删除、复制、粘贴文件内容等相关操作。

- 输入模式：该模式中主要的操作就是录入文件内容，可以对文本文件正文进行修改或者添加新的内容。处于输入模式时，vi 编辑器的最后一行会出现“-- INSERT --”的状态提示信息。
- 末行模式：该模式中可以设置 vi 编辑环境、保存文件、退出编辑器，以及对文件内容进行查找、替换等操作。处于末行模式时，vi 编辑器的最后一行会出现冒号“:”提示符。

命令模式、输入模式和末行模式是 vi 编辑环境的三种状态，通过不同的按键操作可以在不同的模式间进行切换。例如，从命令模式按冒号“:”键可以进入末行模式，而如果按 i、insert 等键可以进入输入模式，在输入模式、末行模式均可按 Esc 键返回至命令模式，如图 3.1 所示。

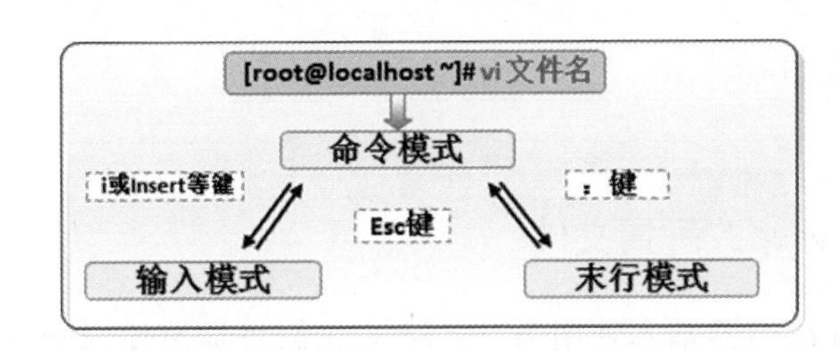

图 3.1 vi 编辑器的工作模式及切换方法

认识了 vi 编辑器的不同编辑模式（状态）以后，下面将分别介绍在命令模式、末行模式中的常见操作方法（输入模式即用于录入文本内容，不再做特别介绍）。

（2）命令模式基本操作

1）复制操作：使用按键命令 yy 复制当前行整行的内容到剪贴板，使用 #yy 的形式还可以复制从光标处开始的 # 行内容（其中“#”号用具体数字替换）。复制的内容需要粘贴后才能使用。

2）粘贴操作：在 vi 编辑器中，前一次被删除或复制的内容将会保存到剪切板缓冲器中，按 p 键即可将缓冲区中的内容粘贴到光标位置处之后，按 P 键则会粘贴到光标位置处之前。

3）删除操作：

- 使用 Del 按键删除光标处的单个字符。
- 使用按键命令 dd 删除当前光标所在行，使用 #dd 的形式还可以删除从光标处开始的 # 行内容（其中“#”号用具体数字替换）。

（3）末行模式基本操作

在命令模式中按冒号“:”键可以切换到末行模式，vi 编辑器的最后一行中将显示“:”提示符，用户可以在该提示符后输入特定的末行命令，完成如保存文件、退出编辑器、打开新文件、读取其他文件内容及字符串替换等丰富的功能操作。

- 保存文件。对文件内容进行修改并确认以后，需要执行“:w”命令进行保存。

```
:w
```

若需要另存为其他文件，则需要指定新的文件名，必要时还可以指定文件路径。例如，执行“:w /root/newfile”操作将把当前编辑的文件另存到 /root 目录下，文件名为 newfile。

```
:w /root/newfile
```

- 退出编辑器。需要退出 vi 编辑器时，可以执行“:q”命令。若文件内容已经修改却没有保存，仅使用“:q”命令将无法成功退出，这时需要使用“:q!”命令强行退出（不保存即退出）。

```
:q!
```

- 保存并退出。既要保存文件又要退出 vi 编辑器可以使用一条末行命令“:wq”实现。

```
:wq
```


3.2.2 使用 vi 修改配置文件

上面学习了 vi 编辑器基本使用方法，下面我们将学习使用 vi 编辑器修改网卡配置文件。

1. 查看网卡配置文件

执行 cat/etc/sysconfig/network-scripts/ifcfg-eno16777736 命令就可以查看网络接口 eth0 的网卡配置文件的内容。

```
[root@kgc~]# cat /etc/sysconfig/network-scripts/ifcfg-eno16777736
TYPE=Ethernet
BOOTPROTO=dhcp
……
DEVICE=eno16777736
ONBOOT=no
```

从上述命令显示的结果中，可以获知 eno16777736 网卡的一些基本信息，如下所述。

- DEVICE：设置网络接口的名称。
- ONBOOT：设置网络接口是否在 Linux 系统启动时激活。
- BOOTPROTO：设置网络接口的配置方式，分为“static”和“dhcp”。

2. 修改网卡配置文件

执行“vi /etc/sysconfig/network-scripts/ifcfg-eno16777736”命名按“i”键进入 eno16777736 的网卡配置文件，修改“BOOTPROTO=static、ONBOOT=yes”，添加“IPADDR=192.168.160.128、NETMASK=255.255.255.0”配置项，“:wq”保存退出后，网卡配置文件就修改完成了。

- ETMASK：设置网络接口的子网掩码。

3. 修改主机名配置文件

若要修改 Linux 系统的主机名，可以修改配置文件 /etc/hostname。执行以下命令打开配置文件。设置写入的主机名，保存退出即可。

```
[root@kgc ~]# vi /etc/hostname
localhost.localdomain
```

配置文件中的“localhost.localdomain”是系统默认的主机名，改为新修改的主机名“kgc”即可。在配置文件中的设置是永久的，即便重启系统也不会丢失。

本章总结

- 命令行界面可以输入字符串控制指令，终端提示符末端是 # 号表示当前是 root 用户，是 $ 号表示当前是普通用户。
- 执行 lsb_release、cat、hostname、ifconfig 命令可以查看内核版本、CPU 和内存、主机名、IP 地址等系统信息。
- 执行 shutdown、poweroff、reboot 命令可以进行关机、重启操作。
- vi 编辑器有三种工作模式：命令模式、输入模式末行模式。在不同的模式中能够对文件进行的操作也不相同。

本章作业

1．查看 Linux 主机的网卡配置文件，简述配置文件中配置项的含义。

2．课工场管理员小王购买了一台预装了 Linux 系统的笔记本电脑，需要完成以下任务：

- 为网卡设置静态 IP 地址，并能够与同网段中的其他主机相互通信。
- 设置主机名为 kgc-wang。
- 查看当前主机的内核版本、CPU 和内存信息。

3．用课工场 APP 扫一扫完成在线测试，快来挑战吧！

随手笔记

第4章

网站与域名知识

技能目标

- 掌握 HTML 结构及基本标签
- 理解 DNS 工作原理
- 了解域名申请及备案

本章导读

目前大家几乎都会使用电脑浏览网页，那么网页文件的内容是什么样的呢？这就是网页语言 HTML（超文本标记语言）发挥的作用，HTML 是 Web 用于创建和识别文档的标准语言。本章介绍 HTML 基本标签，使大家对 HTML 基本标签有所了解。

在 Internet 中使用 IP 地址来确定计算机的地址，这种以数字表示的 IP 地址不容易记忆。为了便于对网络地址的管理和分配，人们采用了域名系统，引入了域名的概念。通过为每台主机建立 IP 地址与域名之间的映射关系，用户可以避开难记的 IP 地址，而使用域名来唯一地标识网络中的计算机。本章也会介绍 DNS 的基本概念、DNS 域名解析的原理。

知识服务

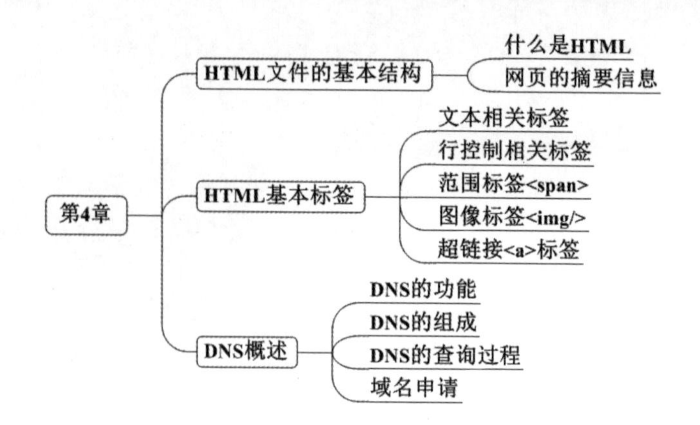

4.1 HTML 文件的基本结构

4.1.1 什么是 HTML

HTML 被称为超文本标记语言，它包括很多标签（如 <p> 段落、<h1> 标题 1），告诉浏览器（如微软公司的 Internet Explorer，简称 IE）如何显示页面，是网页制作的“核心语言”。HTML 语言具备如下特点。

- 简易性：各类 HTML 标签简单易学，方便网站制作者学习、开发。
- 平台无关性：这是 HTML 语言的最大优点，即不管你的计算机是普通的个人计算机，还是用于专业制图的计算机；不管你的操作系统是常见的 Windows，还是 UNIX 或 Linux，HTML 文档都可以得到很好的显示。

在浏览网页的过程中，从 Web 浏览器获得的网页都是纯文本形式的 HTML 代码。那么，网页源代码是如何转换成绚烂多彩的网页的呢？这就是浏览器的作用，浏览器就是用来解释并执行 HTML“源码”的工具。

HTML 文档主要由两部分组成，如图 4.1 所示。整个 HTML 包括头部（head）和主体（body）两部分。

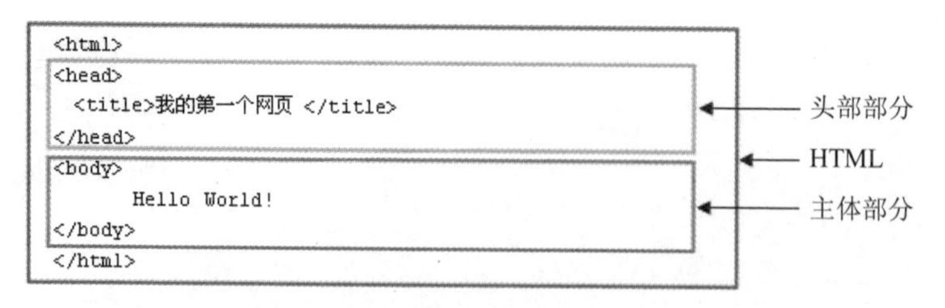

图 4.1　HTML 代码结构

- HTML 部分：HTML 部分以 <html> 标签开始，以 </html> 标签结束。

```
<html>
```

```
……
</html>
```

<html> 标签告诉浏览器这两个标签中间的内容是 HTML 文档。

- 头部：头部以 <head> 标签开始，以 </head> 标签结束。这部分包含显示在网页标题栏中的标题（title）和其他在网页中不显示的一些设置信息。标题包含在 <title> 和 </title> 标签之间。

```
<head>
<title>……</title>
</head>
```

- 主体部分：主体部分以 <body> 标签开始，以 </body> 标签结束。其中包含要在网页中显示的文本、图像和链接。

```
<body>
……
</body>
```

HTML 语言标签通常都以“<>”开始、“</ >”结束，成对出现，并且标签之间有缩进，体现层次感，方便阅读和修改。

Windows 自带的记事本常用于少量 HTML 代码的编辑或维护。例如在记事本中输入 HTML 代码，如图 4.2 所示。

然后另存为后缀为“.htm”或“.html”的 HTML 文档，如 WebPage.html。

双击保存的 HTML 文档，Windows 将自动调用浏览器软件（如 IE）打开 HTML 文档，如图 4.3 所示。

图 4.2　在记事本里编辑 HTML

图 4.3　浏览效果

4.1.2　网页的摘要信息

网页一般包含大量的文字及图片等信息内容，和一篇报纸或论文一样，它需要一个简短的摘要信息，方便用户浏览和查找。尤其是在当今网络信息“爆炸”的时代，如果希望自己发布的网页能被百度、Google 等搜索引擎搜索，或提高在搜索结果中的排名，那么在制作网页时更需要注意编写网页的摘要信息。

网页的摘要信息一般放在 HTML 文档的头部（head）区域，主要通过下列两个标签进行描述。

1. <title> 标签

使用该标签描述网页的标题，类似一篇文章的标题，一般为一个简洁的主题，并能吸引读者有兴趣读下去。例如，搜狐网站的主页，对应的网页标题代码如下。

```
<title> 搜狐 - 中国最大的门户网站 </title>
```

2. <meta> 标签

使用该标签描述网页具体的摘要信息，包括文档内容类型、字符编码信息、搜索关键字、网站提供的功能和服务的详细描述等。

（1）文档内容类型、字符编码信息

对应的 HTML 代码如下。

```
<meta http-equiv="Content-Type" content="text/html; charset=gb2312" />
```

上述 HTML 代码的含义为：text/html; charset=gb2312（文本类别的 html 类型，字符编码为简体中文）。

其中 charset 表示字符集编码，常用的编码如下。

- gb2312：简体中文，一般用于包含中文和英文的页面。
- ISO-885901：纯英文，一般用于只包含英文的页面。
- big5：繁体，一般用于带有繁体字的页面。

utf-8 为国际性通用的字符编码，同样适用于中文和英文的页面。这种字符编码的设置效果就类似于在 IE 浏览器中，选择“查看”→“编码”，给 HTML 文档设置不同的字符编码。需要注意的是，不正确的编码设置将导致网页乱码。

（2）搜索关键字和内容描述信息

对应的 HTML 代码如下。

```
<meta name="keywords" content=" 课工场在线教育 " />
<meta name="description" content=" 课工场是一个定位于互联网人才培养的在线教育平台。" />
```

其中 keywords 表示搜索关键字，description 表示网站内容的具体描述。通过提供搜索关键字和内容描述信息，方便搜索引擎的搜索。

4.2 HTML 基本标签

了解了文档结构之后，知道 HTML 文档是由一些标签组成的。要进一步学习 HTML 基本标签，如标题标签和段落标签，以及如何在 HTML 文档中插入图像等知识。

4.2.1 文本相关标签

1. 标题标签

文章的标题能分隔大段文字，概括下文内容，根据逻辑结构安排信息。标题具有吸引读者的作用，而且表明了文章的内容，读者会根据标题领会文章大意，然后决定是否阅读，由此可见标题的重要性。

HTML 语言提供了六级标题，<h1> 为最大，<h6> 为最小。用户只需定义从 h1 ～ h6 中的一种大小，浏览器将负责显示过程。

h1 ～ h6 标题的 HTML 文档，在浏览器中浏览效果如图 4.4 所示。

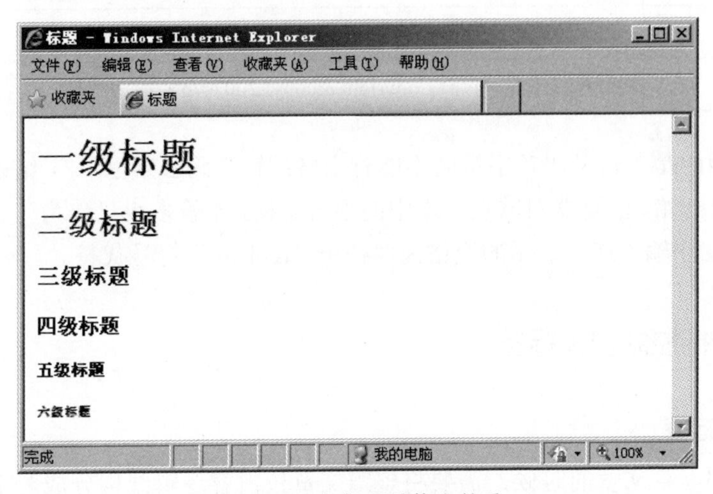

图 4.4 六级标题的输出结果

```
<html>
<head>
<meta http-equiv="Content-Type" content="text/html; charset=gb2312" />
<title> 标题 </title>
</head>
<body>
<h1> 一级标题 </h1>
<h2> 二级标题 </h2>
<h3> 三级标题 </h3>
<h4> 四级标题 </h4>
<h5> 五级标题 </h5>
<h6> 六级标题 </h6>
</body>
</html>
```

2. 特殊符号

某些字符在 HTML 中具有特殊意义，如小于号（<）即定义 HTML 标签的开始。要在浏览器中显示这些特殊字符，就必须在 HTML 文档中使用字符实体。

字符实体由三部分组成：& 号、实体名称和分号（;）。

例如，要在 HTML 文档中显示小于号，则使用“<”。

表 4-1 显示的字符实体用于显示 HTML 文档中的特殊字符。

表 4-1　用于显示特殊字符的字符实体

特殊字符	转义码	示例
空格		<p> 移动 | 100 | 联通 | 50</p>
大于（>）	>	If A > B Then A = A + 1
小于（<）	<	If A < B Then A = A + 1
引号（" "）	"	<p>" 淘宝网 " </p>
版权号（©）	©	<p>Copyright © 2007</p>

需要说明的是，转义码各字符间不能有空格；转义码必须以“;”结束；单独的 & 不被认为转义开始。浏览器对网页文本中的连续空格，不管多少只作为一个空格显示，若要在 HTML 中输入连续显示的空格需要使用“ ”符号代替。

4.2.2　行控制相关标签

1. 段落标签

通常在写一篇文章的时候，需要将整篇文章按内容逻辑结构分成若干个段落。这样做的目的是要将逻辑理清，将相关的内容组合在一起并对其应用某些格式。段落标签 <p> 用于标记段落的开始，</p> 用于标记段落的结束。

例如，如图 4.5 所示的诗句包括诗名（标题）和内容（段落），对应的 HTML 代码如下所示。

```
<!- 省略部分 HTML 代码 -->
<h1> 静夜思 </h1>
<p> 床前明月光 </p>
<p> 疑是地上霜 </p>
<p> 举头望明月 </p>
<p> 低头思故乡 </p>
<!- 省略部分 HTML 代码 -->
```

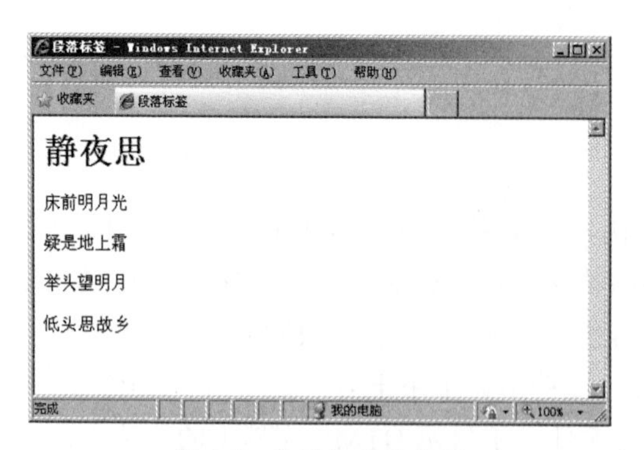

图 4.5　段落标签的应用

需要注意的是，本例的段落只包含一行文字，实际上，一个段落中可以包含多行文字，文字内容将随浏览器窗口大小自动换行。

2. 换行标签

换行标签
 表示强制换行，注意该标签比较特殊，没有结束标签，直接使用“
”表示标签的开始和结束。例如，希望《静夜思》的内容紧凑显示，每句间要求换行，代码如下所示。

```
<!- 省略部分 HTML 代码 -->
<h1> 静夜思 </h1>
床前明月光 <br/>
疑是地上霜 <br/>
举头望明月 <br/>
低头思故乡 <br/>
<!- 省略部分 HTML 代码 -->
```

浏览效果如图 4.6 所示。

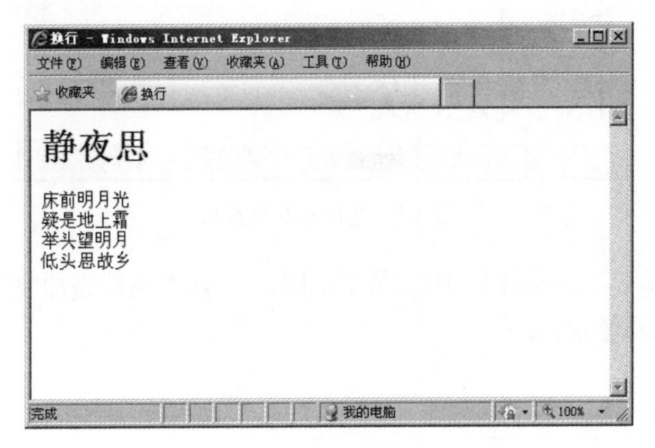

图 4.6 换行标签的应用

> **注意啦**
>
> 水平线标签为 <hr/>，例如，为了让版面更加清晰直观，可以在诗名和内容间加一条水平分隔线。

4.2.3 范围标签 <span>

范围标签 <span> 用于标识行内的某个范围，可以用来实现行内某个部分的特殊设置以区分其他内容。例如，修改《静夜思》的最后一句，并设为红色，字体大小为 40px，代码如下所示，效果如图 4.7 所示。

```
<!- 省略部分 HTML 代码 -->
<h1> 静夜思 </h1>
<hr />
床前明月光 <br />
疑是地上霜 <br />
举头望明月 <br />
<span style="color:red; font-size:40px;"> 低头思故乡 </span><br />
<!- 省略部分 HTML 代码 -->
```

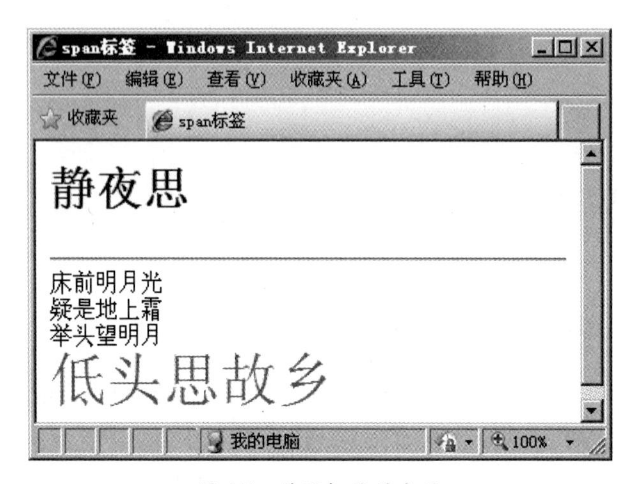

图 4.7 范围标签的应用

代码中 <span>、</span> 标签限定某个范围，“style”属性添加突出显示的样式（红色、字体大小为 50 像素）。

4.2.4 图像标签 <img/>

1. 常见的图片格式

在日常生活中，使用比较多的图像格式有四种，即 JPEG、GIF、BMP、PNG，常见的图片制作软件很多，如 Photoshop 等。

2. 语法

```
<img src=" 图片地址 " alt=" 图像的替代文字 " title=" 鼠标悬停提示文字 " />
```

其中，“src”属性指定图片所在的路径。“alt”属性指定替代文本，表示图像无法显示时（如图片路径错误或网速太慢等），替代显示的文本。这样，即使在图像无法显示时，用户仍可以看到网页丢失的信息内容（见图 4.8），所以在制作网页时一般推荐和“src”配合使用。其次，使用“title”属性，还可以提供额外的提示或帮助信息（见图 4.9），方便用户使用。

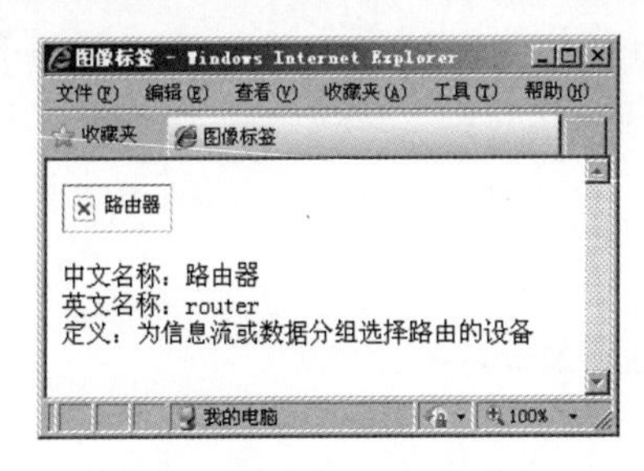

图 4.8 图片标签效果（1）

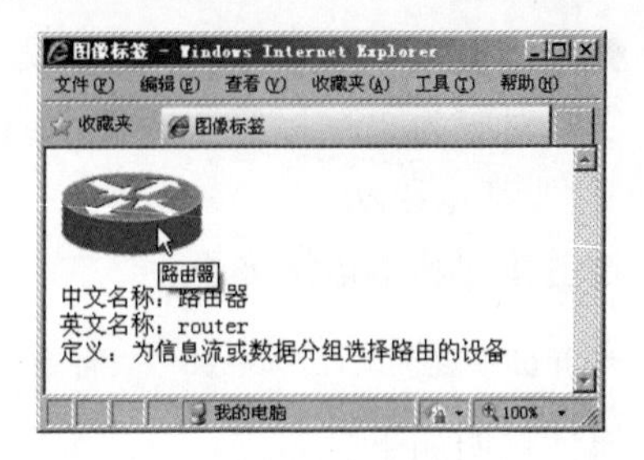

图 4.9 图片标签效果（2）

下面的 HTML 代码将在浏览器中显示两张图片。

```
<!- 省略部分 HTML 代码 -->
<img src="joypad.jpg" alt=" 游戏手柄 " title=" 游戏手柄 " /> 游戏手柄超便宜！！ <br />
<br />
<img src="mp4.jpg" alt=" 音乐播放器 " title=" 音乐播放器 " /> 音乐播放器 2 折！！ <br />
<!- 省略部分 HTML 代码 -->
```

在浏览器中浏览上述代码的 HTML 网页，显示效果如图 4.10 所示。

图 4.10 图像标签的应用

4.2.5 超链接 <a> 标签

超链接是 Web 最大的特色之一，通过单击超链接，可以在不知道目标地址的情况下访问到 Internet 的其他任何地方。超链接是从源端点到目标端点的一种跳转。

1．用法

超链接 <a> 标签极为常用，常用来设置到其他页面的导航链接。超链接包含两部分内容。

- 链接地址：即链接的目标，可以是某个网址或文件的路径，对应为 <a> 标签的“href”属性。

- 链接文本或图像：单击该文本或图像，将跳转到“href”属性指定的链接地址，对应为 <a> 标签中的文字或图片。

（1）基本语法

超链接的基本语法如下。

```
<a href=" 链接地址 " target=" 目标窗口位置 "> 链接文本或图像 </a>
```

属性说明如下。

- href：href 是 hypertext reference 的缩写，用于设定链接地址。链接地址对应为 URL 地址，若没有给出具体路径，则默认路径和当前页的路径相同。
- target：指定链接在哪个窗口打开，取值有 _blank、_parent、_self、_top，各值含义如下。
    - ◆ _blank：将链接的文档加载到一个未命名的新浏览器窗口中。
    - ◆ _parent：将链接的文件加载到含有该链接的框架的父框架集窗口中，若包含链接的框架不是嵌套的，则链接文件加载到整个浏览器窗口中。
    - ◆ _self：将链接的文件加载到该链接所在的同一框架中，此目标是默认的，所以通常不需要指定它。
    - ◆ _top：将链接的文件加载到整个浏览器窗口中，因而会删除所有框架。

例如，在新窗口中打开链接，HTML 代码如下，其浏览效果如图 4.11 所示。

```
<a  href="router.html"  target="_blank"> 思科路由器 </a>
```

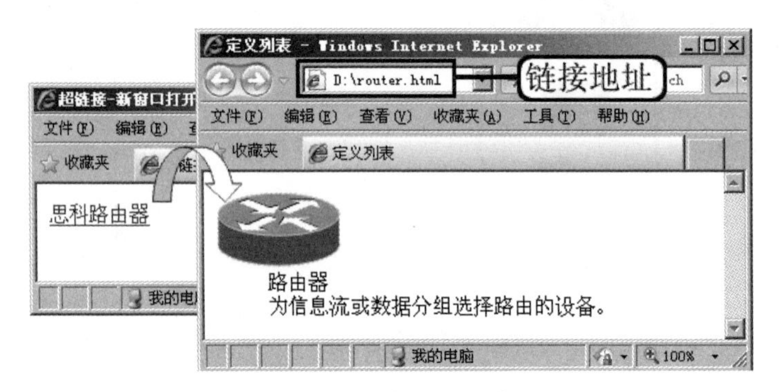

图 4.11　超链接语法示意图

（2）链接路径

当单击某个链接时，将指向万维网上的文档，万维网使用 URL 格式的链接地址，如 http://www.sohu.com:80/reg/register.html。URL 地址的统一格式为 Scheme://host.domain:port/ path/filename。

对其中的各项介绍如下。

- Scheme：表示各类通信协议。例如，常用的是 HTTP（超文本传输协议）、FTP（文件传输协议）。
- domain：定义互联网域名，方便访问，如 sohu.com 等。

- host：定义域中的主机名，如果被省略，那么 HTTP 协议默认的主机名是 www。
- post：定义主机的端口。
- path：定义服务器上的路径，如 reg 目录。
- filename：定义文档的名称，如 register.html。

根据链接的地址是指向站内文件还是站外文件，链接地址又分为相对路径和绝对路径，与上一节讲解图像的相对路径与绝对路径类似。

4.3 DNS 概述

在早期的 TCP/IP 网络中，名称解析通常由一台计算机负责，它维护了一份主机名称与 IP 地址对应的清单（Hosts 文件）。当网络中主机间通信时，源主机会通过查询 Hosts 文件，将目的主机的主机名解析成 IP 地址，以便进行通信。这种方法虽然简单，但是随着主机数目的增多，会产生以下问题。

- 主机名称重复。Hosts 文件是平面结构，主机多了容易重名。
- 主机维护困难。在一个平面结构的文件中维护所有的主机记录，这样文件会很大，而且当主机记录增加或更新时很难维护。

为了解决以上问题，早期的网络应用人员计划将巨大的信息量按层次结构规划成许多较小的部分，将每一部分存储在不同的计算机上，形成层次性、分布式的特点。这样一方面解决了信息的统一；另一方面信息数据的分布面变广，不会形成瓶颈，有利于提高访问效率，于是 DNS（Domain Name System）应运而生。

4.3.1 DNS 的功能

DNS 最初的设计目标是“用具有层次名称空间、分布式管理、扩展的数据类型、无限制的数据库容量和具有可以接收性能的，轻型、快捷、分布的数据库取代笨重的集中管理的 Hosts 文件系统”。

DNS 是一组协议和服务，它允许用户在查找网络资源时使用层次化的对用户友好的名称取代 IP 地址。简单地讲，DNS 协议的基本功能是在主机名与对应的 IP 地址之间建立映射管理。例如，新浪网站的 IP 地址是 202.106.184.200，几乎所有的浏览该网站的用户都使用 www.sina.com.cn，而并非使用 IP 地址来访问。与直接使用 IP 地址相比，使用主机名（域名）访问具有以下优点。

- 主机名便于记忆。
- 数字形式的 IP 地址可能会由于各种原因而改变，而主机名可以保持不变。

当需要给某人打电话时，你可能知道这个人的名字，而不知道他的电话号码。这时可以通过电话号码簿查他的电话号码，从而与他进行通话。由此可以看出，电话号码簿的功能便是建立姓名与电话号码之间的映射关系。而 DNS 的功能与电话号码簿很类似。

4.3.2 DNS 的组成

组成 DNS 系统的核心是 DNS 服务器，它是提供域名查询服务的计算机，用来维护 DNS 名称数据并处理 DNS 客户端主机名的查询。DNS 服务器保存了包含主机名和相应 IP 地址的数据库。

DNS 是一种看起来与磁盘文件系统的目录结构类似的命名方案，域名通过使用句点“.”分隔每个分支来标识一个域在逻辑 DNS 层次中相对于其父域的位置。但是，当定位一个文件位置时，是从根目录到子目录再到文件名，如 C:\WINDOWS\explorer.exe；而当定位一个主机名时，是从主机名到父域再到根域，如 news.sina.com.cn。

在 DNS 中，域名包括根域、顶级域、二级域和主机名，如图 4.12 所示。

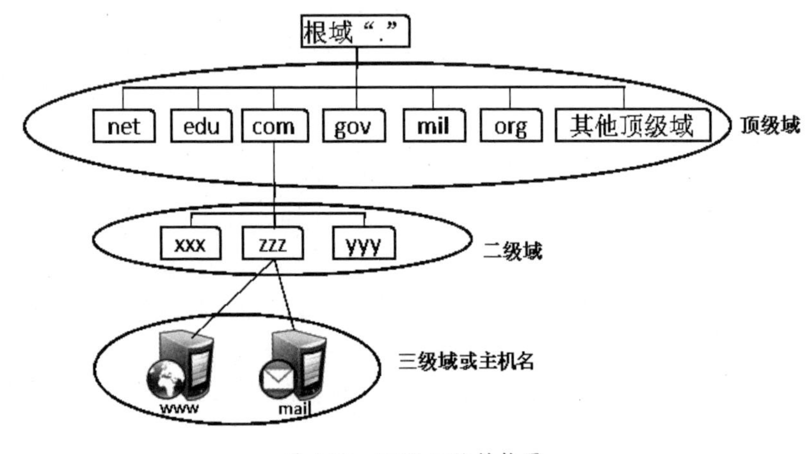

图 4.12　DNS 网络结构图

注意啦

三级域名下面还可以有四级域名、五级域名等。但是域名层级用的越多，域名越复杂，所以实际使用中一般不会超过五级。

1．根域

根（Root）域就是“.”（点号），它由 Internet 名称注册授权机构管理，该机构把域名空间各部分的管理责任分配给了连接到 Internet 的各个组织。

2．顶级域

DNS 根域的下一级是顶级域，由 Internet 名称授权机构管理，有两种常见类型。

- 组织域，采用三个字符的代号，标识 DNS 域中所包含的组织主要功能或活动，如表 4-2 所示。

表 4-2 组织域

顶级域	说明
gov	政府部门
com	商业部门
edu	教育部门
org	民间团体组织
net	网络服务机构
mil	军事部门

- 国家或地区顶级域，采用两个字符的国家或地区代号，如表 4-3 所示。

表 4-3 国家或地区顶级域

国家顶级域	说明
cn	中国
jp	日本
uk	英国
de	德国
……	

3. 二级域

二级域是注册到个人、组织或公司的名称。这些名称基于相应的顶级域，如“google.com”，就是基于顶级域“.com”。二级域下可以包括主机和子域，如“google.com”可包含子域“mail.google.com”这样的主机，也可以包含如“news.google.com”这样的子域，而该子域还可以包含如“printer.news.google.com”这样的主机。

4. 主机名

主机名处于域名空间结构中的最底层，主机名和前面讲的域名（DNS 后缀）结合成 FQDN（Full Qualified Domain Name，完全合格域名），主机名是 FQDN 最左端的部分。例如，“aaa.bbb.com”，其中的“aaa”是主机名，“bbb.com”被称为 DNS 后缀。

用户在访问网络上面的 Web、FTP、Mail 等服务时，通常使用 FQDN 进行访问，如 www.google.com。但是 FQDN 并不能真正定位目标服务器的物理地址，而是需要 DNS 服务器将 FQDN 解析成 IP 地址。

FQDN（Fully Qualified Domain Name，完全合格域名 / 全称域名）是指一个系统的完整名称而非其主机名称。

4.3.3 DNS 的查询过程

下面通过查询 www.163.com 的例子来学习 DNS 查询的基本工作原理。具体步骤如图 4.13 所示。

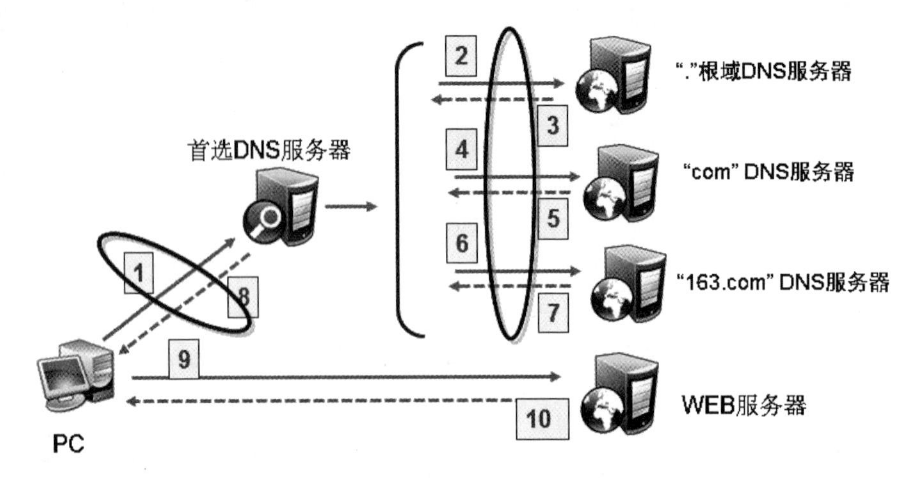

图 4.13 DNS 查询过程

（1）客户机将查询 www.163.com 的信息传递到自己的首选 DNS 服务器。

（2）DNS 客户机的首选 DNS 服务器检查区域数据库，由于此服务器没有 163.com 域的授权记录，因此，它将查询信息传递到根域 DNS 服务器，请求解析主机名称。

（3）根域 DNS 服务器把负责解析“com”顶级域的 DNS 服务器的 IP 地址返回给 DNS 客户机的首选 DNS 服务器。

（4）首选 DNS 服务器将请求发送给负责“com”域的 DNS 服务器。

（5）负责“com”域的服务器根据请求将负责“163.com”域的 DNS 服务器的 IP 地址返回给首选 DNS 服务器。

（6）首选 DNS 服务器向负责“163.com”区域的 DNS 服务器发送请求。

（7）由于此服务器具有 www.163.com 的记录，因此它将 www.163.com 的 IP 地址返回给首选 DNS 服务器。

（8）客户机的首选 DNS 服务器将 www.163.com 的 IP 地址发送给客户机。

（9）域名解析成功后，客户机将 http 请求发送给 Web 服务器。

（10）Web 服务器响应客户机的访问请求，客户机便可以访问目标主机。

如果 DNS 客户机的首选 DNS 服务器没有返回给客户机 www.163.com 的 IP 地址，那么客户机将尝试访问自己的备用 DNS 服务器。

为了提高解析效率，减少查询开销，每个 DNS 服务器都有一个高速缓存，存放最近解析过的域名和对应的 IP 地址。这样，当有用户查找相同的域名记录时，便可以跳过某些查找过程，由 DNS 服务器直接从缓存中查找到该记录的地址，从而大大缩短了查找时间，加快了查询速度。

上课工场 APP 或 kgc.cn 可以看动画演示哦。

4.3.4 域名申请

1. 网站域名的申请过程

（1）寻找域名注册商。

（2）查询未注册域名。

（3）提交申请，付款购买租约。

（4）等待审核成功。

（5）设置解析管理。

2. 工信部 ICP 备案

2005 年 3 月 20 日起，国家对经营性互联网信息服务实行许可制度；对非经营性互联网信息服务实行备案制度。未取得许可或者未履行备案手续的，不得从事互联网信息服务，备案网址为：www.miibeian.gov.cn。

备案方式：

（1）企业备案

营业执照副本彩色扫描件或复印件

网站负责人身份证彩色扫描件或复印件

网站负责人半身彩色照片，需要 jpg 格式

主办单位所在地详细联系方式

（2）个人备案

网站负责人身份证彩色扫描件或复印件

本章总结

- HTML 文件的基本结构如下。

```
<html>
<head> 头部
</head>

<body> 主体部分
</body>
</html>
```

- 网站的摘要信息包括网页的标题标签 <title>、网页具体的摘要信息标签 <meta> 等。
- HTML 语言标签几乎都以“<>”开始、“</ >”结束。
- HTML 基本标签主要包括文本标签、行控制标签、水平线标签、范围标签、图像标签等。

- 域名空间的层次结构包括：根域、顶级域、二级域和主机名。
- 区域是域名空间中连续的一部分，DNS 服务器以区域为单位来管理域名空间。
- DNS 服务的主要作用就是将域名解析为 IP 地址。

本章作业

1. 域名空间结构有哪几层？

2. 简述域名解析顺序。

2. 使用文本相关标签、行控制标签、范围标签、图片标签完成商品促销页面，如图 4.14 所示。

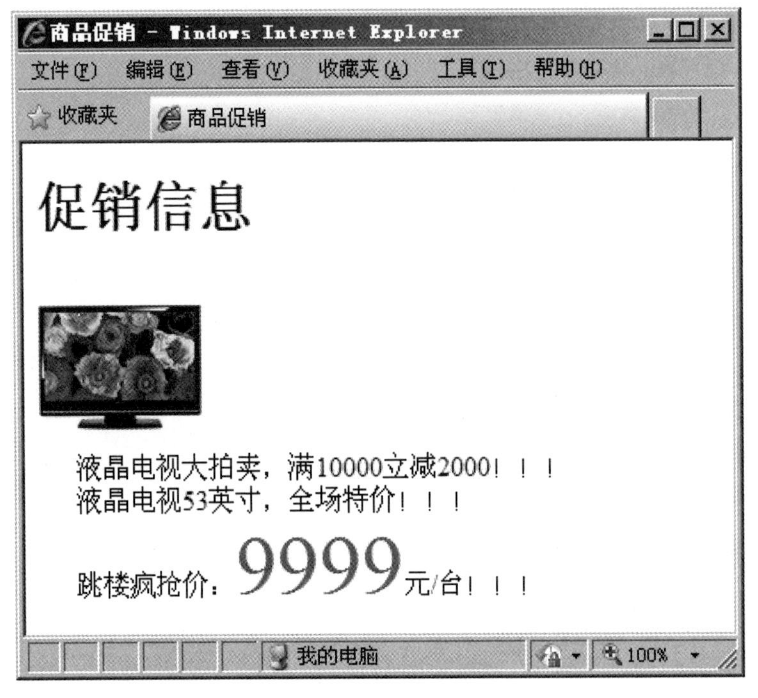

图 4.14 商品促销页面

推荐步骤

（1）使用记事本建立网页，另存为“index.html”，下列各项操作均在代码视图中完成，通过手写代码完成页面效果。

（2）在代码页面修改网页标题，将标题修改为“商品促销”。

（3）内容“促销信息”为一级标题。

（4）在网页中使用图片标签插入图片，并设定鼠标悬停提示文字显示为产品名称（名称自定），并且如果出现图片丢失或路径错误等情况，图片位置将替代显示为产品名称（名称自定）。

（5）在网页中输入相关文本，在内容输入完成后使用
 换行标签控制内容换行。

（6）只用连续空格控制文字与浏览器左边框的距离。

（7）使用范围标签设定价格的颜色为红色，字体大小为 50px。

（8）设置完成后保存页面，然后通过浏览器打开页面查看效果。

4．用课工场 APP 扫一扫完成在线测试，快来挑战吧！

随手笔记

第5章

体验 LAMP 平台部署

技能目标

- 了解 LAMP 网站平台
- 了解如何构建 LAMP

本章导读

在 Internet 中，要提供一台功能完整、可扩展性强的企业网站服务器，不仅需要有 HTTP 服务软件、数据库系统，也离不开动态网页程序的支持。

本章将以 Apache HTTP Server、MySQL 数据库系统为基础，学习著名的网站架构——LAMP 平台的构建。本章的目的是让读者体验，更加专业的部署将在后续课程中详细介绍。

本章使用 CentOS 6.5 系统构建 LAMP。

知识服务

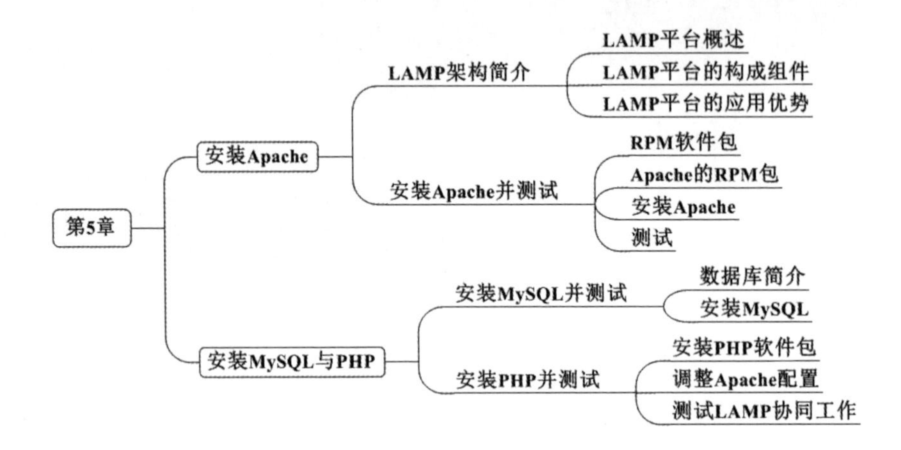

5.1 安装 Apache

5.1.1 LAMP 架构简介

1. LAMP 平台概述

LAMP 架构是目前成熟的企业网站应用模式之一，指的是协同工作的一整套系统和相关软件，能够提供动态 Web 站点服务及其应用开发环境。LAMP 是一个缩写词，具体包括 Linux 操作系统、Apache 网站服务器、MySQL 数据库服务器、PHP（或 Perl、Python）网页编程语言。

2. LAMP 平台的构成组件

在 LAMP 平台的四个构成组件中，每一个组件都承担着一部分关键应用。经过十几年的发展，各组件间的兼容性得到了不断的完善，协作能力和稳定性也不断增强，可以构建出非常优秀的 Web 应用系统。各组件的主要作用如下。

- Linux 操作系统：作为 LAMP 架构的基础，提供用于支撑 Web 站点的操作系统，能够与其他三个组件提供更好的稳定性、兼容性（LAMP 组件也支持 Windows、UNIX 等操作系统）。
- Apache 网站服务器：作为 LAMP 架构的前端，是一款功能强大、稳定性好的 Web 服务器程序，该服务器直接面向用户提供网站访问，发送网页、图片等文件内容。
- MySQL 数据库服务器：作为 LAMP 架构的后端，是一款流行的开源关系数据库系统。在企业网站、业务系统等应用中，各种账户信息、产品信息、客户资料、业务数据等都可以存储到 MySQL 数据库，其他程序可以通过 SQL 语句来查询、更改这些信息。
- PHP/Perl/Python 网页编程语言：作为三种开发动态网页的编程语言，负责解释动态网页文件，并提供 Web 应用程序的开发和运行环境。其中，PHP 是一种被广泛应用的开放源代码的多用途脚本语言，它可以嵌入到 HTML 中，尤其适合于 Web 应用开发。

3. LAMP 平台的应用优势

构成 LAMP 平台的四个组件，每一个组件都经历了数十年之久的企业应用的考验，各自都是同类软件中的佼佼者，从而成为典型的“黄金搭档”。其主要优势体现在以下几个方面。

- 成本低廉：构成组件都是开放源代码的软件，可以自由获得和免费使用，在技术上和许可证方面没有太严格的限制，大大降低了企业的实施成本。
- 可定制：拥有大量的额外组件和可扩展功能的模块，能够满足大部分企业应用的定制需求，甚至可以自行开发、添加新的功能。
- 易于开发：基于 LAMP 平台的动态网站中，页面代码简洁，与 HTML 标记语言的结合度非常好，即使是非专业的程序员也能够轻松读懂乃至修改网页代码。
- 方便易用：PHP、Perl 等属于解释性语言，开发的各种 Web 程序不需要编译，方便进行移植使用。整套的网站项目程序，通常只要复制到网站目录中，就可以直接访问。
- 安全和稳定：得益于开源的优势，大量的程序员在关注并持续改进 LAMP 平台的各个组件，发现的问题能够很快得到解决。LAMP 架构已经历了数十年的验证，在安全性和稳定性方面表现得非常优秀。

在构建 LAMP 平台时，各组件的安装顺序依次为 Linux、Apache、MySQL、PHP。其中 Apache 和 MySQL 的安装并没有严格的顺序；而 PHP 环境的安装一般放到最后，负责沟通 Web 服务器和数据库系统以协同工作。

5.1.2　安装 Apache 并测试

1. RPM 软件包

RPM 包是各种 Linux 发行版本中应用最广泛的软件包之一，这种软件包文件的扩展名为“.rpm”，安装 RPM 包需要使用系统中的 rpm 命令安装才可以。

2. Apache 的 RPM 包

在 CentOS 系统的 DVD 安装光盘中携带了很多 RPM 软件包，大部分软件包都组织在“Packages”目录中，在该目录中的文件可以找到 Apache 的 RPM 软件包。将虚拟机的光驱设备设置为“连接”状态，使用 mount 命令挂载 CentOS 6.5 的 DVD 光盘设备，并查看其中 Apache 软件包。

```
[root@localhost ~]# mount
/dev/sr0 on /media/CentOS_6.5_Final type iso9660 (ro,nosuid,nodev,uhelper=udisks,uid=0,gid=0,
```

```
  iocharset=utf8,mode=0400,dmode=0500)
[root@localhost ~]# ls /media/CentOS_6.5_Final/Packages/http*
[root@localhost Server]# ls -lh bash* fontconfig-devel*
-r--r--r--. 2 root root 822k 8 月 14 2013 /media/CentOS_6.5_Final/Packages
/http-2.2.15-29.el6.centos.x86_64.rpm
-r--r--r--. 2 root root 151k 8 月 14 2013 /media/CentOS_6.5_Final/Packages
/http-devel-2.2.15-29.el6.centos.i3686.rpm
-r--r--r--. 2 root root 151k 8 月 14 2013 /media/CentOS_6.5_Final/Packages
/http-devel-2.2.15-29.el6.centos.x86_64.rpm
-r--r--r--. 2 root root 784k 8 月 14 2013 /media/CentOS_6.5_Final/Packages
/http-manual2.2.15-29.el6.centos.noarch.rpm
-r--r--r--. 2 root root 73k 8 月 14 2013 /media/CentOS_6.5_Final/Packages
/http-tool-2.2.15-29.el6.centos.x86_64.rpm
```

3. 安装 Apache

安装 Apache 先执行“rpm -q httpd”命令查看 Apache 是否已经安装。

```
[root@localhost ~]# rpm -q httpd
httpd-2.2.15-29.el6.centos.x86_64
```

出现以上结果说明 Apache 已经安装。如果显示“package httpd is not installed”，那么执行“rpm -ivh”命令加软件包的名称安装即可。

安装完成后执行“rpm -ql httpd”命令查询配置文件安装位置，其中 /etc/httpd/conf/httpd.conf 是 Apache 的配置文件。

```
[root@localhost ~]# rpm -ql httpd
/etc/httpd
/etc/httpd/conf
/etc/httpd/conf.d
/etc/httpd/conf.d/README
/etc/httpd/conf.d/welcome.conf
/etc/httpd/conf/httpd.conf
/etc/httpd/conf/magic
/etc/httpd/logs
```

使用 vi 编辑器打开该文件，在命令模式下执行“/#ServerName www.example.com:80”命令查找“#ServerName”配置项将其修改为“www.iwatch.com:80”，该项是配置网站服务器的名称。然后执行“service httpd start”命令启动 httpd 服务，同时使配置文件内容生效。

4. 测试

（1）本地测试

在 /var/www/html/ 目录下编写名为 index.html 的本地测试网页。网页内容如下：

```
[root@localhost ~]# vi /var/www/html/index.html
<html><body><h1>It works!</h1></body></html>
```

执行“rpm -ivh /media/CentOS_6.5_Final/Packages/lynx-2.8.6-27.el6.x86_64.rpm”命令安装 Linux 系统下的字符界面浏览器 lynx，安装完后在本地的字符界面浏览器中访问 http://127.0.0.1 即可出现 Apache 的测试页。

```
[root@localhost ~]# lynx http://127.0.0.1

        It works!
命令：移动用方向键，求助用“？”，退出用“q”，返回用“<-”。
```

（2）网络测试

本地访问没问题后就可以在宿主机中访问了，在浏览器中直接输入“http://10.0.0.1”或“http://www.iwatch.com”即可。这里需要注意两点，其一：如果输入 IP 地址无法访问，有可能是 Linux 防火墙在进行拦截，需要关闭“service iptables stop”防火墙；其二，用域名进行访问测试时，需要在宿主机 C:\Windows\System32\drivers\etc 目录下 host 文件添加地址映射“10.0.0.56 www.iwatch.com”，才能通过域名进行访问测试。

5.2 安装 MySQL 与 PHP

5.2.1 安装 MySQL 并测试

人类已经迈入了“信息爆炸时代”，大量的数据、信息在不断产生，伴随而来的就是如何安全、有效地存储、检索和管理它们，数据库技术就是用来对数据进行有效存储、高效访问、方便共享和安全控制的。

1. 数据库简介

数据是指描述事物的符号记录，数据不仅仅包括数字，文字、图形、图像、声音、档案记录等都是数据。

在数据库中，数据是以“记录”形式按统一的格式进行存储的，而不是杂乱无章的。如图 5.1 所示存储的一行数据，在数据库中称为一条“记录”（Record），每条记录中的每一个输入项称为“列”。

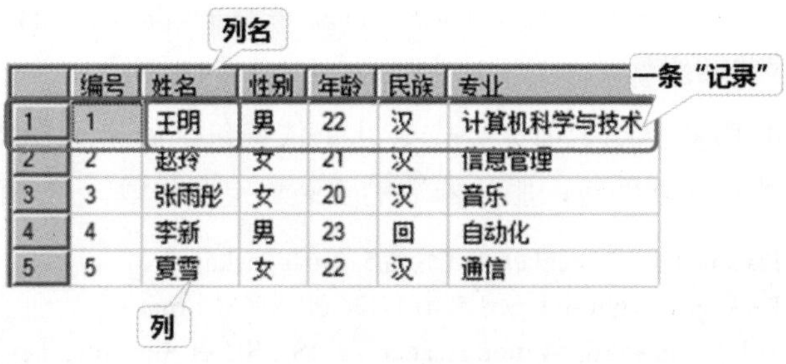

列名

	编号	姓名	性别	年龄	民族	专业
1	1	王明	男	22	汉	计算机科学与技术
2	2	赵玲	女	21	汉	信息管理
3	3	张雨彤	女	20	汉	音乐
4	4	李新	男	23	回	自动化
5	5	夏雪	女	22	汉	通信

一条“记录”

列

图 5.1　数据库表的结构

不同的记录组织在一起，就形成了“表”，而数据库就是表的集合，如图 5.2 所示。数据库并不是简单地存储这些数据的，还要表示它们之间的关系，关系的描述也是数据库的一部分。

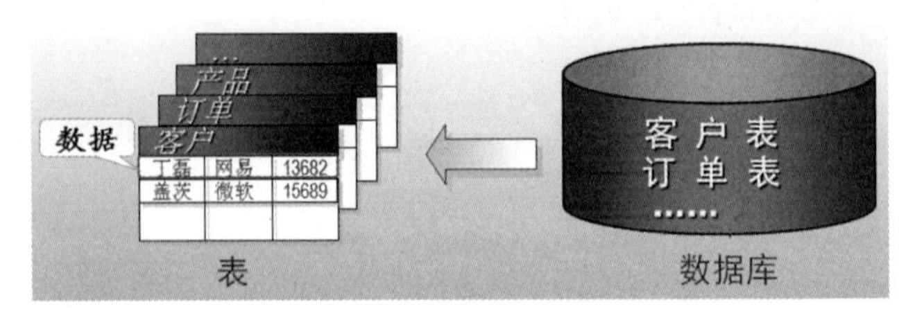

图 5.2　数据库的结构

2. 安装 MySQL

（1）安装 MySQL

MySQL 数据库是 C/S 架构的，既有客户端又有服务器端，MySQL 客户端的安装非常简单，只需要在光盘中找到指定的 MySQL 软件包，使用 rpm 命令安装即可。

```
[root@localhost Packages]# cd /media/CentOS_6.5_Final/Packages
[root@localhost Packages]# ls -lh mysql*
-r--r--r-- 2 root root 894K 11 月 25 2013 mysql-5.1.71-1.el6.x86_64.rpm
-r--r--r-- 2 root root 428K 11 月 25 2013 mysql-bench-5.1.71-1.el6.x86_64.rpm
-r--r--r-- 2 root root 1.5M 6 月  25 2012 mysql-connector-java-5.1.17-6.el6.
noarch.rpm
-r--r--r-- 2 root root 115K 7 月 3 2011 mysql-connector-odbc-5.1.5r1144-7.el
6.x86_64.rpm
-r--r--r-- 2 root root 129K 11 月 25 2013 mysql-devel-5.1.71-1.el6.i686.rpm
-r--r--r-- 2 root root 129K 11 月 25 2013 mysql-devel-5.1.71-1.el6.x86_64.rpm
-r--r--r-- 2 root root 1.3M 11 月 25 2013 mysql-libs-5.1.71-1.el6.i686.rpm
-r--r--r-- 3 root root 1.3M 11 月 25 2013 mysql-libs-5.1.71-1.el6.x86_64.rpm
-r--r--r-- 2 root root 8.7M 11 月 25 2013 mysql-server-5.1.71-1.el6.x86_64.rpm
-r--r--r-- 2 root root 5.3M 11 月 25 2013 mysql-test-5.1.71-1.el6.x86_64.rpm
[root@localhost Packages]# rpm -ivh mysql-5.1.71-1.el6.x86_64.rpm
warning: mysql-5.1.71-1.el6.x86_64.rpm: Header V3 RSA/SHA1 Signature, key ID c105b9de:
    NOKEY
Preparing...            ########################################### [100%]
  1:mysql               ########################################### [100%]
[root@localhost Packages]#
```

在安装 MySQL 服务器端之前先要安装几个依赖包，如果不安装依赖包，而直接安装 MySQL 服务器端的软件包，服务器端的安装一定会失败。正确的安装顺序如下：

```
[root@localhost Packages]# cd /media/CentOS_6.5_Final/Packages
[root@localhost Packages]# rpm -ivh perl-5.10.1-136.el6.x86_64.rpm
warning: perl-5.10.1-136.el6.x86_64.rpm: Header V3 RSA/SHA1 Signature, key ID c105b9de:
    NOKEY
```

```
Preparing...            ########################################### [100%]
      1:perl-5.10.1-1########################################### [100%]
[root@localhost Packages]#
[root@localhost Packages]#
[root@localhost Packages]# rpm -ivh perl-DBI-1.609-4.el6.x86_64.rpm
warning: perl-DBI-1.609-4.el6.x86_64.rpm: Header V3 RSA/SHA256 Signature, key ID c105b9de:
   NOKEY
Preparing...            ########################################### [100%]
   1:perl-DBI           ########################################### [100%]
[root@localhost Packages]#
[root@localhost Packages]#
[root@localhost Packages]# rpm -ivh perl-DBD-MySQL-4.013-3.el6.x86_64.rpm
warning: perl-DBD-MySQL-4.013-3.el6.x86_64.rpm: Header V3 RSA/SHA256 Signature, key ID
c105b9de: NOKEY
Preparing...            ########################################### [100%]
   1:perl-DBD-MySQL     ########################################### [100%]
[root@localhost Packages]#
[root@localhost Packages]#
[root@localhost Packages]# rpm -ivh mysql-server-5.1.71-1.el6.x86_64.rpm
warning: mysql-server-5.1.71-1.el6.x86_64.rpm: Header V3 RSA/SHA1 Signature, key ID c105b9de:
   NOKEY
Preparing...            ########################################### [100%]
   1:mysql-server       ########################################### [100%]
```

（2）MySQL 设置

经过安装后的初始化过程，MySQL 数据库的默认管理员用户名为“root”，密码为空。若要设置密码“123456”的 root 用户登录本机的 MySQL 数据库，可以执行以下操作。

```
[root@www ~]# mysqladmin -u root password 123456          //"-u" 选项用于指定认证用户
```

然后直接使用“mysql -u root -p”命令登录数据库。

```
[root@www ~]# mysql  -u root -p
Enter password:                                           // 根据提示输入正确的密码
```

5.2.2　安装 PHP 并测试

PHP 即“Hypertext Preprocessor”（超级文本预处理语言）的缩写，是一种服务器端的 HTML 嵌入式脚本语言。PHP 的语法混合了 C、Java、Perl 及部分自创的新语法，拥有更好的网页执行速度，更重要的是 PHP 支持绝大多数流行的数据库，在数据库层面的操作功能十分强大，而且能够支持 UNIX、Windows、Linux 等多种操作系统。

本节将介绍如何构建 PHP 运行环境，以实现 LAMP 协同架构。其前提条件是服务器中已经编译安装好 Apache HTTP Server 和 MySQL 数据库，具体内容请参考之前的章节。

1. 安装 PHP 软件包

PHP 项目最初由 Rasums Lerdorf 在 1994 年创建，1995 年发布第一个版本 PHP 1.0。本小节将以稳定版源码包 php-5.3.28.tar.gz 为例。该版本可以从 PHP 官方站点 http://www.php.net 下载。

下面介绍安装 PHP 相关软件包的基本过程。

为了避免发生程序冲突等现象，建议采用 RPM 方式同时安装 PHP 及相关依赖包。例如，直接使用 rpm 命令安装 php、php-cli、php-ldap、php-common、php-mysql 等软件包。

```
[root@localhost ~]# rpm -ivh /media/CentOS_6.5_Final/Packages/php-common
-5.3.3-26.el6.x86_64.rpm
warning:/media/CentOS_6.5_Final/Packages/php-common-5.3.3-26.el6.x86_64.rpm: Header V3 RSA/
   SHA1 Signature, key ID c105b9de: NOKEY
Preparing...          ########################################### [100%]
  1:php-common        ########################################### [100%]
[root@localhost ~]#
[root@localhost ~]#
[root@localhost ~]# rpm -ivh /media/CentOS_6.5_Final/Packages/php-cli-5.
3.3-26.el6.x86_64.rpm
warning: /media/CentOS_6.5_Final/Packages/php-cli-5.3.3-26.el6.x86_64.rpm: Header V3 RSA/SHA1
   Signature, key ID c105b9de: NOKEY
Preparing...          ########################################### [100%]
  1:php-cli           ########################################### [100%]
[root@localhost ~]#
[root@localhost ~]#
[root@localhost ~]# rpm -ivh /media/CentOS_6.5_Final/Packages/php-5.3.
3-26.el6.x86_64.rpm
warning: /media/CentOS_6.5_Final/Packages/php-5.3.3-26.el6.x86_64.rpm: Header V3 RSA/SHA1
   Signature, key ID c105b9de: NOKEY
Preparing...          ########################################### [100%]
  1:php               ########################################### [100%]
[root@localhost ~]#
[root@localhost ~]#
[root@localhost ~]# rpm -ivh /media/CentOS_6.5_Final/Packages/php-pdo-5.3
.3-26.el6.x86_64.rpm
warning: /media/CentOS_6.5_Final/Packages/php-pdo-5.3.3-26.el6.x86_64.rpm: Header V3 RSA/
   SHA1 Signature, key ID c105b9de: NOKEY
Preparing...          ########################################### [100%]
  1:php-pdo           ########################################### [100%]
[root@localhost ~]#
[root@localhost ~]#
[root@localhost ~]# rpm -ivh /media/CentOS_6.5_Final/Packages/php-mysql-5.
3.3-26.el6.x86_64.rpm
warning:/media/CentOS_6.5_Final/Packages/php-mysql-5.3.3-26.el6.x86_64.rpm: Header V3 RSA/
   SHA1 Signature, key ID c105b9de: NOKEY
Preparing...          ########################################### [100%]
  1:php-mysql         ########################################### [100%]
```

```
[root@localhost ~]#
[root@localhost ~]#
```

2. 调整 Apache 配置

要使 httpd 服务器支持 PHP 页面解析功能，需通过 LoadModule 配置项加载 PHP 程序的模块文件，并通过 AddType 配置项添加对“.php”类型网页文件的支持。

```
[root@www ~]# vi /usr/local/httpd/conf/httpd.conf
……                                                          //省略部分内容
LoadModule php5_module   modules/libphp5.so
AddType application/x-httpd-php .php
[root@www ~]# /usr/local/httpd/bin/apachectl restart          //重启服务以更新配置
```

在上述配置内容中，LoadModule 行中的“php5_module”表示模块名称；“modules/libphp5.so”表示模块文件位置。添加完成重启 Apache 即可。

3. 测试 LAMP 协同工作

完成 PHP 相关软件的安装、调整配置以后，应对其进行必要的功能测试，以验证 LAMP 平台各组件是否能够协同运作。在网站根目录下创建相应的 PHP 测试网页，然后通过浏览器进行访问，根据显示结果即可判断 LAMP 平台是否构建成功。

下面分别从 PHP 网页的解析、通过 PHP 页面访问 MySQL 数据库两个方面进行测试。

要想测试 PHP 环境是否能够正常工作，需要建立一个使用 PHP 语言编写的网页文件，并通过 httpd 服务器发布，在浏览器中对其进行访问。由于 PHP 语言并非本章学习的重点，这里不做过多的讲解。用于测试时，只需要建立一个简短的 PHP 测试文件即可。

（1）测试 PHP 网页能否正确显示

编写一个“.php”格式的测试网页文件，使用 PHP 内建的“phpinfo()”函数显示服务器的 PHP 环境信息，PHP 代码应包括在“<?php …?>”标记之间。将测试网页文件放置到网站根目录下，如 /usr/local/httpd/htdocs/test1.php。

```
[root@www ~]# vi /usr/local/httpd/htdocs/test1.php
<?php
phpinfo( );
?>
```

然后通过浏览器访问测试网页，如 http://www.iwatch.com/test1.php。若能够看到 PHP 程序的版本号、配置命令、运行变量等相关信息，如图 5.3 所示，则表示此 Web 服务器已经能正常显示 PHP 网页；若还能看到 Zend 引擎的相关信息，则表示 ZendGuardLoader 模块也已成功启用。

（2）测试 PHP 网页能否访问 MySQL 数据库

再编写一个测试网页文件 test2.php，添加简单的数据库操作命令，用于验证与 MySQL 服务器的连接、查询等操作。其中，“mysql_connect()”函数用于连接 MySQL 数据库，需要指定目标主机地址，以及授权访问的用户名、密码。

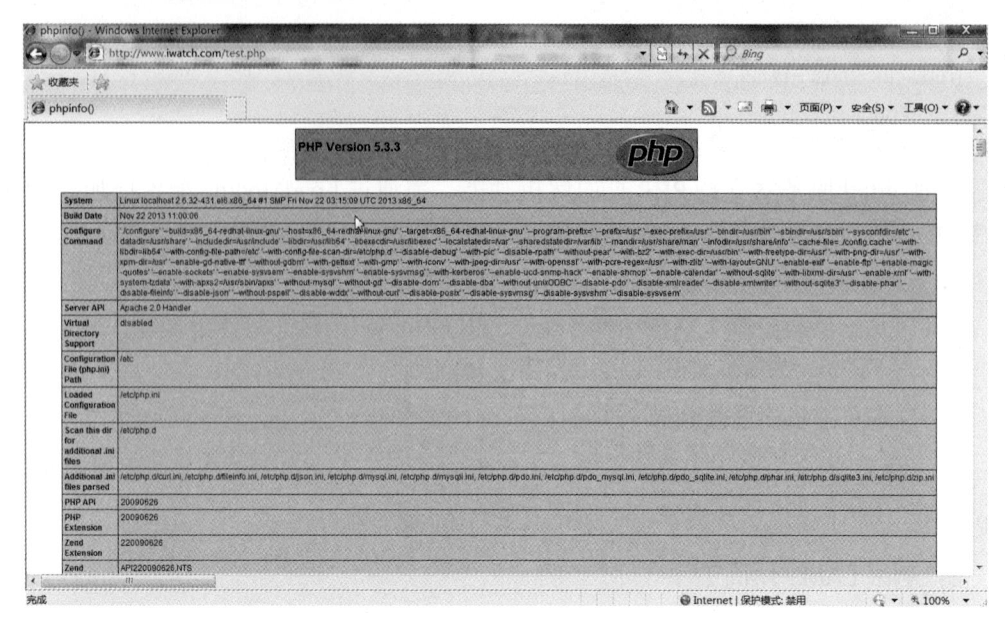

图 5.3　PHP 网页能够正确显示

```
[root@www ~]# vi /usr/local/httpd/htdocs/test2.php
<?php
$link=mysql_connect('localhost','root','123456');        // 连接 MySQL 数据库
if($link) echo "OK!";                                     // 连接成功时的反馈消息
mysql_close();                                            // 关闭数据库连接
?>
```


然后通过浏览器访问测试网页，如 http://www.iwatch.com/test2.php。若能看到成功连接的提示信息，如图 5.4 所示，则表示能够通过 PHP 网页访问 MySQL 数据库。当使用了错误的用户名、密码，或者因“mysqld-connect()”函数未运行而导致连接失败时，执行时将会报错。

图 5.4　PHP 网页能够访问 MySQL 数据库

本章总结

- LAMP 架构组件包括 Linux 操作系统、Apache 网站服务器、MySQL 数据库服务器、PHP（或 Perl、Python）网页编程语言。
- 要使 httpd 服务支持 PHP 网页，应编辑 httpd.conf 文件，确认加载 libphp5.so 模块，并添加“.php”类型文件的识别。
- 执行“mysqladmin -u root password xxxxxx”即可设置 root 用户里连接 MySQL 数据库的密码。

本章作业

1. 简述 LAMP 架构的含义，及各组件的安装顺序。
2. 使用 rpm 命令安装 MySQL 服务器端时需要先安装哪些依赖包？
3. 编译前配置 PHP 软件包时，应使用哪些选项以支持与 httpd、mysqld 协同工作？
4. 使用 CentOS 7.3 系统构建 LAMP 平台。
5. 用课工场 APP 扫一扫完成在线测试，快来挑战吧！

随手笔记

第6章

Linux常用命令精讲

技能目标

- 掌握常用的目录管理命令
- 掌握常用的文件管理命令

本章导读

Linux 系统下的 Shell 命令使用十分广泛，熟练使用命令行对系统进行管理和操作是 Linux 系统管理员所必备的基础技能。本章将学习 Linux 命令的基本格式、命令帮助的使用，并通过命令来管理系统中的文件和目录。

知识服务

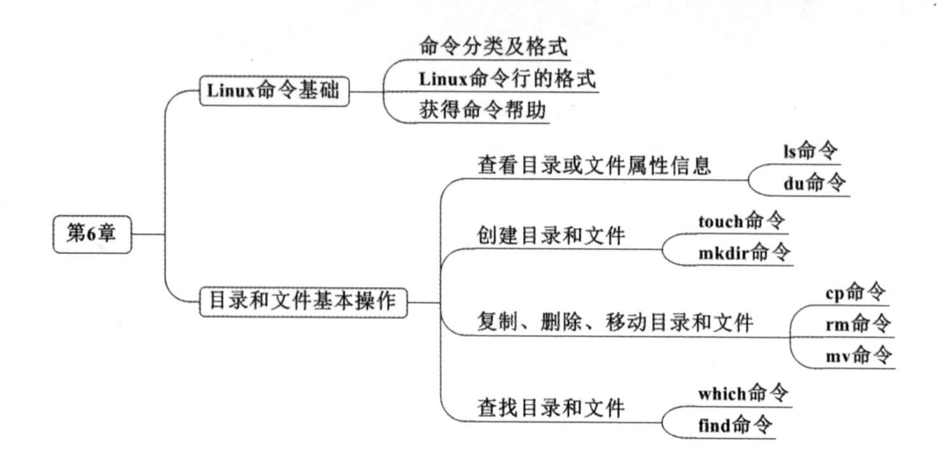

6.1 Linux 命令基础

在 Linux 系统中，凡是在字符操作界面中输入的能够完成特定操作和任务的字符串，都可以称为“命令”。而严格一点来说，“命令”通常只代表了实现某一类功能的指令或程序的名称。

本节将学习 Linux 命令的分类、基本格式及如何获得命令帮助。

6.1.1 命令分类及格式

Linux 命令的执行必须依赖于 Shell 命令解释器。Shell 实际上是在 Linux 系统中运行的一种特殊程序，它位于操作系统内核与用户之间，负责接收用户输入的命令并进行解释，将需要执行的操作传递给系统内核执行，Shell 在用户和内核之间充当了一个“翻译官”的角色。当用户登录到 Linux 系统时，会自动加载一个 Shell 程序，以便给用户提供可以输入命令的操作系统。

Bash 是 Linux 系统中默认使用的 Shell 程序，文件位于 /bin/bash。根据 Linux 命令与 Shell 程序的关系，一般分为以下两种类型。

- 内部命令：指的是集成于 Shell 解释器程序（如 Bash）内部的一些特殊指令，也称为内建（Built-in）指令。内部命令属于 Shell 的一部分，所以并没有单独对应的系统文件，只要 Shell 解释器被运行，内部指令也就自动载入内存了，用户可以直接使用。内部命令无需从硬盘中重新读取文件，因此执行效率较高。
- 外部命令：指的是 Linux 系统中能够完成特定功能的脚本文件或二进制程序，每个外部命令对应了系统中的一个文件，是属于 Shell 解释器程序之外的命令，所以称为外部命令。Linux 系统必须知道外部命令对应的文件位置，才能够由 Shell 加载并执行。

Linux 系统默认会将存放外部命令、程序的目录（如 /bin、/usr/bin、/usr/local/bin 等）添加到用户的“搜索路径”中，当使用位于这些目录中的外部命令时，用户不需要指定具体的位置。因此在大多数情况下，不用刻意去分辨内部命令和外部命令，其使用方法是基本类似的。

6.1.2 Linux 命令行的格式

在使用内部命令或外部命令时，参照一个通用的命令行使用格式，可方便理解 Linux 命令的作用和工作方式。通用的命令行使用格式如下所示。

```
命令字 [选项] [参数]
```

其中，命令字、选项、参数之间用空格分开，多余的空格将被忽略。下面分别介绍这三个组成部分的含义和作用。[ ] 括起来的部分表示可以省略，即命令行可以只有命令字，也可以只有命令字、选项，或者只有命令字、参数。

1. 命令字

命令字即命令名称，是整条命令中最关键的一部分。在 Linux 的字符操作界面中，使用命令字唯一确定一条命令，因此在输入命令时一定要确保输入的命令字正确。而且，在 Linux 的命令环境中，无论是命令名还是文件名，对英文字符的处理都是区分大小写的，操作时需要细心。

2. 选项

选项的作用是调节命令的具体功能，决定这条命令如何执行。同一个命令字配合不同的选项使用时，可以获得相似但具有细微差别的功能。命令使用的选项有如下一些特性。

- 不同的命令字，其能够使用的选项也会不同（选项的个数和内容）。
- 选项的数量可以是多个，也可以省略。同时使用多个选项时，选项之间使用空格分隔。若不使用选项，将执行命令字的默认功能。
- 使用单个字符的选项时，一般在选项前使用“-”符号（半角的减号符）引导，称为短格式选项，如“-l”。多个单字符选项可以组合在一起使用，如“-al”等同于“-a -l”。
- 使用多个字符的选项时，一般在选项前使用“--”符号（两个半角的减号符）引导，称为长格式选项，如“--help”。

有一些 Linux 命令字对于同一功能会同时提供长、短两种格式的选项。长格式的选项意义明确，容易记忆，而短格式的选项结构简单、输入快捷。两种格式可以混用。

3. 参数

命令参数是命令字的处理对象，通常情况下命令参数可以是文件名、目录（路径）名或用户名等内容。根据所使用命令字的不同，命令参数的个数可以是零到多个。在输入一条 Linux 命令时，应根据该命令字具体的格式提供对应的命令参数，以确保命令的正常运行。

经验总结

在实际使用 Linux 命令行的过程中，"选项"和"参数"的称谓经常混淆，甚至前后顺序也允许颠倒，但一般不会影响到命令的执行效果，所以很多时候并不做严格区分。

在按照上述格式输入一条 Linux 命令后，按 Enter 键表示输入结束并提交给系统执行。在没有按 Enter 键之前，命令行中的字符内容都处于编辑状态，可以进行任意编辑修改。编辑 Linux 命令行时，可以使用以下几个辅助操作，以提高输入效率。

- Tab 键：可以将输入的不完整命令字或文件、目录名自动补齐，如输入"ifcon"后按 Tab 键，即可自动补齐为"ifconfig"命令字。该功能只能向后补齐，且必须以已输入的部分字符开头，能够唯一定位一个命令字或文件、目录名，否则可按两次 Tab 键，系统将输出可用的名称列表。
- 反斜杠"\"：如果输入的一行命令内容太长，终端会自动换行。有时候为了显示美观及方便查看，也可以插入"\"符号强制换行，在下一行出现的">"提示符后可以继续输入内容，将作为上一行命令的延续。
- Ctrl+U 快捷键：快速删除当前光标处之前的所有字符内容。
- Ctrl+K 快捷键：快速删除从当前光标处到行尾的所有字符内容。
- Ctrl+L 快捷键：快速清空当前屏幕中的显示内容，只在左上角显示命令提示符。
- Ctrl+C 快捷键：取消当前命令行的编辑，并切换为新的一行命令提示符。

从下节开始，将会逐渐接触到更多的命令行应用实例。大家可以结合各个命令的具体用法来熟悉 Linux 命令行的基本格式及相关快捷操作。

6.1.3 获得命令帮助

Linux 命令行的通用格式有助于在学习命令的过程中举一反三，了解使用大多数命令的基本方法。Linux 系统中能够使用的命令数量繁多，具体选项也各不相同，使用格式也可能存在细微区别。教材中介绍的内容毕竟有限，对于 Linux 命令的更多详细选项及具体使用格式，除了查阅书本、手册和上网查询之外，最简单、快速的方法是使用命令的在线帮助功能。下面介绍几种常用的使用在线帮助的方法。

1. 使用 help 命令

help 命令本身是 Linux Shell 中的一个内建指令，其用途是查看各 Shell 内部命令的帮助信息。使用 help 命令时，只需要添加内部指令的名称作为参数即可。例如，执行"help pwd"命令可以查看 Shell 内部命令 pwd 的帮助信息（pwd 命令用于显示当前用户所在的工作目录）。

```
[root@kgc ~]# help pwd
pwd: pwd [-LP]
```

```
打印当前工作目录的名称
选项：
-L 打印 $PWD 变量的值，如果它命名了当前的工作目录
-P 打印当前的物理路径，不带有任何的符号链接
……
```

2. 使用“--help”选项

对于大多数 Linux 外部命令，可以使用一个通用的命令选项“--help”，用于显示对应命令字的格式及选项等帮助信息。若该命令字没有“--help”选项，一般只会提示简单的命令格式。例如，执行“ls --help”命令可以查看 ls 命令的帮助信息（ls 命令用于显示文件或目录列表信息）。

```
[root@kgc ~]# ls--help
用法 :ls [ 选项 ] … [ 文件 ] …
List information about the FILEs (the current directory by default).
Sort entries alphabetically if none of -cftuvSUX nor –sort is specified.
…… // 省略部分内容
```

3. 使用 man 手册页

man 手册页（Manual Page）是 Linux 系统中最为常用的一种在线帮助形式，绝大部分的外部软件在安装时为执行程序、配置文件提供了详细的帮助手册页。这些手册页中的信息按照特定的格式进行组织，通过统一的手册页浏览程序 man 进行阅读。例如，执行“man file”命令可以查看 file 命令的手册页信息（file 命令用于判断文件的类型）。

```
[root@kgc ~]# man file
FILE(1)     BSD General Commands Manual     FILE(1)
NAME
file - determine file type
SYNOPSIS
   file [-bchiklLNnprsvz0] [--apple] [--mime-encoding] [--mime-type] [-e testname] [-F separator]
   [-f namefile] [-m magicfiles] file ...
file -C [-m magicfiles]
file [--help]

DESCRIPTION
   This manual page documents version 5.11 of the file command.
…… // 省略部分内容
```

在阅读 man 手册页时将以全屏的文本方式显示，并且提供了交互式的操作环境。按↑、↓箭头键可以向上、向下滚动一行文本内容；按 Page Up 键和 Page Down 键可以向上、向下翻页显示。按 Q 键或 q 键可以随时退出手册页的阅读环境。按“/”键后可以对手册内容进行查找，如输入“/-v”可以查找到“-v”选项的帮助信息，若找到的结果有多个，还可以按 n 键或 N 键分别向下、向上进行定位选择。

6.2 目录和文件基本操作

文件和目录管理是Linux系统运行维护的基础工作，本节将通过丰富的命令实例，讲解管理Linux系统中的文件、目录的相关操作。

6.2.1 查看目录或文件属性信息

1. ls 命令——列表（List）显示目录内容

ls命令主要用于显示目录中的内容，包括子目录和文件的相关属性信息等。使用的参数可以是目录名，也可以是文件名，允许在同一条命令中同时使用多个参数。

ls命令可以使用的选项种类非常多，这里只列出几个最常用到的选项以供参考。

- -l：以长格式（Long）显示文件和目录的列表，包括权限、大小、最后更新时间等详细信息。不使用-l选项时，ls命令默认以短格式显示目录名或文件名信息。
- -a：显示所有（All）子目录和文件的信息，包括名称以点号“.”开头的隐藏目录和隐藏文件。
- -A：与-a选项的作用基本类似，但有两个特殊隐藏目录不会显示，即表示当前目录的“.”和表示父目录的“..”。
- -d：显示目录（Directory）本身的属性，而不是显示目录中的内容。
- -h：以更人性化（Human）的方式显示出目录或文件的大小，默认的大小单位为字节（B），使用-h选项后将显示为KB、MB等单位。此选项需要结合-l选项一起使用。
- -R：以递归（Recursive）的方式显示指定目录及其子目录中的所有内容。

执行不带任何选项、参数的ls命令，可显示当前目录中包含的子目录、文件列表信息（不包括隐藏目录、文件）。

```
[root@kgc grub2]# ls
device.map  fonts  grub.cfg  grubenv  i386-pc  locale  themes
```

执行“ls -ld”命令可以只显示当前目录的详细属性，而不显示目录下的内容。

```
[root@kgc grub2]# ls -ld
drwx------. 6 root root 111 1 月  17 03:59 .
```

ls命令可以同时查看多个文件的信息。例如，以下操作可以同时查看两个文件“/etc/e2fsck.conf”和“/boot/vmlinuz-3.10.0-514.el7.x86_64”的信息，结合“-lh”选项可以以更易读的长格式显示。

```
[root@kgc grub2]# ls -lh /etc/e2fsck.conf /boot/vmlinuz-3.10.0-514.el7.x86_64
-rwxr-xr-x. 1 root root 5.2M 11 月 23 00:53 /boot/vmlinuz-3.10.0-514.el7.x86_64
-rw-r--r--. 1 root root  112 11 月  5 00:41 /etc/e2fsck.conf
```

使用 ls 命令时，还可以结合通配符“?”或“*”以提高命令编写效率。其中，问号“?”可以匹配文件名中的一个未知字符，而星号“*”可以匹配文件名中的任意多个字符。这两个通配符同样也适用于 Shell 环境中的其他命令。例如，以下操作将以长格式列出 /etc/ 目录下以“ns”开头、“.conf”结尾的文件信息。

```
[root@kgc ~]#ls -lh /etc/ns*.conf
-rw-r--r--. 1 root root 1.7K 1 月  17 03:58 /etc/nsswitch.conf
```

经验总结

对于经常使用的比较长的命令行，可以通过 alias 别名机制进行简化，以提高使用效率。例如，执行“alias myls = 'is – alh'”命令可以定义一个名为 myls 的命令别名，以后再执行“myls”时即等同于执行“ls -alh”命令。

2. du 命令——统计目录及文件的空间占用情况（DiskUsage）

du 命令可用于统计指定目录（或文件）所占用磁盘空间的大小。使用目录或文件的名称作为参数。du 命令常用的几个选项如下。

- -a：统计磁盘空间占用时包括所有的文件，而不仅仅只统计目录。
- -h：以更人性化的方式（默认以 KB 计数，但不显示单位）显示出统计结果，使用 -h 选项后将显示出 K、M 等单位。
- -s：只统计每个参数所占用空间总的（Summary）大小，而不是统计每个子目录、文件的大小。

如果需要统计一个文件夹内所有文件总共占用的空间大小，可以结合“-sh”选项，将要统计的目录作为参数。例如，执行“du -sh /var/log”命令可以统计出 /var/log 目录所占用空间的大小。

```
[root@kgc ~]#du -sh /var/log/
5.0M    /var/log/
```

如果需要分别统计多个文件所占用的空间大小，可以结合“-ah”选项，使用目录作为参数时，最后将列出该目录总共占用的空间大小。例如，执行“du -ah /boot”命令将分别统计 /boot 目录中所有文件、子目录各自占用的空间大小。

```
[root@kgc ~]#du -ah /boot/
……// 省略部分内容
984K   /boot/abi-3.11.0-12-generic
160K   /boot/config-3.11.0-12-generic
176K   /boot/memtest86+_multiboot.bin
3.2M   /boot/System.map-3.11.0-12-generic
17M    /boot/initrd.img-3.11.0-12-generic
34M    /boot/
```

6.2.2 创建目录和文件

1. touch——创建空文件

touch 命令本来用于更新文件的时间标记，但在实际使用中经常用于创建新的测试文件。使用文件名作为参数，可以同时创建多个文件。当目标文件已存在时，将更新该文件的时间标记，否则将创建指定名称的空文件。例如，以下操作将在 /multimedia/movie/cartoon 目录中创建两个空文件，文件名分别为 HuaMuLan.rmvb、NeZhaNaoHai.mp4。

```
[root@kgc ~]# cd /multimedia/movie/cartoon
[root@kgc cartoon]# touch HuaMulan.rmvb NeZhaNaoHai.mp4
[root@kgc cartoon]# ls -lh
total 0
-rw-r--r--. 1 root root 0 Dec 18 14:09 HuaMulan.rmvb
-rw-r--r--. 1 root root 0 Dec 18 14:09 NeZhaNaoHai.mp4
```

2. mkdir 命令——创建新的目录（Make Directory）

mkdir 命令用于创建新的空目录，使用要创建的目录位置作为参数（可以有多个）。例如，执行“mkdir public_html”命令将在当前目录下创建名为 public_html 的子目录。

```
[root@kgc ~]# mkdir public_html
[root@kgc ~]# ls -d public_html
public_html
```

如果需要一次性创建嵌套的多层目录，必须结合“-p”选项，否则只能在已经存在的目录中创建一层子目录。例如，以下操作将创建一个目录 /multimedia，并在 /multimedia 目录下创建子目录 movie，再在 /multimedia/movie 目录下创建子目录 cartoon。

```
[root@kgc ~]# mkdir -p /multimedia/movie/cartoon
[root@kgc ~]# ls -R /multimedia
/multimedia:
movie

/multimedia/movie:
cartoon

/multimedia/movie/cartoon:
```

6.2.3 复制、删除、移动目录和文件

1. cp——复制（Copy）文件或目录

cp 命令用于复制文件或目录，将需要复制的文件或目录（源）重建一份并保存为

新的文件或目录（可保存到其他目录中）。cp 命令的基本使用格式如下所示。

```
cp [ 选项 ]…源文件或目录…目标文件或目录
```

需要复制多个文件或目录时，目标位置必须是目录，而且目标目录必须已经存在。cp 命令较常用到的几个选项如下。

- -f：覆盖目标同名文件或目录时不进行提醒，而直接强制（Force）复制。
- -i：覆盖目标同名文件或目录时提醒用户确认（Interactive，交互式）。
- -p：复制时保持（Preserve）源文件的权限、属主及时间标记等属性不变。
- -r：复制目录时必须使用此选项，表示递归复制所有文件及子目录。

例如，以下两个操作将把 /bin/touch 命令程序复制到当前目录下，并命名为 mytouch；另外将 /etc/init.b 文件复制一份作为备份，添加 .bak 扩展名，仍存放在 /etc 目录中。

```
[root@kgc ~]# cp /bin/touch ./mytouch
[root@kgc ~]# cp /etc/init.d/rc /etc/rc.bak
```

如果需要复制的数据包括完整的目录，则需要结合“-r”选项才能成功执行，否则目录将被忽略。例如，以下操作将把目录 /boot/grub2、文件 /etc/host.conf 复制到当前目录下的 public_html 文件夹中。

```
[root@kgc ~]#cp -r /boot/grub2/ /etc/host.conf  public_html/
[root@kgc ~]#ls public_html/
grub  host.conf
```


2. rm 命令——删除（Remove）文件或目录

rm 命令用于删除指定的文件或目录，在 Linux 命令行界面中，删除的文件是难以恢复的，因此使用 rm 命令删除文件时需要格外小心。rm 命令使用要删除的文件或目录名作为参数。常用的几个选项如下（与 cp 命令的对应选项含义基本相似）所述。

- -f：删除文件或目录时不进行提醒，而直接强制删除。
- -i：删除文件或目录时提醒用户确认。
- -r：删除目录时必须使用此选项，表示递归删除整个目录树（应谨慎使用）。

对于已经确定不再使用的数据（包含目录、文件），通常结合“-rf”选项直接进行删除而不进行提示。例如，若要删除刚复制到 public_html 目录中的 grub 目录树，且不提示用户进行确认（直接删除），可以执行“rm -rf public_html/grub/”命令。

```
[root@kgc ~]#rm -rf public_html/grub/
[root@kgc ~]#ls public_html/
host.conf
```

如果需要在执行删除操作前进行确认，可以使用“-i”选项（不要和 -f 选项同时使用），rm 命令将对每个待删除的文件或目录提示用户是否真的删除，需要输入 y（表示删除）或 n（表示不删除）进行确认。例如，以下操作将以提示确认的方式删除 public_html 目录中的 host.conf 文件（根据提示信息输入 y 确认删除）。

```
[root@kgc ~]#rm -i public_html/host.conf
rm: 是否删除普通文件"public_html/host.conf"? y
```

运维经验

使用 rm 命令删除重要文件时要谨慎，尤其是"rm -rf"命令的使用，直接使用该命令可能导致误操作。例如：执行"rm -rf /home/*"命令本来是要删除 /home 目录下的内容，由于疏忽多加了个空格，命令变为"rm -rf /home /*"，将"/"目录下的所有内容删除了。因此要有良好的操作习惯，先切换到 /home 目录下再执行"rm -rf"。

3. mv 命令 ——- 移动（Move）文件或目录

mv 命令用于将指定的文件或目录转移位置，如果目标位置与源位置相同，则效果相当于为文件或目录改名。mv 命令的基本使用格式如下所示。

```
mv [选项]…源文件或目录…目标文件或目录
```

需要移动多个文件或目录时，目标位置必须是目录，而且目标目录必须已经存在。

如果在同一个目录下移动文件或目录，则相当于执行重命名操作。例如，以下操作将把当前目录中的 mytouch 程序文件改名为 mkfile。

```
[root@kgc ~]#mv mytouch mkfile
[root@kgc ~]#ls -lh mytouch mkfile
ls: 无法访问 mytouch: 没有那个文件或目录
-rwxr-xr-x 1 root root 03 月 23  22:27 mkfile
```

如果移动一个文件或目录到一个已经存在的文件夹中，可以只指定目标文件夹位置。例如，以下操作将把 mkfile 文件移动到 public_html 目录（已经存在）中，文件名仍然是 mkfile。

```
[root@kgc ~]#mv mkfile public_html/
[root@kgc ~]#ls -l public_html/mkfile
-rw-r-r 1 root root 03 月 23 22:27 mkfile
```

虽然 mv 命令也具有重命名的功能，但是在实际应用中，它只能对单个文件重命名，而 rename 命令则可以批量修改文件名。rename 命令的基本使用格式如下所示。

```
rename 原字符串目标字符串文件
```

其中原字符串是指文件名中需要替换的字符串，目标字符串是指文件名中含有的原字符串替换后的字符串，文件是指要被替换的文件。

例如，要将以 jpg 结尾的图片修改为以 gif 结尾，执行 rename jpg gif *.jpg 命令即可。其中"*.jpg"表示以".jpg"结尾的所有文件。

6.2.4 查找目录和文件

1. which 命令 —— 查找用户所执行的命令文件存放的目录

which 命令用于查找 Linux 命令程序并显示所在的具体位置，其搜索范围主要由用户的环境变量 PATH 决定（可以执行“echo $PATH”命令查看），这个范围也是 Linux 系统在执行命令或程序时的默认搜索路径。

which 命令使用要查找的命令或程序名作为参数，默认当找到第一个目标后即不再继续查找，若希望在所有搜索路径中查找，可以添加“-a”选项。例如，执行“which ls”命令后，可以找到名为 ls 的、位于 /usr/bin/ls 的命令程序文件。

```
[root@kgc ~]#echo $PATH
/usr/local/sbin:/usr/local/bin:/usr/sbin:/usr/bin:/sbin:/bin:/usr/games:/u
sr/local/games
[root@kgc ~]#which ls
/usr/bin/ls
```

2. find 命令——查找文件或目录

find 命令是 Linux 系统中功能非常强大的查找命令，可以根据目标的名称、类型、大小等不同属性进行精细查找。find 命令在查找时采用递归的方式，其使用形式相当灵活，也可以相当复杂。这里只介绍最常用的几种用法。find 命令的基本使用格式如下所示。

```
find [ 查找范围 ] [ 查找条件表达式 ]
```

其中，查找范围对应的是在其中查找文件或子目录的目录位置（可以有多个），而查找条件则决定了 find 命令根据哪些属性、特征来进行查找。较常用的几种查找条件类型如下所述。

- 按名称查找：关键字为“-name”，根据目标文件的名称进行查找，允许使用“*”及“?”通配符。
- 按文件大小查找：关键字为“-size”，根据目标文件的大小进行查找，一般使用“+”“-”号设置超过或小于指定的大小作为查找条件。常用的容量单位包括 kB（注意 k 是小写）、MB、GB。
- 按文件属主查找：关键字为“-user”，根据文件是否属于目标用户进行查找。
- 按文件类型查找：关键字为“-type”，根据文件的类型进行查找，这里的类型指的是普通文件（f）、目录（d）、块设备文件（b）、字符设备文件（c）等。块设备指的是成块读取数据的设备（如硬盘、内存等），而字符设备指的是按单个字符读取数据的设备（如键盘、鼠标等）。

设置 find 命令的查找条件时，若需要使用“*”“?”通配符，最好将文件名用双引号括起来，以避免当前目录下符合条件的文件干扰查找结果。例如，以下操作将在 /etc 目录中递归查找名称以“resol”开头、以“.conf”结尾的文件。

```
[root@kgc ~]#find /etc -name "resol*.conf"
/etc/init/resolvconf.conf
/etc/resolv.conf
```

使用“-type”查找条件可以过滤出指定类型的文件。例如，以下操作将在 /boot 目录中查找出所有的文件夹（对应的类型为 d），而忽略其他类型的文件。

```
[root@kgc ~]#find /boot -type d
/boot
/boot/grub
/boot/grub2
……
```

需要同时使用多个查找条件时，各表达式之间可以使用逻辑运算符“-a”“-o”，分别表示而且（and）、或者（or）。例如，以下两个操作使用了两个查找条件，即“超过 1024KB”和“名称以 vmlinuz 开头”，但分别使用“-a”“-o”组合两个条件，前者表示两个条件必须同时满足，后者表示只需满足其中任何一个条件即可。

```
[root@kgc boot]# find  /boot -size +1024k -a -name "vmlinuz*"
/boot/vmlinuz-3.10.0-514.el7.x86_64
/boot/vmlinuz-0-rescue-843892cc2dc44f6d866ba13685058735
[root@kgc boot]# find  /boot -size +1024k -o -name "vmlinuz*"
/boot/grub2/fonts/unicode.pf2
/boot/System.map-3.10.0-514.el7.x86_64
/boot/vmlinuz-3.10.0-514.el7.x86_64
/boot/initramfs-0-rescue-843892cc2dc44f6d866ba13685058735.img
/boot/vmlinuz-0-rescue-843892cc2dc44f6d866ba13685058735
/boot/initramfs-3.10.0-514.el7.x86_64.img
/boot/initramfs-3.10.0-514.el7.x86_64kdump.img
```

系统管理员还可以根据文件属主（-user）查找，也就是根据文件是否属于目标用户进行查找。例如，执行以下命令即可递归查找 /var/ 目录中属主为 apache 用户的文件。

```
[root@kgc ~]# find /var/ -user apache
/var/cache/mod_proxy
/var/lib/dav
[root@localhost ~]# ls -ld /var/cache/mod_proxy /var/lib/dav
drwx------. 2 apache apache 4096 3 月 23 03:04 /var/cache/mod_proxy
drwx------. 2 apache apache 4096 3 月 23 03:04 /var/lib/dav
```

当然 find 命令还有很多用法，其他用法可参考 man 手册学习。

本章总结

- Linux 命令行的一般格式中包括命令字、选项、参数。
- 通过如下方式可以获得命令帮助：help、man 和 --help 命令选项。

- 执行 ls、du 命令可以查看目录相关属性。
- 执行 mkdir、touch 命令可以创建目录和文件。
- 执行 cp、rm、mv 命令可以复制、删除、移动目录和文件。
- 执行 which、find 命令可以查找目录和文件。

本章作业

1．有哪些方式可以获得 Linux 命令的在线帮助？各自的特点和区别是什么？

2．使用 find 命令查找 /root 目录中所有以“.”开头的隐藏文件（不包括目录）。

3．使用 cp 命令复制目录，复制时保持（Preserve）源文件的权限、属主及时间标记等属性不变。

4．用课工场 APP 扫一扫完成在线测试，快来挑战吧！

随手笔记

第7章

目录与文件操作

技能目标

- 掌握查看和检索 Linux 文件内容的方法
- 掌握 Linux 备份与恢复文档的方法
- 掌握使用 vi 文本编辑器

本章导读

在上一章课程中，学习了 Linux 命令的格式，以及目录和文件管理的基本命令操作。本章将进一步学习管理目录和文件的高级操作，内容主要包括查看和检索文件内容、备份和恢复文档，以及使用 vi 编辑器创建或修改文本文件。

知识服务

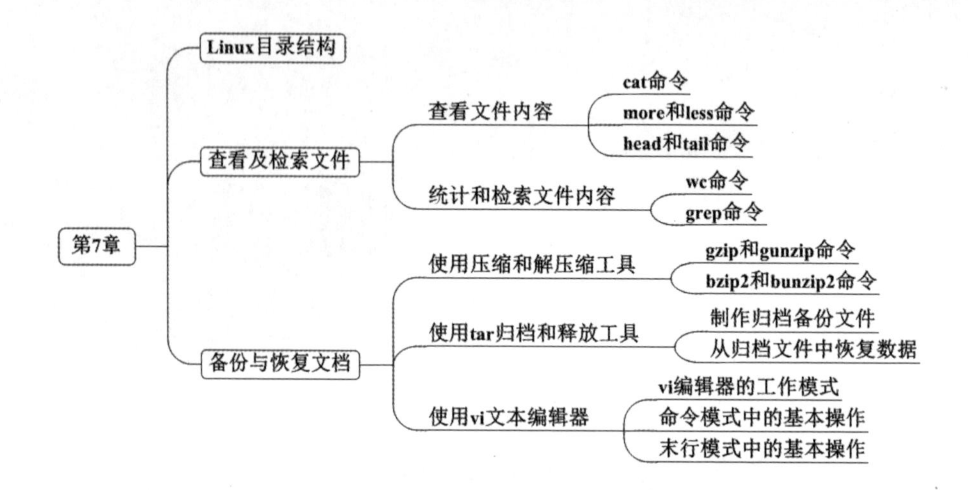

7.1 Linux 目录结构

FHS（Filesystem Hierarchy Standard，目录层次标准）定义了两层规范：第一层是“/”目录下的各个目录应该放什么数据文件，例如：/etc 目录下放置系统的配置文件，而 /bin 和 /sbin 放置程序及系统命令。第二层是针对 /usr 和 /var 这两个目录的子目录来定义，例如：/var/log 下放置系统日志文件等。

下面我们以 CentOS 系统为例详细讲解 Linux 的目录结构。

CentOS 系统中的目录和文件数据被组织为一个树形目录结构，所有的分区、目录、文件等都具有一个相同的位置起点——根目录。CentOS 系统定位文件或目录位置时，使用斜杠“/”进行分隔（区别于 Windows 系统中的反斜杠“\”）。整个树形目录结构中，使用独立的一个“/”表示根目录，根目录是 CentOS 文件系统的起点，其所在的分区称为根分区。在根目录下，CentOS 系统将默认建立一些特殊的子目录，分别具有不同的用途。

下面简单介绍一下其中常见的子目录及其作用。

- /boot：此目录是系统内核存放的目录，同时也是系统启动时所需文件的存放目录，如 vmlinuz 和 initrd.img。在安装 CentOS 时，为 boot 目录创建一个分区，有利于对系统进行备份。
- /bin：bin 是 binary 的缩写。这一目录存放了所有用户都可执行的且经常使用的命令，如 cp、ls 等。
- /dev：此目录保存了接口设备文件，如 /dev/hda1、/dev/cdrom 等。
- /etc：此目录保存有关系统设置与管理的文件。
- /home：存放所有普通系统用户的默认工作文件夹（即宿主目录、家目录），如用户账号“teacher”对应的宿主目录位于“/home/teacher/”。如果服务器需要提供给大量的普通用户使用，建议将“/home”目录也划分为独立的分区，以方便用户数据的备份。

- /root：该目录是系统管理员（超级用户）root 的宿主目录，默认情况下只有 root 用户的宿主目录在根目录下而不是在“/home”目录下。
- /sbin：存放系统中最基本的管理命令，一般管理员用户才有权限执行。
- /usr：存放其他的用户应用程序，通常还被划分成很多子目录，用于存放不同类型的应用程序。
- /var：存放系统中经常需要变化的一些文件，如系统日志文件、用户邮箱目录等，在实际应用系统中，“/var”目录通常也被划分为独立的分区。

以上列举的只是系统中用户经常用到的子目录，还有其他一些子目录需要用户在使用 Linux 系统的过程中逐渐去熟悉。

可以安装一个 tree 包，运行命令“tree -L 1 /”可以查看 / 目录下的层次，其中 1（数字 1）表示一层。

7.2 查看及检索文件

在 Linux 系统中，绝大多数的配置文件都是以普通文本格式保存的，这些配置文件决定着系统及相关服务、程序的运行特性。本节将学习如何查看及检索文本文件的内容，以快速了解相关配置信息，以便为管理、维护系统提供有效的参考。

7.2.1 查看文件内容

对于一个文本格式的配置文件，可以有不同的查看方式来获知文件内容，如直接显示整个文件内容、分页查看文件内容，或者只查看文件开头或末尾的部分内容。在 Linux 系统中，分别由不同的命令来实现这些操作。

1. cat 命令——显示并连接（Concatenate）文件的内容

cat 命令本来用于连接多个文件的内容，但在实际使用中更多地用于查看文件内容。cat 命令是应用最为广泛的文件内容查看命令。cat 命令的基本使用格式如下所示。

```
cat [选项] 文件名…
```

使用该命令时，只需要把要查看的文件路径作为参数即可。例如，以下操作就可以查看网卡配置文件中的内容，并了解其配置信息。

```
[root@kgc ~]# cat /etc/sysconfig/network-scripts/ifcfg-eno16777736
TYPE=Ethernet
BOOTPROTO=none
ONBOOT=yes
USERCTL=no
IPV6INIT=no
PEERDNS=yes
DEVICE=eno16777736
```

```
NETMASK=255.255.255.0
IPADDR=192.168.4.11
GATEWAY=192.168.4.254
```

如果需要同时查看多个文件的内容，可以添加多个文件路径作为查看对象。例如，以下操作将依次显示 /etc/redhat-release、/proc/version 文件的内容，前者记录了 RHEL 系统的发行版本信息，后者记录了系统内核及开发环境、时间等信息。

```
[root@kgc ~]# cat /etc/redhat-release /proc/version
CentOS Linux release 7.3.1611 (Core)
Linux version 3.10.0-514.el7.x86_64 (builder@kbuilder.dev.centos.org) (gcc version 4.8.5 20150623
  (Red Hat 4.8.5-11) (GCC) ) #1 SMP Tue Nov 22 16:42:41 UTC 2016
```

2. more 和 less 命令——分页查看文件内容

使用 cat 命令可以非常简单地直接显示出整个文件的内容，但是当文件中的内容较多时，很可能只能看到最后一部分信息，而文件前面的大部分内容却来不及看到。而 more 和 less 命令通过采用全屏的方式分页显示文件，便于我们从头到尾仔细地阅读文件内容。

more 命令是较早出现的分页显示命令，表示文件内容还有更多（More）的意思，less 命令是较晚出现的分页显示命令，提供了比早期 more 命令更多的一些扩展功能。两个命令的用法基本相同。

（1）more 命令

使用 more 命令查看超过一屏的文件内容时，将进行分屏显示，并在左下角显示当前内容在整个文件中的百分比。在该阅读界面中，可以按 Enter 键向下逐行滚动查看，按空格键可以向下翻一屏，按 b 键向上翻一屏，按 q 键退出并返回到原来的命令环境。例如，以下操作将可以分屏查看 /etc/httpd/conf/httpd.conf（网站配置文件）文件的内容。

```
[root@kgc ~]# more /etc/httpd/conf/httpd.conf
#
# This is the main Apache server configuration file.  It contains the
# configuration directives that give the server its instructions.
# See <URL:http:        //httpd.apache.org/docs/2.2/> for detailed information.
# In particular, see
# <URL:http:        //httpd.apache.org/docs/2.2/mod/directives.html>
# for a discussion of each configuration directive.
--more--(1%)
```

（2）less 命令

less 命令是较晚出现的分页显示命令，提供了比早期 more 命令更多的一些扩展功能。两个命令的用法基本相同。less 命令的基本使用格式如下所示。

```
less [选项] 文件名…
```

与 more 命令不同的是，查看超过一屏的文件内容时，虽然也进行分屏显示，但是在左下角并不显示当前内容在整个文件中的百分比，而是显示被查看文件的文件名。

在该阅读界面中，可以按 Page Up 向上翻页，Page Down 向下翻页，按“/”键查找内容，“n”显示下一个内容，“N”显示上一个内容，其他功能与 more 命令基本类似。例如，以下操作将可以分屏查看 /etc/httpd/conf/httpd.conf（网站配置文件）的内容。

```
[root@kgc ~]# less /etc/httpd/conf/httpd.conf
#
# This is the main Apache server configuration file.  It contains the
# configuration directives that give the server its instructions.
# See <URL:http:        //httpd.apache.org/docs/2.2/> for detailed information.
# In particular, see
# <URL:http:            //httpd.apache.org/docs/2.2/mod/directives.html>
# for a discussion of each configuration directive.

/etc/httpd/conf/httpd.conf
```

3. head 和 tail 命令——开头或末尾的部分内容

head 和 tail 是一对作用相反的命令，前者用于显示文件开头的一部分内容，后者用于显示文件末尾的一部分内容。可以使用“-n”选项（n 为具体的行数）指定需要显示多少行的内容，若不指定行数，默认只显示十行。

执行“head -4 /etc/passwd”命令，可以查看用户账号文件 /etc/passwd 开头第 1 行至第 4 行的部分内容。

```
[root@kgc ~]# head -4 /etc/passwd
root:x:0:0:root:/root:/bin/bash
bin:x:1:1:bin:/bin:/sbin/nologin
daemon:x:2:2:daemon:/sbin:/sbin/nologin
adm:x:3:4:adm:/var/adm:/sbin/nologin
```

tail 命令则正好相反，用于查看文件末尾的内容。tail 命令通常用于查看系统日志（因为较新的日志记录总是添加到文件最后），以便观察网络访问、服务调试等相关信息。配合“-f ”选项使用时，还可以跟踪文件尾部内容的动态更新，便于实时监控文件内容的变化。例如，以下操作可以查看系统公共日志文件 /var/log/messages 的最后十行内容，并在末尾跟踪显示该文件中新记录的内容（按 Ctrl+C 组合键终止）。

```
[root@kgc ~]# tail -f /var/log/messages
…… // 省略显示内容
```

7.2.2 统计和检索文件内容

在维护 Linux 系统的过程中，除了查看文件内容以外，有时还需要对文件内容进行统计，或者查找符合条件的文本内容。下面将学习统计和检索文件内容的两个命令工具。

1. wc 命令——统计文件内容中的单词数量（Word Count）、行数等信息

wc 命令用于统计文件内容中包含的行数、单词数、字节数等信息，使用文件名作

为参数，可以同时统计多个文件。较常用的选项如下所述。

- -c：统计文件内容中的字节数。
- -l：统计文件内容中的行数。
- -w：统计文件内容中的单词个数（以空格或制表位作为分隔）。

使用不带任何选项的wc命令时，默认将统计指定文件的字节数、行数、单词个数（相当于同时使用 -c、-l、-w 三个选项）。例如，以下操作将统计出 /etc/hosts 文件中共包含两行、10 个单词、158 个字节的内容，通过“cat /etc/hosts”命令列出文件内容，可核对统计结果是否正确。

```
[root@kgc ~]# wc /etc/hosts
210 158 /etc/hosts
```

当文件的行数、单词数或字节数具有特定的意义时，使用 wc 命令可以巧妙地获得一些特殊信息。例如，Linux 系统中的用户账号数据保存在 /etc/passwd 文件中，其中每一行记录对应一个用户，则以下操作可以统计出当前Linux系统中拥有的用户账号数量。

```
[root@kgc ~]# wc -l /etc/passwd
28 /etc/passwd
```

若将 wc 命令与管道符号一起使用，还可以对命令输出结果进行统计。例如，若要统计 /etc/ 目录下共包含多少个扩展名为“.conf”的文件，可以先通过“find /etc -name "*.conf"”命令找出符合条件的文件位置，由于 find 命令的输出结果也是每行一个文件记录，因此只需结合管道符号执行“wc -l”操作即可得出符合条件的文件数量。

```
[root@kgc ~]# find /etc -name "*.conf" | wc -l
262
```


2. grep 命令——检索、过滤文件内容

grep 命令用于在文件中查找并显示包含指定字符串的行，可以直接指定关键字符串作为查找条件，也可以使用复杂的条件表达式（例如，“^word”表示以 word 开头，“word$”表示以 word 结尾，“^$”表示空行）。使用 grep 命令的基本格式如下所示。

```
grep [ 选项 ]……查找条件目标文件
```

grep 命令较常用到的几个选项如下。

- -i：查找内容时忽略大小写（Ignore Case）。
- -v：反转查找（Invert），即输出与查找条件不相符的行。

执行“grep "ftp" /etc/passwd”命令，可以在账号文件 /etc/passwd 中查找包含“ftp”字符串的行，实际上输出了名为 ftp 的用户账号的信息。

```
[root@kgc ~]#grep "ftp" /etc/passwd
ftp:x:14:50:FTP User:/var/ftp:/sbin/nologin
```

在维护 Linux 系统的过程中，经常会遇到包含大量内容的配置文件，而其中往往包含了许多空行和以“#”开头的注释文字，当只需要分析其中的有效配置信息时，这

些空行和注释文字的存在不利于快速浏览。使用 grep 命令可以过滤掉这些无关信息。例如，以下操作可以显示出 /etc/vsftpd/vsftpd.conf 文件中以“#”开头的行和空行以外的内容，该命令中“^……”表示以……开头，“……$”表示以……结尾，“^$”表示空行。

```
[root@kgc ~]#grep -v "^#" /etc/yum.conf | grep -v "^$"
[main]
cachedir=/var/cache/yum/$basearch/$releasever
keepcache=0
debuglevel=2
…… // 省略部分内容
```

7.3 备份与恢复文档

在 Linux 系统中，最简单的文件和目录备份工具就是 cp 复制命令。但是当需要备份的文件、目录数量较多时，仅仅使用 cp 命令就显得有点力不从心，备份出来的文件数量及其所占用的磁盘空间可能都会对服务器产生不小的压力。因此，有必要对需要备份的数据进行归档和压缩。

这里所说的归档操作实际上相当于“打包”，即将许多个文件和目录合并保存为一个整体的包文件，以方便传递或携带。而压缩操作可以进一步降低打包好的归档文件所占用的磁盘空间，充分提高备份介质的利用率。

Linux 系统中较常用的压缩命令工具包括 gzip、bzip2，最常用的归档命令工具为 tar。使用 tar 命令可以通过特定选项自动调用 gzip 或 bzip2 程序，以完成归档、压缩的整套流程，当然也可以完成解压、释放已归档文件的整套流程。

以下分别介绍压缩和归档命令的使用方法。

7.3.1 使用压缩和解压缩工具

gzip 和 bzip2 是 Linux 系统中使用最多的两个压缩工具，这两个命令都可以压缩指定的文件，或者将已经压缩过的文件进行解压。两者使用的压缩算法各不相同，但命令使用格式基本类似，一般来说 bzip2 的压缩效率要好一些。

1. gzip 和 gunzip 命令

使用 gzip 制作的压缩文件默认的扩展名为“.gz”。制作压缩文件时，使用“-9”选项可以提高压缩的比率，但文件较大时会需要更多的时间。例如，以下操作将对当前目录下的 mkfile 文件进行压缩，生成压缩文件 mkfile.gz（原始文件 mkfile 不再保留），压缩后的文件大小变为 7.3KB（未压缩时为 28KB）。

```
[root@kgc ~]# ls -lh mkfile*
-rw-r--r--. 1 root root 28K May 14 14:27 mkfile
```

```
[root@kgc ~]# gzip mkfile
[root@kgc ~]# ls -lh mkfile*
-rw-r--r--. 1 root root 7.3K May 14 14:27 mkfile.gz
```

当需要解压缩经 gzip 压缩的文件时，只需使用带“-d”选项的 gzip 命令即可，或者直接使用 gunzip 命令。例如，若要将压缩文件 mkfile.gz 进行解压缩，可执行以下操作。

```
[root@kgc ~]# gzip -d mkfile.gz
```

或者

```
[root@kgc ~]# gunzip mkfile.gz
```

2. bzip2 和 bunzip2 命令

bzip2 和 bunzip2 命令的用法与 gzip、gunzip 命令基本相同，使用 bzip2 制作的压缩文件默认的扩展名为“.bz2”。例如，以下操作将对当前目录下的 mkfile 文件以较高压缩比进行压缩，生成压缩文件 mkfile.bz2（原始文件 mkfile 不再保留），压缩后的文件大小变为 6.4KB（未压缩时为 28KB）。

```
[root@kgc ~]# ls -lh mkfile*
-rw-r--r--. 1 root root 28K May 14 14:27 mkfile
[root@kgc ~]# bzip2 -9 mkfile
[root@kgc ~]# ls -lh mkfile*
-rw-r--r--. 1 root root 6.4K May 14 14:27 mkfile.bz2
```

7.3.2 使用 tar 归档和释放工具

tar 命令主要用于对目录和文件进行归档。在实际的备份工作中，通常在归档的同时也会将包文件进行压缩（需要调用前面的 gzip 或 bzip2 命令），以便节省磁盘空间。使用 tar 命令时，选项前的“-”号可以省略。常用的几个选项如下所述。

- -c：创建（Create）.tar 格式的包文件。
- -C：解压时指定释放的目标文件夹。
- -f：表示使用归档文件。
- -j：调用 bzip2 程序进行压缩或解压。
- -p：打包时保留文件及目录的权限。
- -P：打包时保留文件及目录的绝对路径。
- -t：列表查看包内的文件。
- -v：输出详细信息（Verbose）。
- -x：解开 .tar 格式的包文件。
- -z：调用 gzip 程序进行压缩或解压。

1. 制作归档备份文件

制作归档及压缩包（备份）文件时，tar 命令的基本格式如下所示。

```
tar [选项]…归档及压缩文件名需要归档的源文件或目录…
```

如果需要对制作的归档文件进行压缩，可以通过“-z”或“-j”选项自动调用压缩工具（分别对应 gzip、bzip2 命令程序）进行压缩。例如，以下操作将会对 /etc 和 /boot 目录进行备份，在当前目录下生成名为 sysfile.tar.gz 的归档压缩包，执行过程中可以看到被归档的文件列表信息。

```
[root@kgc ~]# tar zcvf sysfile.tar.gz /etc /boot
tar: Removing leading '/' from member names
/etc/
/etc/login.defs
/etc/cron.hourly/
/etc/fstab
……                                    // 省略部分内容
[root@kgc ~]# ls -lh sysfile.tar.gz
-rw-r--r--. 1 root root 30M May 14 14:50 sysfile.tar.gz
```

若需要制作“.tar.bz2”格式的归档压缩包，则将“-z”选项改为“-j”选项使用即可。例如，以下操作将会对 /home 目录及 /etc/passwd、/etc/shadow 文件进行备份，在 /tmp 目录下生成名为 usershome.tar.bz2 的归档压缩包。

```
[root@kgc ~]# tar jcvf /tmp/usershome.tar.bz2 /home /etc/passwd /etc/shadow
tar: Removing leading '/' from member names
/home/
/etc/passwd
/etc/shadow
[root@kgc ~]# ls -lh /tmp/usershome.tar.bz2
-rw-r--r--. 1 root root 1.1K May 14 14:54 /tmp/usershome.tar.bz2
```

2. 从归档文件中恢复数据

解压并释放（恢复）归档压缩包文件时，tar 命令的基本格式如下所示。

```
tar [选项]…归档及压缩文件名 [-C 目标目录]
```

类似地，当从“.tar.gz”格式的归档压缩包恢复数据时，需要结合“-z”选项来自动调用压缩工具，而对于“.tar.bz2”格式的归档压缩包，对应的是“-j”选项。默认情况下，恢复出的数据将释放到当前目录中，如果需要恢复到指定文件夹，还需要结合“-C”选项来指定目标目录。例如，以下操作将从备份文件 usershome.tar.bz2 中恢复数据，释放到根目录下（将覆盖现有文件）。

```
[root@kgc ~]# tar jxf /tmp/usershome.tar.bz2 -C /
```

在大部分的备份及恢复工作中，只使用 tar 命令就可以很好地结合 gzip、bzip2 工具协同工作，而无需额外再执行 gzip 或 bzip2 命令。但是要注意这两个压缩工具的命令程序必须存在。

7.4 使用 vi 文本编辑器

在前面的章节中我们简单介绍了 vi 编辑器的使用，本节将详细介绍。

1. vi 编辑器的工作模式

在 vi 编辑界面中可以使用三种不同的工作模式，分别为命令模式、输入模式和末行模式，在不同的模式中能够对文件进行的操作也不相同。

- 命令模式：启动 vi 编辑器后默认进入命令模式。在该模式中主要完成如光标移动、字符串查找，以及删除、复制、粘贴文件内容等相关操作。
- 输入模式：该模式中主要的操作就是录入文件内容，可以对文本文件正文进行修改或者添加新的内容。处于输入模式时，vi 编辑器的最后一行会出现“-- INSERT --”的状态提示信息。
- 末行模式：该模式中可以设置 vi 编辑环境、保存文件、退出编辑器，以及对文件内容进行查找、替换等操作。处于末行模式时，vi 编辑器的最后一行会出现冒号“:”提示符。

命令模式、输入模式和末行模式是 vi 编辑环境的三种状态，通过不同的按键操作可以在不同的模式间进行切换。例如，从命令模式按冒号“:”键可以进入末行模式，而如果按 a、i、o 等键可以进入输入模式，在输入模式、末行模式均可按 Esc 键返回至命令模式。

2. 命令模式中的基本操作

在学习 vi 编辑器的基本操作时，建议学员复制一个内容较多的系统配置文件进行练习，而不要直接去修改系统文件，以免发生失误造成系统故障。例如，以下操作把系统配置文件 /etc/inittab 复制为当前目录下的 vitest.file 文件，然后用 vi 编辑器打开 vitest.file 文件进行编辑。

```
[root@kgc ~]# cp /etc/inittab ./vitest.file
[root@kgc ~]# vi  vitest.file
```

在 vi 编辑器的命令模式中，可以输入特定的按键（称之为 vi 操作命令，注意区别于 Linux 系统命令）进行操作。主要包括模式切换、光标移动、复制、删除、粘贴、文件内容查找及保存和退出等操作，这里只介绍最基本、最常用的按键命令。

（1）模式切换

在命令模式中，使用 a、i、o 等按键可以快速切换至输入模式，同时确定插入点的方式和位置，以便录入文件内容。需要返回命令模式时，按 Esc 键即可。常见的几个模式切换键及其作用如下。

- a：在当前光标位置之后插入内容。
- A：在光标所在行的末尾（行尾）插入内容。
- i：在当前光标位置之前插入内容。

- I：在光标所在行的开头（行首）插入内容。
- o：在光标所在行的后面插入一个新行。
- O：在光标所在行的前面插入一个新行。

（2）移动光标

光标方向的移动。直接使用键盘中的四个方向键↑、↓、←、→完成相应的光标移动。

1）翻页移动。

- 使用 PageDown 键或 Ctrl+F 组合键向下翻动一整页内容。
- 使用 PageUp 键或 Ctrl+B 组合键向上翻动一整页内容。
- 其中 PageDown 键和 PageUp 键同样适用于 vi 的输入模式。

2）行内快速跳转。

- 按 Home 键或 ^ 键、数字 0 键将光标快速跳转到本行的行首。
- 按 End 键或 $ 键将光标快速跳转到本行的行尾。
- 在上述按键操作中，PageDown、PageUp、Home、End 键及方向键同样也可在 vi 的输入模式中使用。

3）行间快速跳转。

- 使用按键命令 1G 或者 gg 可跳转到文件内容的第 1 行。
- 使用按键命令 G 可跳转到文件的最后一行。
- 使用按键命令 #G 可跳转到文件中的第 # 行（其中“#”号用具体数字替换）。

为了便于查看行间跳转效果，这里可以先学习一下如何在 vi 编辑器中显示行号。只要切换到末行模式并执行“:set nu”命令即可显示行号，执行“:set nonu”命令可以取消显示行号。

```
:set nu
```

显示行号后的 vi 编辑器界面显示格式如下所示（每行开头的数字即行号）。

```
1 # inittab is no longer used when using systemd.
2 #
3 # ADDING CONFIGURATION HERE WILL HAVE NO EFFECT ON YOUR SYSTEM.
…… // 省略部分内容
```

（3）复制、粘贴和删除

1）删除操作。

- 使用 x 键或 Del 按键删除光标处的单个字符。
- 使用按键命令 dd 删除当前光标所在行，使用 #dd 的形式还可以删除从光标处开始的 # 行内容（其中“#”号用具体数字替换）。
- 使用按键命令 d^ 删除当前光标之前到行首的所有字符。
- 使用按键命令 d$ 删除当前光标处到行尾的所有字符。

2）复制操作。

使用按键命令 yy 复制当前行整行的内容到剪贴板，使用 #yy 的形式还可以复制从

光标处开始的 # 行内容（其中“#”号用具体数字替换）。复制的内容需要粘贴后才能使用。

3）粘贴操作。

在 vi 编辑器中，前一次被删除或复制的内容将会保存到剪切板缓冲器中，按 p 键即可将缓冲区中的内容粘贴到光标位置处之后，按 P 键则会粘贴到光标位置处之前。

（4）查找文件内容

在命令模式中，按 / 键后可以输入指定的字符串，从当前光标处开始向后进行查找（如果按“?”键则向前查找）。完成查找后可以按 n、N 键在不同的查找结果中进行选择。例如，输入“/initdefault”，按 Enter 键后将查找出文件中的“initdefault”字符串并高亮显示，光标自动移动至第一个查找结果处，按 n 键可以移动到下一个查找结果。

（5）撤销编辑及保存和退出

在对文件内容进行编辑时，有时候会需要对一些失误的编辑操作进行撤销，这时可以使用按键命令 u、U 键。其中，u 键命令用于取消最近一次的操作，并恢复操作结果，可以多次重复按 u 键恢复已进行的多步操作；U 键命令用于取消对当前行所做的所有编辑。

当需要保存当前的文件内容并退出 vi 编辑器时，可以按 ZZ 命令。

3. 末行模式中的基本操作

在命令模式中按冒号“:”键可以切换到末行模式，vi 编辑器的最后一行中将显示“:”提示符，用户可以在该提示符后输入特定的末行命令，完成如保存文件、退出编辑器、打开新文件、读取其他文件内容及字符串替换等丰富的功能操作。

（1）保存文件及退出 vi 编辑器

- 保存文件。对文件内容进行修改并确认以后，需要执行“:w”命令进行保存。

```
:w
```

若需要另存为其他文件，则需要指定新的文件名，必要时还可以指定文件路径。例如，执行“:w /root/newfile”操作将把当前编辑的文件另存到 /root 目录下，文件名为 newfile。

```
:w /root/newfile
```

- 退出编辑器。需要退出 vi 编辑器时，可以执行“:q”命令。若文件内容已经修改却没有保存，仅使用“:q”命令将无法成功退出，这时需要使用“:q!”命令强行退出（不保存即退出）。

```
:q!
```

- 保存并退出。既要保存文件又要退出 vi 编辑器可以使用一条末行命令“:wq”或“:x”实现，其效果与命令模式中的 ZZ 命令相同。

```
:wq
```

或者

```
:x
```

（2）打开新文件或读入其他文件内容

- 打开新的文件进行编辑。在当前 vi 编辑器中，执行“:e 新的文件”形式的末行命令可以编辑（Edit）新文件。例如，执行“:e ～ /install.log”操作将直接打开当前用户宿主目录中的 install.log 文件进行编辑。

```
:e ~/install.log
```

- 在当前文件中读入其他文件内容。执行“:r 其他文件”形式的末行命令可以读入（Read）其他文件中的内容，并将其复制到当前光标所在位置。例如，执行“:r /etc/filesystems”操作将把系统文件 /etc/filesystems 中的内容复制到当前文件中。

```
:r /etc/filesystems
```

（3）替换文件内容

在 vi 编辑器的末行模式中，能够将文件中特定的字符串替换成新的内容，当需要大批量修改同一内容时，使用替换功能将大大提高编辑效率。使用替换功能时的末行命令格式如下所示。

```
: [ 替换范围 ] sub / 旧的内容 / 新的内容 [/g]
```

在上述替换格式中，主要关键字为 sub（Substitute，替换），也可以简写为 s。替换范围是可选部分，默认时只对当前行内的内容进行替换，一般可以表示为以下两种形式。

- %：在整个文件内容中进行查找并替换。
- n,m：在指定行数范围以内的文件内容中进行查找并替换。
- 最末尾的“/g”部分也是可选内容，表示对替换范围内每一行的所有匹配结果都进行替换，省略“/g”时将只替换每行中的第一个匹配结果。例如，若要将文档中第 5 ～ 15 行中的“initdefault”字符串替换为“DEFAULT”，可以执行以下操作。

```
:5,15 sub /initdefault/DEFAULT/g
```

当需要对整个文档范围进行查找替换操作时，需要使用“%”符号表示全部。例如，以下操作将会把当前文件中所有的“initdefault”字符串替换为“bootdefault”。

```
:% sub /initdefault/bootdefault/g
```

如果要对每个替换动作提示用户进行确认，可以在替换命令末尾加入“c”命令，如下所示。

```
:% sub /initdefault/bootdefault/c
```

本章总结

- 使用 cat、more、less、head、tail 命令可以查看文件。
- 使用 wc、grep 命令可以统计、检索文件内容。
- 使用 gzip、bzip2 命令可以制作及释放压缩文件，使用 tar 命令可以制作或释放归档文件，结合“-z”“-j”选项还能够自动调用压缩工具。
- vi、vim 是一个全屏幕的文件编辑器，包括命令模式、输入模式、末行模式三种使用状态。

本章作业

1．使用 find、wc 命令结合管道操作，统计当前 Linux 系统中共包含多少个目录。

2．过滤出 /etc/postfix/main.cf 文件中除了注释行和空行以外的内容，保存为新文件 /etc/postfix/main.cf.min，统计 main.cf 和 main.cf.min 文件的行数。

3．使用 tar 命令对 /boot、/etc 两个文件夹进行备份，制作成归档压缩包文件 bootetc-bak.tar.bz2，并保存到 /opt 目录下。

4．使用 vi 编辑器修改 /etc/bashrc 配置文件，在最后一行添加“alias vi='/usr/bin/vim'”，以便自动设置 vi 至 vim 的命令别名。

5．使用 vi 编辑器修改 /root/.bashrc 配置文件，在最后一行添加“setterm -background white -foreground black -store”，然后切换到第 4 个字符终端 tty4，并以 root 用户登录系统，注意命令行终端的颜色变化。

6．用课工场 APP 扫一扫完成在线测试，快来挑战吧！

第8章

安装及管理程序

技能目标

- 学会使用 RPM 包管理工具
- 学会从源码包编译安装程序

本章导读

在主机中安装了 Linux 操作系统以后，就具备了提供软件服务、网络服务等功能的基础。然而随操作系统一起安装的软件包毕竟只有少数，实现的功能也比较有限，当需要为主机提供更多的功能时，安装新的应用程序就成为必然要面对的工作。本章将学习如何在 Linux 系统中安装、管理应用程序。

知识服务

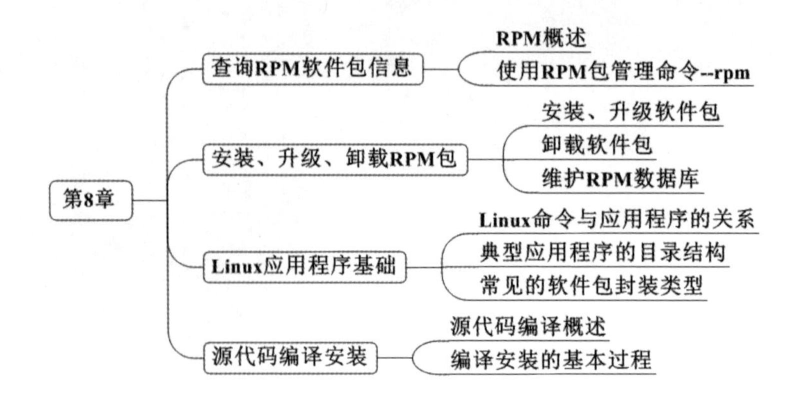

8.1 查询 RPM 软件包信息

RPM 包是各种 Linux 发行版本中应用最广泛的软件包之一。RPM 包以其强大的功能和广泛的兼容性而得到多数 Linux 发行版本的支持和广大 Linux 使用者的拥护。在本节中将学习 RPM 包的常用管理操作。

8.1.1 RPM 概述

RPM 软件包管理机制最早由 Red Hat 公司提出，后来随着版本的升级逐渐融入了更多的优秀特性，成为众多 Linux 发行版中公认的软件包管理标准。在其官方站点 http://www.rpm.org 中，可以了解到关于 RPM 包管理机制的详细资料。

RPM 包管理器通过建立统一的文件数据库，对在 Linux 系统中安装、卸载、升级的各种 .rpm 软件包进行详细的记录，并能够自动分析软件包之间的依赖关系，保持各应用程序在一个协调、有序的整体环境中运行。

使用 RPM 机制封装的软件包文件拥有约定俗成的命名格式，一般使用“软件名 - 软件版本 - 发布次数 . 操作系统类型 . 硬件架构类型 .rpm”的文件名形式，如“bash-4.1.2-15.el6_4.x86_64.rpm”。其中硬件平台通常为“i386”“i686”等，表示适用于 Intel 公司的处理器，“x86_64”表示适用于 64 位的系统，如果是“noarch”表示不区分硬件架构（支持不同硬件体系的处理器）。

8.1.2 使用 RPM 包管理命令——rpm

在 Linux 系统中，rpm 命令是实现 RPM 软件包管理的主要工具。本节将学习使用 rpm 命令安装、卸载软件包及查询 RPM 相关信息的方法。

1. rpm 命令的格式

使用 rpm 命令能够实现几乎所有对 RPM 软件包的管理功能，执行“man rpm”命令可以获得关于 rpm 命令的详细帮助信息。

```
[root@kgc ~]# man rpm
RPM(8)                                     RPM(8)
NAME
    rpm - RPM Package Manager
SYNOPSIS
  QUERYING AND VERIFYING PACKAGES:
    rpm {-q|--query} [select-options] [query-options]
    rpm {-V|--verify} [select-options] [verify-options]
    rpm --import PUBKEY …
    rpm {-K|--checksig} [--nosignature] [--nodigest]
       PACKAGE_FILE …
  INSTALLING, UPGRADING, AND REMOVING PACKAGES:
    rpm {-i|--install} [install-options] PACKAGE_FILE …
    rpm {-U|--upgrade} [install-options] PACKAGE_FILE …
    rpm {-F|--freshen} [install-options] PACKAGE_FILE …
…… // 省略部分内容
```

从 rpm 命令的手册页信息中可以看出，rpm 命令具有相当复杂的命令格式，结合不同的命令选项及子选项主要可以实现以下三类功能。

- 查询、验证 RPM 软件包的相关信息。
- 安装、升级、卸载 RPM 软件包。
- 维护 RPM 数据库信息等综合管理操作。

下面将分别对上述 RPM 管理功能中的常见操作进行学习。

2. 查询 RPM 软件包信息

使用 rpm 命令的查询功能可以检查某个软件包是否已经安装，了解软件包的用途、软件包复制到系统中的文件等各种相关信息，以便更好地管理 Linux 系统中的应用程序。

rpm 命令的查询功能主要通过“-q”选项实现，主要针对当前系统中已经安装的软件包；通过“-qp”选项可以针对尚未安装的 RPM 包文件进行查询。根据所需查询的具体项目不同，还可以为这两个选项指定相关的子选项。

（1）查询已安装的 RPM 软件包信息

不带子选项的“-q”选项可用于查询已知名称的软件包是否已经安装，需要使用准确的软件名作为参数（可以有多个）。结合不同的子选项使用时，可以实现更具体的查询。常用的几个子选项如下所述。

- -qa：显示当前系统中以 RPM 方式安装的所有软件列表。
- -qi：查看指定软件包的名称、版本、许可协议、用途描述等详细信息（--info）。
- -ql：显示指定的软件包在当前系统中安装的所有目录、文件列表（--list）。
- -qf：查看指定的文件或目录是由哪个软件包所安装的（--file）。

直接执行“rpm -qa”命令，将列出当前系统中以 RPM 方式安装的所有软件包清单，每行记录一个软件包的名称、版本等信息。结合管道操作和“wc -l”命令，可以统计出系统中已安装的 RPM 软件的个数。

```
[root@kgc ~]# rpm -qa
selinux-policy-3.13.1-60.el7.noarch
libtar-1.2.11-29.el7.x86_64
ibus-gtk2-1.5.3-13.el7.x86_64
libreport-2.1.11-32.el7.centos.x86_64
indent-2.2.11-13.el7.x86_64
hyperv-daemons-license-0-0.26.20150402git.el7.noarch
rtkit-0.11-10.el7.x86_64
openssl-libs-1.0.1e-42.el7.9.x86_64
gnome-online-accounts-3.14.4-3.el7.x86_64
libreport-cli-2.1.11-32.el7.centos.x86_64
lohit-gujarati-fonts-2.5.3-2.el7.noarch
poppler-data-0.4.6-3.el7.noarch
……                          // 省略部分内容
```

当需要查询某个软件包是否已经安装时，可以直接使用软件包名称作为查询参数。例如，执行“rpm -q elinks lynx”操作可以查询是否已安装 elinks 和 lynx 软件包（这两个软件都是文本模式下的网页浏览器工具）。

```
[root@kgc ~]# rpm -q elinks lynx
elinks-0.12-0.36.pre6.el7_3.x86_64
package lynx is not installed
```

如果并不知道准确的软件包名称，还可以对全部查询结果进行过滤，使用软件包的一部分名称进行模糊查询，根据查询结果再进行判断。例如，执行以下操作可以查询系统中是否安装了名称中包含“samba”的软件包，查询时不区分大小写。

```
[root@kgc ~]# rpm -qa | grep -i samba
samba-client-libs-4.2.3-10.el7.x86_64
samba-client-4.2.3-10.el7.x86_64
samba-common-4.2.3-10.el7.noarch
samba-4.2.3-10.el7.x86_64
samba-common-tools-4.2.3-10.el7.x86_64
samba-common-libs-4.2.3-10.el7.x86_64
samba-libs-4.2.3-10.el7.x86_64
```

对于系统中已经安装的各种软件程序，如果不知道其中某个软件的用途，同样可以通过 rpm 工具进行查询。例如，前面提到的 elinks 软件，可以执行“rpm -qi elinks”命令来了解 elinks 软件包的摘要信息。

```
[root@kgc ~]# rpm -qi elinks
Name        : elinks
```

```
Version     : 0.12
Release     : 0.36.pre6.el7
Architecture: x86_64
Install Date: Sun 18 Dec 2016 02:36:57 PM CST
Group       : Applications/Internet
Size        : 2741822
License     : GPLv2
Signature   : RSA/SHA256, Fri 04 Jul 2014 09:12:29 AM CST, Key ID 24c6a8a7f4a80eb5
Source RPM  : elinks-0.12-0.36.pre6.el7.src.rpm
Build Date  : Tue 10 Jun 2014 12:55:01 PM CST
Build Host  : worker1.bsys.centos.org
Relocations : (not relocatable)
Packager    : CentOS BuildSystem <http://bugs.centos.org>
Vendor      : CentOS
URL         : http://elinks.or.cz
Summary     : A text-mode Web browser
Description :
Elinks is a text-based Web browser. Elinks does not display any images,
but it does support frames, tables and most other HTML tags. Elinks'
advantage over graphical browsers is its speed--Elinks starts and exits
quickly and swiftly displays Web pages.
```

当需要查看某个软件包安装的目录和文件清单时，可以使用“-ql”选项。例如，执行“rpm -ql wget”命令可以列出 wget 软件包安装的目录和文件清单。

```
[root@kgc ~]# rpm -ql wget
/etc/wgetrc
/usr/bin/wget
/usr/share/doc/wget-1.14
/usr/share/doc/wget-1.14/AUTHORS
/usr/share/doc/wget-1.14/COPYING
/usr/share/doc/wget-1.14/MAILING-LIST
/usr/share/doc/wget-1.14/NEWS
/usr/share/doc/wget-1.14/README
/usr/share/doc/wget-1.14/sample.wgetrc
/usr/share/info/wget.info.gz
……                                    // 省略部分内容
```

当需要知道系统中的某个文件是由哪一个软件包生成的时候，可以使用“-qf”选项。例如，执行以下操作可以获知 vim 编辑器程序是在安装 vim-enhanced 软件包时生成的。

```
[root@kgc ~]# which vim          // 先找出 vim 程序位置，以便进行下一步的查询
/usr/bin/vim
[root@kgc ~]# rpm -qf /usr/bin/vim
vim-enhanced-7.4.106-1.8.el7.x86_64
```

注意啦

使用 rpm 命令只能查询通过 RPM 方式安装的软件包信息，对通过其他途径安装（如源码编译、手动复制等方式）到系统中的软件包，rpm 命令将无法获取相关信息。

（2）查询未安装的 RPM 包文件

使用“-qp”选项时，必须以 RPM 包文件的路径作为参数（可以有多个），而不是软件包名称。其相关的子选项与使用“-q”查询时类似，常用的两个查询选项如下所述。

- -qpi：查看指定软件包的名称、版本、许可协议、用途描述等详细信息。
- -qpl：查看该软件包准备要安装的所有目标目录、文件列表。

下面简单看几个操作示例。例如，已知 CentOS 光盘目录中有一个 RPM 安装包文件 ethtool-3.5-1.el6.x86_64.rpm，若要在安装之前了解该软件的用途，可以执行以下操作。

```
[root@kgc ~]# cd /media/cdrom/Packages
[root@kgc Packages]# rpm -qpi ethtool-3.15-2.el7.x86_64.rpm
warning: ethtool-3.15-2.el7.x86_64.rpm: Header V3 RSA/SHA256 Signature, key ID f4a80eb5: NOKEY
Name        : ethtool
Epoch       : 2
Version     : 3.15
Release     : 2.el7
Architecture: x86_64
Install Date: (not installed)
Group       : Applications/System
Size        : 313775
License     : GPLv2
Signature   : RSA/SHA256, Sat 14 Mar 2015 03:46:39 PM CST, Key ID 24c6a8a7f4a80eb5
Source RPM  : ethtool-3.15-2.el7.src.rpm
Build Date  : Fri 06 Mar 2015 07:31:58 AM CST
Build Host  : worker1.bsys.centos.org
Relocations : (not relocatable)
Packager    : CentOS BuildSystem <http://bugs.centos.org>
Vendor      : CentOS
URL         : http://ftp.kernel.org/pub/software/network/ethtool/
Summary     : Settings tool for Ethernet NICs
Description :
This utility allows querying and changing settings such as speed,
port, auto-negotiation, PCI locations and checksum offload on many
network devices, especially of Ethernet devices.
```

若希望进一步了解该软件包中包含哪些文件（安装后将复制到系统中），可以执行以下操作。

```
[root@kgcPackages]#rpm -qpl ethtool-3.15-2.el7.x86_64.rpm
warning: ethtool-3.15-2.el7.x86_64.rpm: Header V3 RSA/SHA256 Signature, key ID f4a80eb5: NOKEY
/usr/sbin/ethtool
/usr/share/doc/ethtool-3.15
/usr/share/doc/ethtool-3.15/AUTHORS
/usr/share/doc/ethtool-3.15/COPYING
/usr/share/doc/ethtool-3.15/ChangeLog
/usr/share/doc/ethtool-3.15/LICENSE
/usr/share/doc/ethtool-3.15/NEWS
/usr/share/doc/ethtool-3.15/README
/usr/share/man/man8/ethtool.8.gz
```

8.2 安装、升级、卸载 RPM 包

在日常系统管理工作中，安装、升级及卸载软件包是管理应用程序最基本的工作内容。使用 rpm 命令实现这些操作时，基本的命令选项如下所述。

- -i：在当前系统中安装（Install）一个新的 RPM 软件包。
- -e：卸载指定名称的软件包。
- -U：检查并升级系统中的某个软件包，若该软件包原来并未安装，则等同于“-i”选项。
- -F：检查并更新系统中的某个软件包，若该软件包原来并未安装，则放弃安装。

  还有几个相关的命令选项，可以用于辅助安装、卸载软件包的过程。
- --force：强制安装某个软件包，当需要替换现已安装的软件包及文件，或者安装一个比当前使用的软件版本更旧的软件时，可以使用此选项。
- --nodeps：在安装或升级、卸载一个软件包时，不检查与其他软件包的依赖关系。
- -h：在安装或升级软件包的过程中，以“#”号显示安装进度。
- -v：显示软件安装过程中的详细信息。

1. 安装、升级软件包

使用 rpm 命令安装软件包时，需要指定完整的包文件名作为参数（可以有多个）；而卸载软件包时，只需要指定软件名称即可。若要一次安装多个 RPM 软件包，可以使用通配符“*”，这种方式在安装存在相互依赖关系的多个软件包时特别有用，系统将会自动检查依赖性并决定安装顺序，而无需管理员去判断应该先装哪一个包。

在安装一个新的软件包时，通常使用“-ivh”的组合选项，这样便于了解软件安装的过程信息，及时跟踪安装进度。若是使用新版本的软件包替换旧的版本，则只需将“-i”换成“-U”即可。例如，以下操作将从光盘目录中安装全新 lynx 软件包。

```
[root@kgcPackages]#rpm -vihlynx-2.8.8-0.3.dev15.el7.x86_64.rpm
warning: lynx-2.8.8-0.3.dev15.el7.x86_64.rpm: Header V3 RSA/SHA256 Signature, key ID f4a80eb5: NOKEY
```

```
Preparing...                    ################################### [100%]
Updating / installing...
   1:lynx-2.8.8-0.3.dev15.el7   ################################### [100%]
[root@kgc ~]# rpm -q lynx
lynx-2.8.8-0.3.dev15.el7.x86_64
[root@kgc ~]#which lynx
/usr/bin/lynx
```

使用 lynx 命令程序可以在文本模式中访问 Web 站点（不能显示图片，若当前终端不支持中文，则中文也无法正常显示），也可以直接查看本机中的“.html”格式的各种软件文档。

2. 卸载软件包

卸载一个软件包时，主要使用“-e”选项。例如，执行“rpm -e elinks”操作可卸载已安装的 elinks 软件，再执行查询时会发现 elinks 软件没有安装。

```
[root@kgc ~]# rpm -e elinks
[root@kgc ~]# rpm -q elinks
 package elinks is not installed
```

当需要安装、卸载一个与其他程序存在依赖关系的软件包时，系统将提示存在依赖关系而放弃执行。这时可以结合“--nodeps”选项忽略依赖关系，而强行安装或卸载指定的软件包。忽略依赖关系可能会导致软件功能异常或失效，因此只在学习或者调试程序时使用，生产环境中应避免使用。当然也能够手动解决软件包的依赖关系，只需要将被依赖的软件包先安装或卸载，也可以同时指定多个软件名进行安装或卸载，如此就可以解决软件包的依赖关系。

3. 维护 RPM 数据库

用于记录在 Linux 系统中安装、卸载、升级应用程序的相关信息，由 RPM 包管理系统自动完成维护，一般不需要用户干预。当 RPM 数据库发生损坏（误删文件、非法关机、病毒破坏等导致），且 Linux 系统无法自动完成修复时，将导致无法使用 rpm 命令正常地安装、卸载及查询软件包。这时可以使用 rpm 命令的“--rebuilddb”或“--initdb”功能对 RPM 数据库进行重建。

```
[root@kgc ~]# rpm --rebuilddb
```

或者

```
[root@kgc ~]# rpm --initdb
```

8.3 Linux 应用程序基础

在本节中将对 Linux 操作系统中应用程序的一些基本知识做一个介绍，内容包括模拟管理与应用程序的关系、应用程序的组成部分、软件包的封装类型等。

8.3.1 Linux 命令与应用程序的关系

在 Linux 系统中，一直以来命令和应用程序并没有特别明确的区别，从长期使用习惯来看，可以通过以下描述来对两者进行区别。

- 文件位置：系统命令一般在 /bin 和 /sbin 目录中，或为 Shell 内部指令，而应用程序则通常在 /usr/bin 和 /usr/sbin 目录中。
- 主要用途：系统命令是完成系统的基本管理工作，例如 IP 配置工具，而应用程序则是完成相对独立的其他辅助任务，例如网页浏览器。
- 适用环境：系统命令一般只在字符操作界面中运行，应用程序则是根据实际需要，有些程序可在图形界面中运行。
- 运行格式：系统命令一般包括命令字、命令选项和命令参数，应用程序却没有固定的执行格式。

本章中讲解的应用程序，将被视为将软件包安装到系统中后产生的各种文档，其中包括可执行文件、配置文件、用户手册等内容，这些文档将被组织为一个有机的整体，为用户提供特定的功能。因此，对于“安装软件包”与“安装应用程序”这两种说法，并不做严格的区分。

8.3.2 典型应用程序的目录结构

安装完一个软件包以后，可能会向系统中复制大量的数据文件，并进行相关设置。在 Linux 系统中，典型的应用程序通常由以下几部分组成。

- 普通的可执行程序文件。一般保存在“/usr/bin”目录中，普通用户即可执行。
- 服务器程序、管理程序文件。一般保存在“/usr/sbin”目录中，只有管理员能执行。
- 配置文件。一般保存在“/etc”目录中，配置文件较多时会建立相应的子目录。
- 日志文件。一般保存在“/var/log”目录中。
- 关于应用程序的参考文档等数据。一般保存在“/usr/share/doc/”目录中。
- 执行文件及配置文件的 man 手册页。一般保存在“/usr/share/man/”目录中。

下面以 CentOS 系统中默认安装的 postfix 软件包（一款邮件服务器程序）为例，展示服务器应用程序的文件组成。执行“rpm -ql postfix”命令，可以查看 postfix 软件包在系统中安装的目录和文件清单（关于 rpm 命令的详细用法将在下节中详细讲解）。

```
[root@kgc ~]# rpm -ql postfix
……                                  //省略部分内容
/etc/postfix/main.cf                //配置文件
/etc/sasl2/smtpd.conf……             //省略部分内容
/etc/rc.d/init.d/postfix            //启动服务程序的脚本文件
```

```
/usr/bin/mailq.postfix                         // 普通用户能够执行的程序文件
/usr/bin/newaliases.postfix……                  // 省略部分内容
/usr/sbin/postfix                              // 管理员用户才能执行的程序文件
/usr/sbin/postmap……                            // 省略部分内容
/usr/share/man/man5/postconf.5.gz              // man 手册页文件
/usr/share/man/man1/mailq.postfix.1.gz……       // 省略部分内容
```

8.3.3 常见的软件包封装类型

对于各种应用程序的软件包，在封装时可以采用各种不同的类型，不同类型的软件包其安装方法也各不相同。常见的软件包封装类型如下所述。

- RPM 软件包：这种软件包文件的扩展名为“.rpm”，只能在使用 RPM（RPM Package Manager，RPM 软件包管理器）机制的 Linux 操作系统中安装，如 RHEL、Fedora、CentOS 等。RPM 软件包一般针对特定版本的系统量身定制，因此依赖性较强。安装 RPM 包需要使用系统中的 rpm 命令。
- DEB 软件包：这种软件包文件的扩展名为“.deb”，只能在使用 DPKG（Debian Package，Debian 包管理器）机制的 Linux 操作系统中进行安装，如 Debian、Ubuntu 等。安装 DEB 软件包需要使用系统中的 dpkg 命令。
- 源代码软件包：这种软件包是程序员开发完成的原始代码，一般被制作成“.tar.gz”“.tar.bz2”等格式的压缩包文件，因多数使用 tar 命令打包而成，所以经常被称为“TarBall”。安装源码软件包需要使用相应的编译工具，如 Linux 中的 C 语言编译器 gcc。由于大部分 Linux 系统中都安装有基本的编译环境，因此使用源码软件包要更加灵活。
- 附带安装程序的软件包：这种软件包的扩展名不一，但仍以 TarBall 格式的居多。软件包中会提供用于安装的可执行程序或脚本文件，如 install.sh、setup 等，有时候会以“.bin”格式的单个安装文件形式出现。只需运行安装文件就可以根据向导程序的提示完成安装操作。

8.4 源代码编译安装

在 Linux 平台中搭建各种应用系统时经常会需要对软件包进行编译安装，其实最早的 Linux 操作系统整体上都是编译安装而成的，本节将学习如何从源代码编译安装应用程序。

8.4.1 源代码编译概述

Linux 操作系统之所以能够在十余年的时间里发展壮大以至风靡全球，其开放源代码的特性是很重要的原因之一，即 Linux 操作系统中包括内核在内的所有软件都可以获得源代码，并且可以经过定制修改后编译安装。

现代的 Linux 发行版本通常使用包管理机制对软件进行打包安装，这样省去了软件的编译安装过程，大大简化了 Linux 系统的安装和使用难度。但是在有些情况下，仍然需要使用源代码编译的方式为系统安装新的应用程序，如以下几种情况。

- 安装较新版本的应用程序时：大多数的 Linux 发行版都提供了相当丰富的应用程序，而这些程序的版本往往滞后于该软件的最新源代码版本，因为大多数的开源软件总是以源代码的形式最先发布，之后才会逐渐出现 .rpm、.deb 等二进制封装的版本。下载应用程序的最新源代码包并编译安装，可以在程序功能、安全补丁等方面得到及时更新。
- 当前安装的程序无法满足应用需求时：对于 RPM 格式封装的应用程序，一般只包含了该软件所能实现的一小部分功能，而难以由用户自行修改、定制。通过对程序的源代码进行重新配置并编译安装后，可以定制更灵活、更丰富的功能。许多 Linux 服务器程序都采用源代码编译的方式进行安装，以获得更适合于企业实际应用需求的服务。
- 为应用程序添加新的功能时：当需要利用现有的程序源代码进行适当的修改，以便增加新的功能时，必须释放出该软件的源代码，修改后再重新编译安装。

从以上几点可以看出，应用程序的源代码编译安装为使用者提供了更加灵活的程序功能定制途径，这也是开放源代码软件的魅力所在。同时源代码安装软件还能够获得最新的软件版本，及时修复 bug。

对于从互联网中下载的软件包，建议使用 md5sum 命令工具检查 MD5 校验和。例如，执行“md5sumhttpd-2.2.15.tar.gz”操作后可计算出 httpd-2.2.15.tar.gz 软件包文件的 MD5 校验和为“31fa022dc3c0908c6eaafe73c81c65df”，将其与软件官方提供的校验值进行比较，若相同则说明该软件包在网络传输过程中没有被非法改动；对于校验和不一致的软件包，应尽量不要使用，以免带来病毒、木马等不安全因素。

```
[root@kgc ~]# md5sum httpd-2.2.15.tar.gz
31fa022dc3c0908c6eaafe73c81c65df  httpd-2.2.15.tar.gz
```

编译源代码需要有相应的开发环境，对于自由软件来说，gcc 和 make 是最佳的编译工具。gcc 和 make 是由 GNU 项目所贡献的功能强大的 C/C++ 语言编译器，在全世界的自由软件开发者中广受欢迎。由于安装 gcc、make 编译环境的依赖包较多，因此建议在首次安装 Linux 操作系统时一并安装。执行以下操作可以查看 gcc 和 make 开发工具的版本信息。

```
[root@kgc~]# gcc --version
gcc (GCC) 4.8.5 20150623 (Red Hat 4.8.5-4)
Copyright (C) 2015 Free Software Foundation, Inc.
This is free software; see the source for copying conditions.  There is NO
warranty; not even for MERCHANTABILITY or FITNESS FOR A PARTICULAR PURPOSE.
（本程序是自由软件；请参看源代码的版权声明。本软件没有任何担保；包括没有适销性和某
```

```
一专用目的下的适用性担保。）
[root@kgc ~]# make --version
GNU Make 3.82
Built for x86_64-redhat-linux-gnu
Copyright (C) 2010  Free Software Foundation, Inc.
License GPLv3+: GNU GPL version 3 or later <http://gnu.org/licenses/gpl.html>
This is free software: you are free to change and redistribute it.
There is NO WARRANTY, to the extent permitted by law.
```

Linux 系统采用默认安装后没有安装 gcc，这种情况下可以使用 rpm 命令来安装 gcc，所需的软件包在系统安装光盘中就有提供。在安装 gcc 的同时需要安装支持 gcc 的 RPM 包。直接使用 rpm 命令安装以下软件包，就可以将 gcc 安装成功。

```
gcc-c++-4.8.5-4.el7.x86_64.rpm
gcc-gfortran-4.8.5-4.el7.x86_64.rpm
libquadmath-devel-4.8.5-4.el7.x86_64.rpm
libtool-2.4.2-20.el7.x86_64.rpm
systemtap-2.8-10.el7.x86_64.rpm
systemtap-devel-2.8-10.el7.x86_64.rpm
```

安装完依赖包之后就可以直接安装 gcc 了，然后可以使用“gcc --version”和“rpm -qa | grep gcc”命令查看 gcc 信息及安装情况。

8.4.2 编译安装的基本过程

获得所需安装的软件源代码以后，安装的基本过程包括解包、配置、编译及安装这几个通用步骤，如图 8.1 所示，大多数开源软件的安装都遵循这个过程。当然，这四个步骤并不是一成不变的，实际安装时应参考软件自带的相关文档（如 INSTALL、README）。

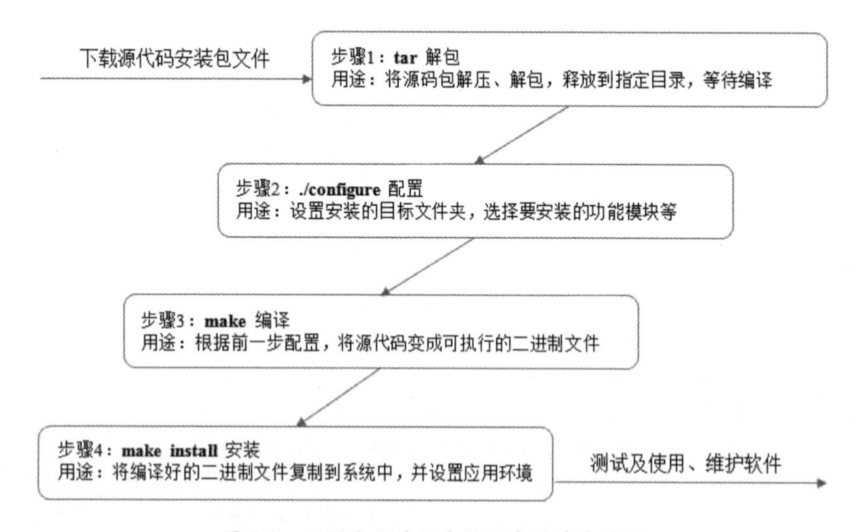

图 8.1　从源代码编译安装程序的基本过程

本小节将以编译安装 Apache 软件为例，说明应用程序的源代码编译安装过程。Apache 是运行在 Linux 下的 Web 服务器软件，能够用于架设 Web 服务器。

```
[root@kgc ~]# ll httpd-2.2.15.tar.gz
-rw-r--r-- 1 root root 6593633 5 月  28 11:51 httpd-2.2.15.tar.gz
```

下面依次介绍 Apache 的基本安装过程、使用方法。

1. 解包

开源软件的源代码包一般为 TarBall 形式，扩展名为“.tar.gz”或“.tar.bz2”，都可以使用 tar 命令进行解压释放。对于只有“.gz”扩展名的源代码包，表示只经过压缩而并未使用 tar 归档，这样的文件只需使用 gzip 进行解压缩即可。在 Linux 系统中，通常将各种软件的源代码目录保存到“/usr/src/”目录中，以便于集中管理。释放后的软件包目录一般会包括软件名和版本信息（如 httpd-2.2.15）。解包前先安装编译环境和依赖包。

以下操作将把 httpd-2.2.15.tar.gz 文件解包到 /usr/src/ 目录中。

```
[root@kgc ~]#tar zxf httpd-2.2.15.tar.gz -C /usr/src/
[root@kgc ~]# ls /usr/src/
debug  httpd-2.2.15  kernels
```

2. 配置

在编译应用程序之前，需要进入源代码目录，对软件的安装目录、功能选择等参数进行预先配置。

配置工作通常由源代码目录中的“configure”脚本文件来完成，可用的各种配置参数可以通过在源代码目录中执行“./configure --help”进行查看。对不同的软件程序来说，其配置参数会存在区别，但是有一个“--prefix”形式的参数，却是大多数开源软件通用的，该配置参数用于指定软件包安装的目标文件夹。如果没有指定任何配置参数，“configure”脚本将采用软件默认的值进行配置。例如，以下操作将对 Apache 软件的安装参数进行配置。

```
[root@kgc ~]# cd /usr/src/httpd-2.2.15/
[root@kgchttpd-2.2.15]#./configure --prefix=/usr/local/apache
……            // 省略内容
```

在 Linux 系统中通过源代码方式安装软件时，也可以将所有程序文件安装到同一个文件夹（如 ./configure --prefix=/usr/local/apache）中，这样当需要卸载软件时，只要直接将该文件夹删除即可，非常方便（某些软件也可以在源代码目录中执行“make uninstall”完成卸载）。

如果软件的功能比较复杂，配置过程会需要一定的时间，期间会在屏幕中显示大量的输出信息，这些信息可以帮助管理员了解程序配置的过程。配置结果将保存到源代码目录的 Makefile 文件中。如果配置过程出现错误，通常是缺少相关的依赖软件包所致，只要根据提示安装对应的软件即可。

3. 编译

编译的过程主要是根据 Makefile 文件内（因此，若上一步的配置操作失败，将无法进行编译）的配置信息，将源代码文件进行编译而生成二进制的程序模块、动态链接库、可执行文件等。配置完成后，只要在源代码目录中执行“make”命令即可执行编译操作。编译的过程比配置需要更长的时间，期间同样会显示大量的执行过程信息。

```
[root@kgchttpd-2.2.15]# make
……            // 省略内容
```

4. 安装

编译完成以后，就可以执行“make install”命令将软件的执行程序、配置文件、帮助文档等相关文件复制到 Linux 系统中了，即应用程序的最后“安装”过程。安装过程需要的时间相对要短一些，期间也会显示安装的过程信息。

```
[root@kgchttpd-2.2.15]#make install
…… // 省略内容
```

有时候为了简便起见，上述的编译、安装步骤可以写成一行命令执行，中间使用“&&”符号分隔即可。例如 ,“make && make install”（表示“make”命令执行成功以后再执行“make install”命令，否则将忽略“make install”命令）。

5. 使用

安装后要先修改配置文件 httpd.conf 的第 97 行，将前面的“#”去掉，保存并退出。

```
[root@kgc httpd-2.2.15]# vim /usr/local/apache/conf/httpd.conf
ServerName www.example.com:80
```

然后启动 Apache，命令如下。

```
[root@kgc httpd-2.2.15]# /usr/local/apache/bin/apachectl start
```

运行 lynx 127.0.0.1 查看本机 Apache 运行状态，如看到“It works！”字样表明 Apache 已经工作正常了。

本章总结

- 应用程序由执行程序、配置文件、帮助文件等部分组成。
- 软件包封装类型包括 RPM 包、DEB 包、源代码包、带安装程序的包。
- 使用 rpm 命令可以完成对 RPM 软件包的查询、安装、升级、卸载等管理操作。
- 在 Linux 系统中编译源代码需要使用 gcc、make 编译环境。
- 从源代码包安装应用程序的基本过程包括解包、配置、编译、安装这四个步骤。

本章作业

1．使用 rpm 命令能够实现哪些较常用的 RPM 包管理功能？

2．从 CentOS 7.3 光盘中安装 Wireshark 抓包软件。

3．简述从源代码包编译安装应用程序的基本过程。

4．用课工场 APP 扫一扫完成在线测试，快来挑战吧！

随手笔记

第9章

账号与权限管理

技能目标

- 学会管理用户账号、组账号
- 掌握如何查询账号信息
- 学会设置文件和目录的权限
- 学会设置文件和目录的归属

本章导读

作为一个多用户、多任务的服务器操作系统，Linux 提供了严格的权限管理机制，主要从用户身份、文件权限两方面对资源访问进行限制。本章将分别学习 Linux 系统中用户和组账号的管理、文件权限和归属的管理、文件和目录的权限管理、文件和目录的归属管理的相关知识。

知识服务

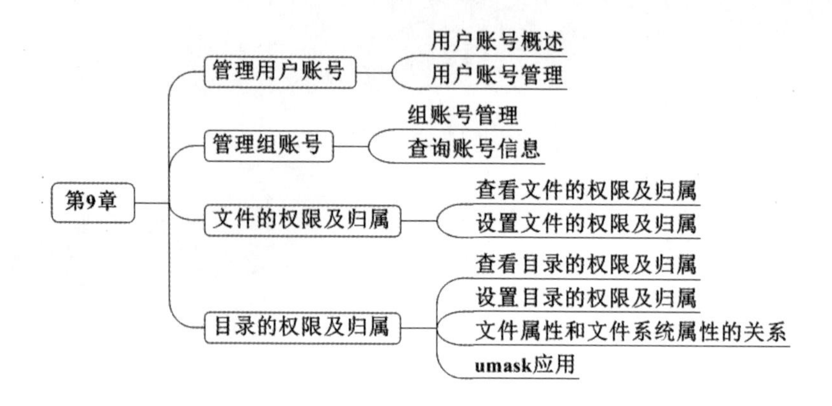

9.1 管理用户账号

9.1.1 用户账号概述

与 Windows 操作系统相比，Linux 系统中的用户账号和组账号的作用在本质上是一样的，同样都是基于用户身份来控制对资源的访问，只不过在表现形式及个别细节方面存在些许差异。本小节将介绍 Linux 系统中用户账号和组账号的相关概念。

1. 用户账号

在 Linux 系统中，根据系统管理的需要将用户账号分为不同的类型，其拥有的权限、担任的角色也各不相同，主要包括超级用户、普通用户和程序用户。

- 超级用户：root 用户是 Linux 系统中默认的超级用户账号，对本主机拥有最高的权限，类似于 Windows 系统中的 Administrator 用户。只有当进行系统管理、维护任务时，才建议使用 root 用户登录系统，日常事务处理建议只使用普通用户账号。
- 普通用户：普通用户账号需要由 root 用户或其他管理员用户创建，拥有的权限受到一定限制，一般只在用户自己的宿主目录中拥有完整权限。
- 程序用户：在安装 Linux 系统及部分应用程序时，会添加一些特定的低权限用户账号，这些用户一般不允许登录到系统，而仅用于维持系统或某个程序的正常运行，如 bin、daemon、ftp、mail 等。

2. UID 号

Linux 系统中的每一个用户账号都有一个数字形式的身份标记，称为 UID（User IDentity，用户标识号），对于系统核心来说，UID 作为区分用户的基本依据，原则上每个用户的 UID 号应该是唯一的。root 用户账号的 UID 号为固定值 0，而程序用户账号的 UID 号默认为 1 ～ 999，1000 ～ 60000 的 UID 号默认分配给普通用户使用。

3. 用户账号文件

Linux 系统中的用户账号、密码等信息均保存在相应的配置文件中，直接修改这些文件或者使用用户管理命令都可以对用户账号进行管理。

与用户账号相关的配置文件主要有两个，分别是 /etc/passwd、/etc/shadow。前者用于保存用户名称、宿主目录、登录 Shell 等基本信息，后者用于保存用户的密码、账号有效期等信息。在这两个配置文件中，每一行对应一个用户账号，不同的配置项之间使用冒号“:”进行分隔。

（1）passwd 文件中的配置行格式

系统中所有用户的账号基本信息都保存在“/etc/passwd”文件中，该文件是文本文件，任何用户都可以读取文件中的内容。例如，以下操作可分别查看 /etc/passwd 文件开头、末尾的几行内容。

```
[root@kgc ~]# head -2 /etc/passwd
root:x:0:0:root:/root:/bin/bash
bin:x:1:1:bin:/bin:/sbin/nologin
[root@kgc ~]# tail -1 /etc/passwd
teacher:x:1000:1000:teacher:/home/teacher:/bin/bash
```

在 passwd 文件开头的部分，包括超级用户 root 及各程序用户的账号信息，系统中新增加的用户账号信息将保存到 passwd 文件的末尾。passwd 文件的每一行内容中，包含了七个用冒号“:”分隔的配置字段，从左到右各配置字段的含义分别如下所述。

- 第 1 字段：用户账号的名称，也是登录系统时使用的识别名称。
- 第 2 字段：经过加密的用户密码字串，或者密码占位符“x”。
- 第 3 字段：用户账号的 UID 号。
- 第 4 字段：所属基本组账号的 GID 号。
- 第 5 字段：用户全名，可填写与用户相关的说明信息。
- 第 6 字段：宿主目录，即该用户登录后所在的默认工作目录。
- 第 7 字段：登录 Shell 等信息，用户完成登录后使用的 Shell。

基于系统运行和管理的需要，所有用户都可以访问 passwd 文件中的内容，但是只有 root 用户才能进行更改。在早期的 UNIX 操作系统中，用户账号的密码信息也是保存在 passwd 文件中的，不法用户可以获取密码字串进行暴力破解，这样一来账号安全就存在一定的隐患。因此后来将密码转存入专门的 shadow 文件中，而 passwd 文件中仅保留密码占位符“x”。

（2）shadow 文件中的配置行格式

shadow 文件又被称为“影子文件”，其中保存有各用户账号的密码信息，因此对 shadow 文件的访问应该进行严格限制。默认只有 root 用户能够读取文件中的内容，而不允许直接编辑该文件中的内容。例如，以下操作可分别查看 /etc/shadow 文件开头、末尾的几行内容。

```
[root@kgc ~]# head -2 /etc/shadow
```

```
root:$1$55HB4pbx$acHqk4lZiHTZ9cw0ZJe8f0:14374:0:99999:7:::
bin:*:14374:0:99999:7:::
[root@kgc ~]# tail -1 /etc/shadow
teacher:$1$BT7teaYX$s2sr6uFUwKhtU.8/8VpzB1:14374:0:99999:7:::
```

shadow 文件的每一行内容中，包含了九个用冒号“:”分隔的配置字段，从左到右各配置字段的含义分别如下所述。

- 第 1 字段：用户账号名称。
- 第 2 字段：使用 MD5 加密的密码字串信息，当为“*”或“!!”时表示此用户不能登录到系统。若该字段内容为空，则该用户无需密码即可登录系统。
- 第 3 字段：上次修改密码的时间，表示从 1970 年 01 月 01 日算起到最近一次修改密码时间隔的天数。
- 第 4 字段：密码的最短有效天数，自本次修改密码后，必须至少经过该天数才能再次修改密码。默认值为 0，表示不进行限制。
- 第 5 字段：密码的最长有效天数，自本次修改密码后，经过该天数以后必须再次修改密码。默认值为 99999，表示不进行限制。
- 第 6 字段：提前多少天警告用户口令将过期，默认值为 7。
- 第 7 字段：在密码过期之后多少天内禁用此用户。
- 第 8 字段：账号失效时间，此字段指定了用户作废的天数（从 1970 年 01 月 01 日起计算），默认值为空，表示账号永久可用。
- 第 9 字段：保留字段，目前没有特定用途。

9.1.2 用户账号管理

1. useradd 命令——添加用户账号

useradd 命令可以用于添加用户账号，其基本的命令格式如下所示。

```
useradd [选项] 用户名
```

最简单的用法是，不添加任何选项，只使用用户名作为 useradd 命令的参数，按系统默认配置建立指定的用户账号。使用 useradd 命令添加用户账号时主要完成以下几项任务。

- 在 /etc/passwd 文件和 /etc/shadow 文件的末尾增加该用户账号的记录。
- 若未明确指定用户的宿主目录，则在 /home 目录下自动创建与该用户账号同名的宿主目录，并在该目录中建立用户的各种初始配置文件。
- 若没有明确指定用户所属的组，则自动创建与该用户账号同名的基本组账号，组账号的记录信息将保存到 /etc/group、/etc/gshadow 文件中。

例如，执行以下操作可以创建名为 kgc_dd 的用户账号，并通过查看 passwd、shadow 文件和 /home 目录来确认新增用户账号时的变化。

```
[root@kgc ~]# useradd kgc_dd
[root@kgc ~]# tail -1 /etc/passwd
kgc_dd:x:1002:1002::/home/kgc_dd:/bin/bash
[root@kgc ~]# tail -1 /etc/shadow
kgc_dd:!!:15017:0:99999:7:::
[root@kgc ~]# ls -A /home/kgc_dd/        //确认自动创建的用户目录
.bash_logout .bash_profile .bashrc .gnome2
```

如果结合 useradd 命令的各种选项，可以在添加用户账号的同时对 UID 号、宿主目录、登录 Shell 等相关属性进行指定。以下列出了 useradd 命令中用于设置账号属性的几个常见选项。

- -u：指定用户的 UID 号，要求该 UID 号码未被其他用户使用。
- -d：指定用户的宿主目录位置（当与 -M 一起使用时，不生效）。
- -e：指定用户的账户失效时间，可使用 YYYY-MM-DD 的日期格式。
- -M：不建立宿主目录，即使 /etc/login.defs 系统配置中已设定要建立宿主目录。
- -s：指定用户的登录 Shell。

在账号管理工作中，有时候会希望在新建账号的同时指定该账号的有效期限，或者要求新建的账号不能登录系统（如仅用于访问 FTP 服务），这时可分别使用“-e”“-s”选项。例如，执行以下操作可以创建一个名为 b_down 的 FTP 账号（禁止终端登录），该账号将于 2020-12-31 失效。

```
[root@kgc ~]# useradd -e 2020-12-31 -s /sbin/nologin b_down
```

2. 用户账号的初始配置文件

添加一个新的用户账号后，useradd 命令会在该用户的宿主目录中建立一些初始配置文件。这些文件来自于账号模板目录“/etc/skel/”，基本上都是隐藏文件，较常用的初始配置文件包括“.bash_logout”“.bash_profile”“.bashrc”。其中，“.bashrc_profile”文件中的命令将在该用户每次登录时被执行；“.bashrc”文件中的命令会在每次加载“/bin/Bash”程序时（当然也包括登录系统）执行；而“.bash_logout”文件中的命令将在用户每次退出登录时执行。理解这些文件的作用，可以方便我们安排一些自动运行的后台管理任务。

在“.bashrc”等文件中，可以添加用户自己设置的可执行语句（Linux 命令行、脚本控制语句等），以便自动完成相应的任务。例如，希望为所有用户添加登录后自动运行的命令程序、自动设置变量等，可以直接修改“/etc”目录下的类似文件，如“/etc/bashrc”“/etc/profile”文件。例如，执行以下操作可以为所有用户自动设置 myls 命令别名。

```
[root@kgc ~]# vi /etc/bashrc
……              //省略部分内容
alias myls='/bin/ls -lhr'
```

3. passwd 命令——设置 / 更改用户口令

通过 useradd 命令新增用户账号以后，还需要为其设置一个密码才能够正常使用。

使用 passwd 命令可以设置或修改密码，root 用户有权管理其他账号的密码（指定账号名称作为参数即可）。例如，执行“passwd kgc_dd”命令可为 kgc_dd 账号设置登录密码，要根据提示重复输入两次。

```
[root@kgc ~]# passwd kgc_dd
Changing password for user kgc_dd.
New UNIX password:
Retype new UNIX password:
passwd: all authentication tokens updated successfully.
```

用户账号具有可用的登录密码以后，就可以从字符终端进行登录了。虽然 root 用户可以指定用户名作为参数，对指定账号的密码进行管理，但是普通用户却只能执行单独的“passwd”命令修改自己的密码。

对于普通用户自行设置的密码，要求具有一定的复杂性（如不要直接使用英文单词，长度保持在六位以上），否则系统可能拒绝进行设置。普通用户设置自身的登录密码时，需要先输入旧的密码进行验证。例如，以下操作是用户 kgc_dd 更改登录密码的过程。

```
[kgc_dd@kgc ~]$ passwd
Changing password for user kgc_dd.
Changing password for kgc_dd
(current) UNIX password:                //需输入旧的密码进行验证
New UNIX password:
Retype new UNIX password:
passwd: all authentication tokens updated successfully.
```

使用 passwd 命令除了可以修改账号的密码以外，还能够对用户账号进行锁定、解锁，也可以将用户的密码设置为空（无需密码即可登录）。相关的几个选项如下所述。

- -d：清空指定用户的密码，仅使用用户名即可登录系统。
- -l：锁定用户账户。
- -S：查看用户账户的状态（是否被锁定）。
- -u：解锁用户账户。

通过 passwd 命令锁定的用户账号，将无法再登录系统（shadow 文件中的对应密码字串前将添加“!!”字符），只能由管理员来解除锁定。例如，以下操作分别用于锁定、解锁用户账号 kgc_dd。

```
[root@kgc ~]# passwd -l kgc_dd                          //锁定账号
Locking password for user kgc_dd.
passwd: Success
[root@kgc ~]# passwd -S kgc_dd                          //查看锁定的账号状态
kgc_dd LK 2014-23-12 0 99999 7 -1 (Password locked.)
[root@kgc ~]# passwd -u kgc_dd                          //解锁账号
Unlocking password for user kgc_dd.
passwd: Success.
[root@kgc ~]# passwd -S kgc_dd                          //查看解锁的账号状态
kgc_dd PS 2014-04-23 0 99999 7 -1 (Password set, SHA512 crypt.)
```

4．usermod 命令——修改用户账号属性

对于系统中已经存在的用户账号，可以使用 usermod 命令重新设置各种属性。usermod 命令同样需要指定账号名称作为参数。较常使用的几个选项如下所述。

- -u：修改用户的 UID 号。
- -d：修改用户的宿主目录位置。
- -e：修改用户的账户失效时间，可使用 YYYY-MM-DD 的日期格式。
- -s：指定用户的登录 Shell。
- -l：更改用户账号的登录名称（Login Name）。
- -L：锁定用户账户。
- -U：解锁用户账户。

使用 usermod 命令时，其大部分的选项与 useradd 命令的选项是相对应的，作用也相似。除此以外，还有两个选项“-L”“-U”，分别用于锁定、解锁用户账号。这两个选项与 passwd 命令的“-l”“-u”选项作用基本相同，只不过存在大小写区别。

若要修改已有账号的宿主目录，需要先将该账号原有的宿主目录转移到新的位置，然后再通过 usermod 命令设置新的宿主目录位置。例如，执行以下操作可以将 admin 用户的宿主目录由 /admin 转移至 /home/admin。

```
[root@kgc ~]# mv /admin /home/
[root@kgc ~]# usermod -d /home/admin admin
```

通过 usermod 命令同样可以对账号进行锁定、解锁操作，经 usermod 命令锁定的账号也不能登录系统（shadow 文件中的对应密码字串前将添加“!”字符）。例如，以下操作分别用于锁定、解锁用户账号 admin。

```
[root@kgc ~]# usermod -L admin                    // 锁定账号
[root@kgc ~]# passwd -S admin                     // 查看账号锁定状态
admin LK 2014-04-23 0 99999 7 -1 (Password locked.)
[root@kgc ~]# usermod -U admin                    // 解锁账号
```

若需要修改账号的登录名称，可以使用“-l”选项。例如，执行以下操作可以将 admin 用户的登录名称更改为 webmaster，下次登录时生效。

```
[root@kgc ~]# usermod -l webmaster admin
[root@kgc ~]# grep "admin" /etc/passwd
webmaster:x:1005:1005::/home/admin:/bin/bash
```

5．userdel 命令——删除用户账号

当系统中的某个用户账号已经不再需要使用时（如该员工已经从公司离职等情况），可以使用 userdel 命令将该用户账号删除。使用该命令也需要指定账号名称作为参数，结合“-r”选项可同时删除宿主目录。例如，执行以下操作将删除名为 kgc_dd 的用户账号，同时删除其宿主目录 /home/kgc_dd。

```
[root@kgc ~]# userdel -r kgc_dd
[root@kgc ~]# ls -ld /home/kgc_dd              // 确认宿主目录是否已删除
ls: /home/kgc_dd: 没有那个文件或目录
```

9.2 管理组账号

9.2.1 组账号管理

在上一小节中学习了管理 Linux 系统中用户账号的相关命令，接下来继续学习组账号管理的相关命令。对组账号管理命令的使用相对较少，主要包括有 groupadd、groupdel、gpasswd 等命令。

对于用户账号来说，对应的组账号可分为基本组（私有组）和附加组（公共组）两种类型。每一个用户账号可以是多个组账号的成员，但是其基本组账号只有一个。在“/etc/passwd”文件中第 4 个字段记录的即为该用户的基本组 GID 号。而对于该用户还属于哪些附加组，则需要在对应组账号的文件中才被体现。

1. 组账号文件

与组账号相关的配置文件也有两个，分别是 /etc/group、/etc/gshadow。前者用于保存组账号名称、GID 号、组成员等基本信息，后者用于保存组账号的加密密码字串等信息（但是很少使用到）。某一个组账号包含哪些用户成员，将会在 group 文件内最后一个字段中体现出来（基本组对应的用户账号默认可能不会列出），多个组成员之间使用逗号“,”分隔。例如，执行以下操作可分别获知 root 组包括哪些用户成员、哪些组中包含 root 用户。

```
[root@kgc ~]# grep "^root" /etc/group          // 检索 root 组包括哪些用户
root:x:0:
[root@kgc ~]# grep "root" /etc/group           // 检索哪些组包括 root 用户
root:x:0:
```

2. 添加、删除、修改组账号

（1）groupadd 命令——添加组账号

使用 groupadd 命令可以添加一个组账号，需要指定 GID 号时，可以使用“-g”选项。例如，执行“groupadd -g 10000 class01”命令可以添加一个名为 class01 的组账号，并指定 GID 为 10000。

```
[root@kgc ~]# groupadd class01
[root@kgc ~]# tail -1 /etc/group
class01:x:10000:
```

（2）gpasswd 命令——添加、设置、删除组成员

gpasswd 命令本来是用于设置组账号的密码，但是该功能极少使用，实际上该命令更多地用来管理组账号的用户成员。需要添加、删除成员用户时，可分别使用“-a”“-d”选项。例如，以下操作分别用于向 root 组中添加成员用户 mike、删除成员用户 webmaster。

```
[root@kgc ~]# gpasswd -a mike root
Adding user mike to group root
[root@kgc ~]# groups mike                          //确认 mike 用户已加入 root 组
mike : mike root
[root@kgc ~]# gpasswd -d webmaster root
Removing user webmaster from group root
[root@kgc ~]# groups webmaster                     //确认 webmaster 用户已退出 root 组
webmaster : webmaster wheel
```

如果需要同时指定组账号的所有成员用户，可以使用“-M”选项。例如，以下操作可以指定组账号 adm 中 root、adm、daemon、webmaster、mike 这五个成员用户。

```
[root@kgc ~]# gpasswd -M root,adm,daemon,webmaster,mike adm
[root@kgc ~]# grep "^adm" /etc/group
adm:x:4:root,adm,daemon,webmaster,mike
```

（3）groupdel 命令——删除组账号

当系统中的某个组账号已经不再使用时，可以使用 groupdel 命令将该组账号删除。而添加指定的组账号名称作为参数。例如，若要删除组账号 class01，可以执行以下操作。

```
[root@kgc ~]# groupdel class01
```

（4）useradd 命令——添加用户账号时指定组

使用 useradd 命令添加用户时可以直接指定所属组。例如，以下操作可以在添加 mike 用户时直接指定 mike 的基本组为 mike，并加入到 ftpuser 组，同时指定主目录为 /ftphome/mike 并且不允许 mike 通过本地登录服务器。

```
[root@kgc ~]# useradd -d /ftphome/mike -g mike -G ftpuser -s /sbin/nologin mike
```

（5）usermod 命令——修改用户账号属性

对于系统中已经存在的用户账号，可以使用 usermod 命令加选项与用户名重新设置该账户的所属组。利用的选项是：

- -g：修改用户的基本组名（或 GID）。
- -G：修改用户的附加组名（或 GID）。

9.2.2　查询账号信息

在用户管理工作中，虽然直接查看用户账号、组账号的配置文件也可以查询相关信息，但是并不是很直观。在 Linux 系统中，还可以使用几个常用的查询命令工具，如 id、groups、finger、w 等，本小节中主要介绍其余几个查询命令的使用。

1. id——查询用户账号的身份标识

使用 id 命令可以快速查看指定用户账号的 UID、GID 等标识信息。例如，执行“id root”命令可以查看 root 账号的用户 ID 号、组 ID 号，以及所在的附加组 ID 号。在输出结果中，gid 和 groups 部分第 1 个组账号对应该用户的基本组，groups 部分的其他组账号为该用户的附加组。

```
[root@kgc ~]# id root
uid=0(root) gid=0(root) groups=0(root),1(bin),2(daemon),3(sys),4(adm),6(disk),10(wheel)
```

2．groups 命令——查询用户账号所属的组

使用 groups 命令可以查看指定的用户账号属于哪些组。例如，以下操作分别显示出当前用户（root）和 daemon 用户所属的组账号信息。

```
[root@kgc ~]# groups
root
[root@kgc ~]# groups daemon
daemon : daemon bin adm lp
```

3．finger 命令——查询用户账号的登录属性

使用 finger 命令可以查询指定的用户账号的登录属性等详细信息，包括登录名称、完整名称、宿主目录、登录 Shell 等。例如，执行“finger root”命令可以显示出 root 账号的详细信息。

```
[root@kgc ~]# finger teacher
Login: teacher                    Name:
Directory: /home/teacher              Shell: /bin/bash
On since TueApr 12 23:14 (CST) on tty2   6 minutes 22 seconds idle
No mail.
No Plan.
```

4．w 命令——查询当前主机的用户登录情况

使用 w 命令可以查询当前主机中的用户登录情况，列出登录账号名称、所在终端、登录时间、来源地点等信息。

```
[root@kgc ~]# w
 01:15:37 up 16 min,  3 users, load average: 0.00, 0.02, 0.08
USER   TTY    FROM         LOGIN@    IDLE    JCPU    PCPU WHAT
teacher  tty1   -              01:02     13:23   0.07s   0.07s -bash
root    pts/0   192.168.1.168     01:01     0.00s   0.20s   0.02s w
```

9.3 文件的权限及归属

在 Linux 文件系统的安全模型中，为系统中的文件赋予了两个属性：访问权限和文件所有者，简称为“权限”和“归属”。其中，访问权限包括读取、写入、可执行三种基本类型，归属包括属主（拥有该文件的用户账号）、属组（拥有该文件的组账号）。Linux 系统根据文件或目录的访问权限、归属来对用户访问数据的过程进行控制。

需要注意的是，由于 root 用户是系统的超级用户，拥有完全的管理权限，因此在

练习相关命令操作时建议不要以 root 用户作为限制对象，否则可能会看不到效果。

9.3.1 查看文件的权限及归属

使用带“-l”选项的 ls 命令时，将以长格式显示出文件的详细信息，其中包括了该文件的权限和归属等参数。例如，执行以下操作可以列出 /etc/passwd 文件的详细属性。

```
[root@kgc ~]# ls -l /etc/passwd
-rw-r--r--.  1 root root  1687 5 月  9 17:33 /etc/passwd
```

在上述输出信息中，第 3、4 个字段的数据分别表示该文件的属主、属组，上例中“/etc/passwd”文件都属于 root 用户、root 组；而第 1 个字段的数据表示该文件的访问权限，如“-rw-r--r--”。权限字段由四部分组成，各自的含义如下所述。

- 第 1 个字符：表示该文件的类型，可以是 d（目录）、b（块设备文件）、c（字符设备文件）、“-”（普通文件）、字母“l”（链接文件）等。
- 第 2 ～ 4 个字符：表示该文件的属主用户（User）对该文件的访问权限。
- 第 5 ～ 7 个字符：表示该文件的属组内各成员用户（Group）对该文件的访问权限。
- 第 8 ～ 10 个字符：表示其他任何用户（Other）对该文件的访问权限。
- 第 11 个字符：这里的“.”与 SELinux 有关，目前不必关注。

在表示属主、属组内用户或其他用户对该文件的访问权限时，主要使用了三种不同的权限字符：r、w、x，分别表示可读、可写、可执行，r、w、x 权限字符也可分别表示为八进制数字 4、2、1，表示一个权限组合时需要将数字进行累加。若需要去除对应的权限，则使用“-”表示。例如，root 用户对“/etc/passwd”文件具有可读、可写权限（rw-），root 组内的各用户对“/etc/passwd”文件只具有可读权限（r--）。

9.3.2 设置文件的权限及归属

1. 设置文件权限 chmod

需要设置文件的权限时，主要通过 chmod 命令进行。在设置针对每一类用户的访问权限时，可以采用两种形式的权限表示方法：字符形式和数字形式。例如，“rwx”采用累加数字形式表示成“7”，“r-x”采用累加数字形式表示成“5”；而“rwxr-xr-x”由三个权限段组成，因此可以表示成“755”，“rw-r--r--”可以表示成“644”。

使用 chmod 命令设置文件的权限时，基本的命令格式如下所述。

```
chmod [ugoa…][+-=][rwx]  文件…
```

或者

```
chmod nnn  文件…
```

上述格式中，字符组合“[ugoa…][+-=][rwx]”或数字组合“nnn”的形式表示要设置的权限模式。其中，“nnn”为需要设置的具体权限值，如“755”“644”等；而“[ugoa…][+-=][rwx]”的形式中，三个组成部分的含义及用法如下所述。

- “ugoa”表示该权限设置所针对的用户类别。“u”代表文件属主，“g”代表文件属组内的用户，“o”代表其他任何用户，“a”代表所有用户（u、g、o 的总和）。
- “+-=”表示设置权限的操作动作。“+”代表增加相应权限，“-”代表减少相应权限，“=”代表仅设置对应的权限。
- “rwx”是权限的字符组合形式，也可以拆分使用，如“r”“rx”等。

下面的操作将 mkdir 命令程序复制为 mymkdir，并通过去除 mymkdir 文件的“x”权限来验证可执行权限的变化。

```
[root@kgc ~]# cp /bin/mkdir mymkdir
[root@kgc ~]# ls -l mymkdir
-rwxr-xr-x 1. root root 29852 Apr 29  03:15 mymkdir
[root@kgc ~]# ./mymkdir dir01                    // 可以使用 mymkdir 程序新建文件夹
[root@kgc ~]# ls -ld dir01
drwxr-xr-x. 2 root root 4096 Apr 29 03:16 dir01
[root@kgc ~]# chmod ugo-x mymkdir                // 删除所有的 "x" 权限，也可改用 "a-x"
[root@kgc ~]# ls -l mymkdir
-rw-r--r--. 1 root root 29852 Apr 29 03:15 mymkdir
[root@kgc ~]# ./mymkdir dir02                    // 因缺少 "x" 权限，mymkdir 无法执行
-bash: ./mymkdir: Permission denied
```

需要将不同类别的用户对文件的权限设置为不同值时，可以用逗号进行分隔。例如，执行以下操作可以调整 mymkdir 文件的权限，为属主用户添加执行权限，删除其他用户的读取权限。

```
[root@kgc ~]# chmod u+x,o-r mymkdir
[root@kgc ~]# ls -l mymkdir
-rwxr-----. 1 root root 29852 02-13 03:15 mymkdir
```

更简便易用的方法是采用数字形式表示的权限模式。例如，若要将 mymkdir 文件的访问权限设置为“rwxr-xr-x”，其对应的数字组合是 755。

```
[root@kgc ~]# chmod 755 mymkdir
[root@kgc ~]# ls -l mymkdir
-rwxr-xr-x. 1 root root 29852 Apr 29 03:15 mymkdir
```

2. 设置文件的归属 chown

需要设置文件的归属时，主要通过 chown 命令进行。可以只设置属主或属组，也可以同时设置属主、属组。使用 chown 命令的基本格式如下所示。

```
chown 属主 [:[ 属组 ]] 文件…
```

同时设置属主、属组时，用户名和组名之间用冒号“:”进行分隔。如果只设置属组时，需使用“: 组名”的形式。

如果只需要设置目录或文件的属主，直接以用户名表示归属即可，递归修改目录归属同样可以使用“-R”选项。例如，执行以下操作可将 /var/ftp/pub/ 目录的属主由 root 改为 ftp（调整后用户 ftp 将拥有“rwx”的权限）。

```
[root@kgc ~]# ls -ld /var/ftp/pub/                    // 修改前的属主为 root
drwxr-xr-x. 3 root root 4096 Apr 29 22:24 /var/ftp/pub/
[root@kgc ~]# chown -R ftp /var/ftp/pub/
[root@kgc ~]# ls -ld /var/ftp/pub/                    // 修改后的属主变为 ftp
drwxr-xr-x. 3 ftp root 4096 Apr 29 22:24 /var/ftp/pub/
```

同时设置目录和文件的属主、属组时，需要用到分隔符“:”。例如，执行以下操作可将 mymkdir 文件的属主更改为 daemon、属组更改为 wheel。

```
[root@kgc ~]# ls -ld /opt/wwwroot/
drwxr-xr-x. 2 root root 4096 Apr 29 03:47 /opt/wwwroot/
[root@kgc ~]# chown daemon:wheel /opt/wwwroot/
[root@kgc ~]# ls -ld /opt/wwwroot/
drwxr-xr-x. 2 daemon wheel 4096 Apr 29 03:47 /opt/wwwroot/
```

在 Linux 系统中，设置文件访问权限、归属是目录和文件管理的常见工作内容，很多网络服务或应用程序的安全强化工作实际上也包括了文件权限和归属的修改。因此，在具体工作中应慎重进行，不当的权限设置可能会导致系统故障，甚至带来一些安全隐患。

9.4 目录的权限及归属

9.4.1 查看目录的权限及归属

与 Linux 系统中的文件属性相同，目录也有两个属性：权限和归属。但是这两个属性对于目录存在不同的意义。文件的访问权限主要针对的是文件内容，而目录的访问权限则是针对目录内容（包括目录下的子目录和目录下的文件），具体区别参照表 9-1。

表 9-1 文件与目录的权限

权限	文件	目录
r	查看文件内容	查看目录内容（显示子目录、文件列表）
w	修改文件内容	修改目录内容（在目录中新建、移动、删除文件或子目录）
x	执行该文件（程序或脚本）	执行 cd 命令进入或退出该目录

目录的归属也就是目录的所有权，同样也分为属主和属组，分别表示拥有该目录的用户账号和组账号。

9.4.2 设置目录的权限及归属

1. 设置目录权限 chmod

设置目录权限的命令与文件相同，也是 chmod 命令。修改目录权限命令的基本格式为

```
chmod [ugoa…][+-=][rwx] 目录…
```

或者

```
chmod nnn 目录…
```

同样 ugoa 和 nnn 与修改文件权限时所用含义相同，“nnn”为需要设置的具体权限值，“ugoa”表示该权限设置所针对的用户类别。“u”代表文件属主，“g”代表文件属组内的用户，“o”代表其他任何用户，“a”代表所有用户（u、g、o 的总和）。“+-=”表示设置权限的操作动作。“+”代表增加相应权限，“-”代表减少相应权限，“=”代表仅设置对应的权限。“rwx”是权限的字符组合形式，也可以拆分使用，如“r”“rx”等。

除此之外，在修改目录权限还会用到“-R”选项，该选项代表递归修改执行目录下所有子项的权限。例如目录 /var/ftp/pud/ 目录下有两个文件，原本这两个文件权限为“-rw-r--r--”，执行“chmod -R 755 /var/ftp/pub/”后，这两个文件的权限就会变为“-rwxr-xr-x”。

```
[root@kgc ~]# ls -ld /var/ftp/pub/
drwxrw-rw- 2 root root 4096 3 月  13 17:17 /var/ftp/pub/
[root@kgc ~]# ls -lh /var/ftp/pub/
-rw-r--r-- 1 root root 0 3 月  13 17:17 1
-rw-r--r-- 1 root root 0 3 月  13 17:17 2
[root@kgc ~]#
[root@kgc ~]# chmod 755 /var/ftp/pub/
[root@kgc ~]# ls -ld /var/ftp/pub/
drwxr-xr-x 2 root root 4096 3 月  13 17:17 /var/ftp/pub/
[root@kgc ~]# ls -lh /var/ftp/pub/
-rw-r--r-- 1 root root 0 3 月  13 17:17 1
-rw-r--r-- 1 root root 0 3 月  13 17:17 2
[root@kgc ~]#
[root@kgc ~]# chmod  -R 755 /var/ftp/pub/
[root@kgc ~]# ls -ld /var/ftp/pub/
drwxr-xr-x 2 root root 4096 3 月  13 17:17 /var/ftp/pub/
[root@kgc ~]# ls -lh /var/ftp/pub/
总用量 0
-rwxr-xr-x 1 root root 0 3 月  13 17:17 1
-rwxr-xr-x 1 root root 0 3 月  13 17:17 2
```

2. 设置目录属性 chown

与 chmod 命令相同，chown 的对于目录和文件的基本用法都相同，命令格式为：

```
chown 属主目录…
chown :属组目录…
chown 属主:属组目录…
```

但是 chown 也有“-R”选项，该选项与 chown 配合使用可以递归修改指定目录下所有文件、子目录的归属。例如将 /var/ftp/pub/ 目录的属主由 root 改为 ftp（调整后用户 ftp 将拥有“rwx”的权限）。

```
[root@kgc ~]# ls -ld /var/ftp/pub/
drwxr-xr-x 2 root root 4096 3 月  13 17:17 /var/ftp/pub/
[root@kgc ~]# chown -R ftp /var/ftp/pub/
[root@kgc ~]# ls -ld /var/ftp/pub/
drwxr-xr-x 2 ftp root 4096 3 月  13 17:17 /var/ftp/pub/
[root@kgc ~]#
```

9.4.3 文件属性和文件系统属性的关系

在本章一开始提到，Linux 下文件都有若干个属性，如读、写、执行等基本权限，以及是否为目录文件、链接文件的属性。但这些属性属于高层次的文件属性，它和具体的文件系统无关。在文件系统这一层，文件同样也具有很多属性，chattr 和 lsattr 指令就是设置和查看基于 ext2/ext3 文件系统的底层属性。

这些权限对于一些具有特殊要求的文件很有帮助，比如服务器日志或者某个比较重要的文件。通过 chattr 命令设置的文件或目录，即使在 root 权限下也不能直接删除，只有去除其隐藏权限才能进行操作。下面是 chattr 命令和 lsattr 命令的简介。

chattr 命令的基本格式如下所示。

```
chattr[+-=][ai] 文件
```

上述格式中，字符组合“[+-=][ai]”的形式表示要设置的权限模式。其中“[+-=][ai]”的形式中，每一个参数与选项的含义及用法如下所述。

chattr 命令常用的选项有：

- +：在原有参数的基础上，追加参数。
- -：在原有参数基础上，移除参数。
- =：更新为指定参数。
- a：设置只能向文件中添加数据，而不能删除。
- i：设置后，不能对文件进行删除、写入、改名等操作。

注意

设置这些参数，必须在 root 权限下。

使用 chattr 命令可以设置某些特殊的文件只能添加数据，可使用“+a”选项进行设置，然后使用“lsattr 文件名”命令查看该文件的底层属性。若想取消只能向文件中添加数据的权限，可使用“-a”选项进行设置，具体操作如下所示。

```
[root@kgc ~]# touch test
[root@kgc ~]# chattr +a test
[root@kgc ~]# man lsattr > test
bash: test: 不允许的操作
[root@kgc ~]lsattr -a test
-----a-------e- test
[root@kgc ~]# man chattr >> test
```

使用 lsattr 命令可显示文件的底层属性，其中配合该命令查看文件的属性常用的选项有：

- -a：显示所有文件属性。
- -d：仅显示目录属性。
- -R：递归显示。

9.4.4 umask 应用

现在我们知道了如何改变一个文件或目录的属性了，不过，你知道当你新建一个新的文件或目录时，它的默认权限是什么吗？这个与 umask 有关。

umask 就是默认指定目前用户在新建文件或目录时的权限默认值。执行“umask 022”即可以设置当前用户的默认权限。直接执行“umask”命令就是查看当前系统的默认权限。需要注意的是，umask 的分数指的是“该默认值需要减掉的权限”。因此 r、w、x 分别是 4、2、1，如果执行“umask 022”代表 group 和 other 被拿掉了权限“2”，也就是被拿掉了“写”权限。

如果执行命令“umask 000”，代表文件的默认权限是“777”。

```
[root@kgc ~]# umask  000
[root@kgc ~]# mkdir /umask1
[root@kgc ~]# ls -ld /umask1/
drwxrwxrwx 2 root root 4096 3 月  13 17:02 /umask1/
[root@kgc ~]# umask  022
[root@kgc ~]# mkdir /umask2
[root@kgc ~]# ls -ld /umask2/
drwxr-xr-x 2 root root 4096 3 月  13 17:03 /umask2/
[root@kgc ~]#
```

另外，关于 set 位权限、粘滞位权限的介绍请访问课工场网站。

本章总结

- Linux 用户账号分为超级用户、程序用户和普通用户。
- passwd 和 shadow 文件保存了用户的基本信息及密码。
- useradd、passwd、usermod 和 userdel 命令可以对用户账号进行管理。
- groupadd、gpasswd、groupdel 命令可以管理组账号。
- chmod 命令可以设置文件和目录的访问权限。
- chown 命令可以设置文件和目录的属主、属组。
- umask 就是默认指定目前用户在新建文件或目录时的权限默认值。

本章作业

1．用户账号文件有哪些？初始配置文件有哪些？各自的作用是什么？

2．使用 chmod 设置文件或目录权限时，权限模式可以使用哪些表示方法？

3．新建文件夹 /opt/mydocs，使用 chmod 命令调整此文件夹的权限（或 chown 命令调整归属），以使用户 mike 能够在 /opt/mydocs/ 目录下查看、创建、删除文件。

4．用课工场 APP 扫一扫完成在线测试，快来挑战吧！

随手笔记

第10章

磁盘与文件系统管理

技能目标

- 了解磁盘的相关知识
- 掌握管理 Linux 磁盘和分区的方法
- 掌握创建并挂载文件系统的方法
- 掌握创建并管理 LVM 分区的方法
- 理解 RAID 磁盘阵列原理
- 掌握如何构建硬件 RAID

本章导读

管理磁盘是管理员的重要工作内容之一，本章将从磁盘的分区和格式化操作等方面，学习在 Linux 系统中的磁盘和管理技术。除此之外，文件系统也是管理员的重要工作内容之一。本章将从文件系统的创建、挂载使用与 LVM（Logical Volume Manager，逻辑卷管理）动态分区的创建、管理等方面，学习在 Linux 系统文件系统管理技术。本章还将介绍 RAID 磁盘阵列与阵列卡。

知识服务

- 第10章
  - 磁盘结构及分区表示
    - 磁盘基础
    - 磁盘分区表示
  - 管理磁盘及分区
    - 检测并确认新硬盘
    - 规划硬盘中的分区
  - 管理文件系统
    - 创建文件系统
    - 挂载、卸载文件系统
  - 管理LVM逻辑卷
    - LVM概述
    - 管理LVM
  - RAID磁盘阵列与阵列卡
    - RAID磁盘阵列详解
    - 阵列卡介绍与真机配置

10.1 磁盘结构及分区表示

10.1.1 磁盘基础

硬盘（Hard Disk Drive，简称 HDD）是计算机常用的存储设备之一，本节将介绍硬盘的基本知识。

1. 硬盘的结构

（1）数据结构

扇区：磁盘上的每个磁道被等分为若干个弧段，这些弧段便是硬盘的扇区（Sector）。硬盘的第一个扇区，叫做引导扇区。

磁道：当磁盘旋转时，磁头若保持在一个位置上，则每个磁头都会在磁盘表面划出一个圆形轨迹，这些圆形轨迹就叫做磁道（Track）。

柱面：在有多个盘片构成的盘组中，由不同盘片的面，但处于同一半径圆的多个磁道组成的一个圆柱面（Cylinder）。

如图 10.1 所示。

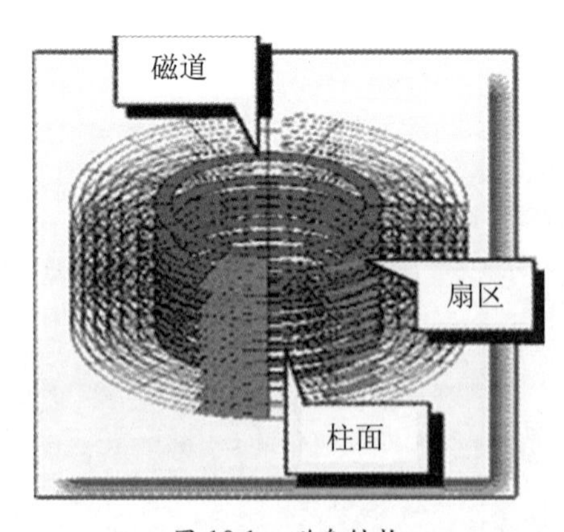

图 10.1　磁盘结构

（2）物理结构

盘片：硬盘有多个盘片，每盘片 2 面。

磁头：每面一个磁头。

（3）存储容量

硬盘存储容量＝磁头数 × 磁道（柱面）数 × 每道扇区数 × 每扇区字节数。

可以用柱面 / 磁头 / 扇区来唯一定位磁盘上每一个区域，用 fdisk -l 查看分区信息，如图 10.2 所示。

```
[root@localhost ~]# fdisk -l

Disk /dev/sda: 32.2 GB, 32212254720 bytes
255 heads, 63 sectors/track, 3916 cylinders
Units = cylinders of 16065 * 512 = 8225280 bytes
Sector size (logical/physical): 512 bytes / 512 bytes
I/O size (minimum/optimal): 512 bytes / 512 bytes
Disk identifier: 0x000af308

   Device Boot      Start         End      Blocks   Id  System
/dev/sda1   *           1          64      512000   83  Linux
Partition 1 does not end on cylinder boundary.
/dev/sda2              64        3917    30944256   8e  Linux LVM

Disk /dev/mapper/VolGroup-lv_root: 29.6 GB, 29603397632 bytes
255 heads, 63 sectors/track, 3599 cylinders
Units = cylinders of 16065 * 512 = 8225280 bytes
Sector size (logical/physical): 512 bytes / 512 bytes
I/O size (minimum/optimal): 512 bytes / 512 bytes
Disk identifier: 0x00000000


Disk /dev/mapper/VolGroup-lv_swap: 2080 MB, 2080374784 bytes
255 heads, 63 sectors/track, 252 cylinders
Units = cylinders of 16065 * 512 = 8225280 bytes
Sector size (logical/physical): 512 bytes / 512 bytes
I/O size (minimum/optimal): 512 bytes / 512 bytes
Disk identifier: 0x00000000
```

图 10.2　硬盘信息

2. 硬盘的接口

硬盘按数据接口不同，大致分为 ATA（IDE）和 SATA 以及 SCSI 和 SAS，接口速度不是实际硬盘数据传输的速度。

ATA，全称 Advanced Technology Attachment，并口数据线连接主板与硬盘，抗干扰性太差，且排线占用空间较大，不利电脑内部散热，已逐渐被 SATA 所取代。

SATA，全称 Serial ATA，抗干扰性强，支持热插拔等功能，速度快，纠错能力强。

SCSI，全称是 Small Computer System Interface（小型机系统接口），SCSI 硬盘广为工作站级个人电脑以及服务器所使用，资料传输时 CPU 占用率较低，转速快，支持热插拔等。

SAS（Serial Attached SCSI）是新一代的 SCSI 技术，和 SATA 硬盘相同，都是采取序列式技术以获得更高的传输速度，可达到 6Gb/s。

10.1.2 磁盘分区表示

1. MBR

MBR 是主引导记录（Master Boot Record），位于硬盘第一个物理扇区处，MBR 中包含硬盘的主引导程序和硬盘分区表。分区表有 4 个分区记录区，每个分区记录区占 16 个字节。

2. 磁盘分区的表示

常见的硬盘可以划分为主分区、扩展分区和逻辑分区，通常情况下主分区只有四个，而扩展分区可以看成是一个特殊的主分区类型，在扩展分区中可以建立逻辑分区。主分区一般用来安装操作系统，扩展分区则多用来存储文件数据。

在 Windows 系统中，使用盘符的形式（如 C 盘、D 盘、E 盘等）来表示不同的主分区、逻辑分区，而忽略了不能直接存储文件数据的扩展分区。那么在 Linux 系统中又是如何表示这些分区的呢？

Linux 内核读取光驱、硬盘等资源时均通过“设备文件”的形式进行，因此在 Linux 系统中，将硬盘和分区分别表示为不同的文件。具体表述形式如下。

- 硬盘：对于 IDE 接口的硬盘设备，表示为“hdX”形式的文件名；而对于 SCSI 接口的硬盘设备，则表示为“sdX”形式的文件名。其中“X”可以为 a、b、c、d 等字母序号。例如，将系统中的第 1 个 IDE 设备（硬盘）表示为“hda”，将第 2 个 SCSI 设备表示为“sdb”。
- 分区：表示分区时，以硬盘设备的文件名作为基础，在后边添加该分区（主分区、扩展分区、逻辑分区）对应的数字序号即可。例如，第 1 个 IDE 硬盘中的第 1 个分区表示为“hda1”、第 2 个分区表示为“hda2”，第 2 个 SCSI 硬盘中的第 3 个分区表示为“sdb3”、第 5 个分区表示为“sdb5”。

需要注意的是，由于硬盘中的主分区数目只有 4 个，因此主分区和扩展分区的序号也就限制在 1～4，而逻辑分区的序号将始终从 5 开始。例如，即便第 1 个 IDE 硬盘中只划分了一个主分区、一个扩展分区，则新建的第 1 个逻辑分区的序号仍然是从 5 开始的，应表示为“hda5”，第 2 个逻辑分区表示为“hda6”。

3. Linux 中使用的文件系统类型

文件系统（File System）类型决定了向分区中存放、读取文件数据的方式和效率，在对分区进行格式化时需要选择所使用的文件系统类型。在 Windows 操作系统中，经常使用的文件系统类型包括 FAT32、NTFS 等格式；而在 Linux 系统中，最常使用的文件系统主要包括以下几种格式。

- EXT4：第 4 代扩展文件系统，用于存放文件和目录数据的分区，是 Linux 系统中默认使用的文件系统。EXT4 是典型的日志型文件系统，其特点是保存有磁盘存取记录的日志数据，便于恢复，在存取性能和稳定性方面更加出色。

- SWAP：交换文件系统，用于为 Linux 系统建立交换分区。交换分区的作用相当于虚拟内存，能够在一定程度上缓解物理内存不足的问题。一般建议将交换分区的大小设置为物理内存的 1.5 ～ 2 倍。例如，对于拥有 512MB 物理内存的主机，其交换分区的大小建议设置为 1024MB。如果服务器的物理内存足够大（如 8GB 以上），也可以不设置交换分区。交换分区不用于直接存储用户的文件和目录等数据。
- XFS：是一种高性能的日志文件系统，特别擅长于处理大文件，可支持上百万 T 字节的存储空间。由于 XFS 文件系统开启日志功能，所以即便发生宕机也不怕数据遭到破坏，这种文件系统可以根据日志记录在短时间内进行数据恢复。

Linux 系统还广泛支持其他各种类型的文件系统，如 JFS、FAT16、FAT32、NTFS 等。JFS 文件系统多用于商业版本的 UNIX 操作系统中，具有出色的性能表现。由于 NTFS 是微软公司的专有文件系统，Linux 系统默认只支持从 NTFS 分区读取文件，如果需要向 NTFS 分区中写入文件数据，需要结合其他辅助软件（如 NTFS-3G）。

10.2 管理磁盘及分区

在 Linux 服务器中，当现有硬盘的分区规划不能满足要求（例如，根分区的剩余空间过少，无法继续安装新的系统程序）时，就需要对硬盘中的分区进行重新规划和调整，有时候还需要添加新的硬盘设备来扩展存储空间。

实现上述操作需要用到 fdisk 磁盘及分区管理工具，fdisk 是大多数 Linux 系统中自带的基本工具之一。本节将通过为 Linux 主机新增一块硬盘并建立分区的过程，介绍 fdisk 工具的使用。

增加硬盘设备时首先需要在机箱内进行硬盘接口的物理连接。若是在 VMware 虚拟机环境中，可以修改虚拟主机的设置，添加一块“Hard Disk”硬盘设备（如添加一块 80GB 的 SCSI 硬盘）。

1. 检测并确认新硬盘

挂接好新的硬盘设备并启动主机后，Linux 系统会自动检测并加载该硬盘，无须额外安装驱动。执行“fdisk -l”命令可以查看、确认新增硬盘的设备名称和位置。“fdisk-l”命令的作用是列出当前系统中所有硬盘设备及其分区的信息。

```
[root@kgc ~]# fdisk -l
Disk /dev/sda: 64.4 GB, 64424509440 bytes
255 heads, 63 sectors/track, 7832 cylinders
Units = cylinders of 16065 * 512 = 8225280 bytes
Sector size (logical/physical): 512 bytes / 512 bytes
I/O size (minimum/optimal): 512 bytes / 512 bytes
Disk identifier: 0x0007077f
 Device Boot    Start       End     Blocks  Id System
/dev/sda1   *       1        13     104391  83 Linux
```

```
Partition 1 does not end on cylinder boundary.
/dev/sda2          14        7832    62806117+  8e  Linux LVM

Disk /dev/sdb: 86.8 GB, 85899345920 bytes
255 heads, 63 sectors/track, 10443 cylinders
Units = cylinders of 16065 * 512 = 8225280 bytes
Sector size (logical/physical): 512 bytes / 512 bytes
I/O size (minimum/optimal): 512 bytes / 512 bytes
Disk /dev/sdb doesn't contain a valid partition table
```

上述输出信息中包含了各硬盘的整体情况和分区情况，其中“/dev/sda”为原有的硬盘设备，而“/dev/sdb”为新增的硬盘，新的硬盘设备还未进行初始化，没有包含有效的分区信息。对于已有的分区，将通过列表的方式输出以下信息。

- Device：分区的设备文件名称。
- Boot：是否是引导分区。是，则有“*”标识。
- Start：该分区在硬盘中的起始位置（柱面数）。
- End：该分区在硬盘中的结束位置（柱面数）。
- Blocks：分区的大小，以 Blocks（块）为单位，默认的块大小为 1024 字节。
- Id：分区对应的系统 ID 号。83 表示 Linux 中的 EXT4 分区、8e 表示 LVM 逻辑卷。
- System：分区类型。

识别到新的硬盘设备后，接下来就可以在该硬盘中建立新的分区了。在 Linux 系统中，分区和格式化的过程是相对独立的，关于格式化分区的操作将在后续内容中讲解。

2. 规划硬盘中的分区

在硬盘设备中创建、删除、更改分区等操作同样通过 fdisk 命令进行，只要使用硬盘的设备文件作为参数。例如，执行“fdisk /dev/sdb”命令，即可进入到交互式的分区管理界面中，如图 10.3 所示。

```
[root@kgc ~]# fdisk /dev/sdb
Welcome to fdisk (util-linux 2.23.2).

Changes will remain in memory only, until you decide to write them.
Be careful before using the write command.

Device does not contain a recognized partition table
Building a new DOS disklabel with disk identifier 0x44d09603.

Command (m for help):
```

图 10.3　fdisk 分区工具的交互式操作界面

在该操作界面中的“Command（m for help）:”提示符后，输入特定的分区操作指令，可以完成各项分区管理任务。例如，输入“m”指令后，可以查看各种操作指令的帮助信息，如图 10.4 所示。

```
Command (m for help): m
Command action
   a   toggle a bootable flag
   b   edit bsd disklabel
   c   toggle the dos compatibility flag
   d   delete a partition
   l   list known partition types
   m   print this menu
   n   add a new partition
   o   create a new empty DOS partition table
   p   print the partition table
   q   quit without saving changes
   s   create a new empty Sun disklabel
   t   change a partition's system id
   u   change display/entry units
   v   verify the partition table
   w   write table to disk and exit
   x   extra functionality (experts only)
```

图 10.4 关于 fdisk 交互式操作指令的帮助信息

下面将分别介绍在分区过程中常用的一些交互操作指令。

（1）“p”指令——列出硬盘中的分区情况

使用“p”指令可以列出详细的分区情况，信息显示的格式与执行“fdisk -l”命令相同。硬盘中尚未建立分区时，输出的列表信息为空。

```
Command (m for help): p
Disk /dev/sdb: 86.8 GB, 85899345920 bytes
255 heads, 63 sectors/track, 10443 cylinders
Units = cylinders of 16065 * 512 = 8225280 bytes
Sector size (logical/physical): 512 bytes / 512 bytes
I/O size (minimum/optimal): 512 bytes / 512 bytes
Disk identifier: 0xb78be7f8
   Device Boot    Start     End    Blocks  Id  System
```

（2）“n”指令——新建分区

使用“n”指令可以进行创建分区的操作，包括主分区和扩展分区。根据提示继续输入“p”选择创建主分区，输入“e”选择创建扩展分区。之后依次选择分区序号、起始位置、结束位置或分区大小即可完成新分区的创建。

选择分区号时，主分区和扩展分区的序号只能为 1 ～ 4。分区起始位置一般由 fdisk 默认识别即可，结束位置或大小可以使用“+sizeM”或“+sizeG”的形式，如“+20G”表示将该分区的容量设置为 20GB。

1）创建两个主分区。

首先建立第 1 个主分区（/dev/sdb1），容量指定为 20GB。

```
Command (m for help): n                          // 开始创建第 1 个分区
Command action
   e   extended
   p   primary partition (1-4)
p                                                // 选择创建的为主分区
Partition number (1-4): 1                        // 设置第一个主分区的编号为 1
First cylinder (1-10443, default 1):             // 直接回车接受默认值
```

```
Using default value 1
Last cylinder ,+cylinders or +size{K,M,G}(1-10443, default 10443): +20G
```

按照类似的操作步骤继续创建第 2 个主分区（/dev/sdb2），容量也指定为 20GB，完成后可以输入“p”指令查看分区情况，如下所示。

```
Command (m for help): p
Disk /dev/sdb: 86.8 GB, 85899345920 bytes
255 heads, 63 sectors/track, 10443 cylinders
Units = cylinders of 16065 * 512 = 8225280 bytes
  Device Boot    Start      End    Blocks   Id  System
/dev/sdb1           1       261220980858+   83  Linux
/dev/sdb2        2613522420980890  83  Linux
```

2）创建一个扩展分区和两个逻辑分区。

接下来可以使用剩余的硬盘空间创建扩展分区，然后在扩展分区中创建逻辑分区。需要注意的是，若主分区、逻辑分区均已创建完毕（四个主分区号已用完），则再次输入“n”指令后将不再提示选择分区类别。

首先建立扩展分区（/dev/sdb4），使用剩下的所有空间（全部空间分配完毕后，将无法再建立新的主分区）。

```
Command (m for help): n
Command action
  e  extended
  p  primary partition (1-4)
e                                                   //选择创建的为扩展分区
Partition number (1-4): 4                           //选择 4 作为扩展分区的编号
First cylinder (5225-10443, default 5225):
Using default value 5225
Last cylinder +cylinders or +size {K,M,G} (5225-10443, default 10443):
Using default value 10443
```

接下来在扩展分区中建立第 1 个逻辑分区（/dev/sdb5），容量指定为 2GB。

```
Command (m for help): n
Command action
  l  logical (5 or over)
  p  primary partition (1-4)
l                                                   //选择创建的为逻辑分区
First cylinder (5225-10443, default 5225):
Using default value 5225
Last cylinder +cylinders or +size {K,M,G} (5225-10443, default 10443): +2G
```

按照类似的操作步骤继续创建第 2 个逻辑分区（/dev/sdb6），容量指定为 10GB，完成后可以再次输入“p”指令查看分区情况，如下所示。

```
Command (m for help): p
Disk /dev/sdb: 86.8 GB, 85899345920 bytes
```

```
255 heads, 63 sectors/track, 10443 cylinders
Units = cylinders of 16065 * 512 = 8225280 bytes
  Device Boot     Start       End     Blocks   Id  System
/dev/sdb1            1      261220980858+  83  Linux
/dev/sdb2         2613522420980890  83  Linux
/dev/sdb4         5225     10443   41921617+  5  Extended
/dev/sdb5         522554862104483+  83  Linux
/dev/sdb6         5489679210490413+  83  Linux
```

（3）“d”指令——删除分区

使用“d”指令可以删除指定的分区，根据提示继续输入需要删除的分区序号即可。在执行删除分区时一定要慎重，应首先使用 p 指令查看分区的序号，确认无误后再进行删除。需要注意的是，若扩展分区被删除，则扩展分区之下的逻辑分区也将同时被删除。因此建议从最后一个分区开始进行删除，以免 fdisk 识别的分区序号发生紊乱。

下面的操作过程将删除上一步建立的逻辑分区 /dev/sdb6。

```
Command (m for help): d                  // 进入删除指定分区的操作
Partition number (1-6): 6                // 选择需要删除的分区序号
```

（4）“t”指令——变更分区的类型

若新建的分区需要用作 Swap 交换分区或其他类型的文件系统时，则需要对分区类型进行变更以保持一致性，从而避免在管理分区时产生混淆。

使用“t”指令可以变更分区的 ID 号。操作时需要依次指定目标分区序号、新的系统 ID 号。不同类型的文件系统对应不同的 ID 号，以十六进制数表示，在 fdisk 交互环境中可以输入“l”指令进行列表查看。最常用的 EXT4、Swap 文件系统的 ID 号分别为 83、82，而用于 Windows 中的 NTFS 文件系统的 ID 号一般为 86。

执行下面的操作可以将逻辑分区“dev/sdb5”的类型更改为 Swap，通过“p”指令可以确认分区 /dev/sdb5 的系统 ID 已由默认的 83 变为 82。

```
Command (m for help): t
Partition number (1-5): 5
Hex code (type L to list codes): 82
Changed system type of partition 5 to 82 (Linux swap/Solaris)
Command (m for help): p
……                                                  // 省略部分信息
/dev/sdb5       522554862104483+  82  Linux swap/Solaris
```

（5）“w”和“q”指令——退出 fdisk 分区工具

完成对硬盘的分区操作以后，可以执行“w”或“q”指令退出 fdisk 分区工具。其中“w”指令将保存分区操作，而“q”指令将不会保存对硬盘所做的分区操作。对已包含数据的硬盘进行分区时，一定要做好数据备份，保存之前要确保操作无误，以免发生数据损坏。若无法确定本次分区操作是否正确，建议使用“q”指令不保存退出。

```
Command (m for help): w
The partition table has been altered!
```

```
Calling ioctl() to re-read partition table.
Syncing disks.
```

变更硬盘（特别是正在使用的硬盘）的分区设置以后，建议最好将系统重启一次，或者执行“partprobe”命令使操作系统检测新的分区表情况。在某些 Linux 操作系统中，若不进行这些操作，可能会导致格式化分区时损坏硬盘中已有数据，严重者甚至引起系统崩溃。例如，执行“partprobe”命令将重新探测“/dev/sdb”磁盘中的分区变化。

```
[root@kgc ~]# partprobe /dev/sdb
```

除 fdisk 之外，parted 也是一个磁盘分区管理工具，它比 fdisk 更加灵活，功能也更加丰富，同时还支持 GUID 分区表（GUID Partition Table），它也同时支持交互模式和非交互模式，除了能够进行分区的添加、删除等常见操作外，还可以移动分区，制作文件系统，调整文件系统大小，复制文件系统。有兴趣的读者可以进一步了解。

10.3 管理文件系统

在 Linux 系统中，使用 fdisk 工具在硬盘中建立分区以后，还需要对分区进行格式化并挂载到系统中的指定目录，然后才能用于存储文件、目录等数据。本节将学习如何格式化并挂载分区。

10.3.1 创建文件系统

创建文件系统的过程也即格式化分区的过程，在 Linux 系统中使用 mkfs（Make Filesystem，创建文件系统）命令工具可以格式化 XFS、EXT4、FAT 等不同类型的分区，而使用 mkswap 命令可以格式化 Swap 交换分区。

1. mkfs 命令的使用

实际上 mkfs 命令是一个前端工具，可以自动加载不同的程序来创建各种类型的分区，而后端包括有多个与 mkfs 命令相关的工具程序，这些程序位于 /sbin/ 目录中，如支持 EXT4 分区格式的 mkfs.ext4 程序等。

```
[root@kgc ~]# ls /sbin/mkfs*
/usr/sbin/mkfs        /usr/sbin/mkfs.ext3   /usr/sbin/mkfs.msdos
/usr/sbin/mkfs.btrfs  /usr/sbin/mkfs.ext4   /usr/sbin/mkfs.vfat
/usr/sbin/mkfs.cramfs /usr/sbin/mkfs.fat    /usr/sbin/mkfs.xfs
/usr/sbin/mkfs.ext2   /usr/sbin/mkfs.minix
```

使用 mkfs 命令程序时，基本的命令格式如下所示。

```
mkfs  -t 文件系统类型  分区设备
```

（1）创建 EXT4 文件系统

需要创建 EXT4 文件系统时，结合“-t ext4”选项指定类型，并指定要被格式化的分区设备即可。例如，执行以下操作将把分区 /dev/sdb1 格式化为 EXT4 文件系统。

```
[root@kgc ~]# mkfs -t ext4 /dev/sdb1                    // 或执行 mkfs.ext4 /dev/sdb1
mke2fs 1.41.12(17-May-2010)
Filesystem label=
OS type: Linux
Block size=4096 (log=2)
……                                                      // 省略部分内容
Writing inode tables: done
Creating journal (32768 blocks): done
Writing superblocks and filesystem accounting information: done
……                                                      // 省略部分内容
```

（2）创建 FAT32 文件系统

一般来说，不建议在 Linux 系统中创建或使用 Windows 中的文件系统类型，包括 FAT16、FAT32 等，一些特殊情况，如 Windows 系统不可用、U 盘系统被病毒破坏等除外。

若要在 Linux 系统中创建 FAT32 文件系统，可结合“-t vfat”选项指定类型，并添加“-F 32”选项指定 FAT 的版本。例如，执行以下操作将把分区 /dev/sdb6 格式化为 FAT32 文件系统（先通过 fdisk 工具添加 /dev/sdb6 分区，并将 ID 号设为 b）。

```
[root@kgc ~]# mkfs -t vfat -F 32 /dev/sdb6
mkfs.vfat 3.0.9(31 Jan 2010)
```

或者

```
[root@kgc ~]# mkfs.vfat -F 32 /dev/sdb6
mkfs.vfat 3.0.9(31Jan 2010)
```

CentOS 6 系统默认使用 ext4 文件系统，而 CentOS 7 系统默认使用 xfs 文件系统。当然文件系统的选择是要根据实际的生产环境和硬盘类型等条件来决定的，例如 SAS/SATA 硬盘文件系统选择方案可根据具体情况分为以下几类：

- 如果是数据库业务，则选择 xfs 类型的文件系统。
- 如果有大量小文件的业务，一般首选 ReiserFS 的文件系统。
- 常规应用选择默认的文件系统即可。

2. mkswap 命令的使用

在 Linux 系统中，Swap 分区的作用类似于 Windows 系统中的“虚拟内存”，可以在一定程度上缓解物理内存不足的情况。当当前 Linux 主机运行的服务较多，需要更多的交换空间支撑应用时，可以为其增加新的交换分区。

使用 mkswap 命令工具可以在指定的分区上创建交换文件系统，目标分区应先通过 fdisk 工具将 ID 号设为 82。例如，执行以下操作可以将分区 /dev/sdb5 创建为交换分区。

```
[root@kgc ~]# fdisk -l /dev/sdb
……                                                      // 省略部分信息
/dev/sdb5     4867    5110  1959898+  82  Linux swap / Solaris
[root@kgc ~]# mkswap /dev/sdb5
```

```
Setting up swapspace version 1, size = 2006929 kB
no label, UUID=f63c5f53-9864-4449-bd74-6678eb79c5f3
```

对于新增加的交换分区，需要使用 swapon 命令进行启用，反之使用 swapoff 命令可以停用指定的交换分区。例如，以下操作分别展示了启用、停止交换分区 /dev/sdb5 的过程，以及总交换空间的变化情况。

```
[root@kgc ~]# cat /proc/meminfo | grep "SwapTotal:"        // 查看总交换空间的大小
SwapTotal:     2097144 kB
[root@kgc ~]# swapon /dev/sdb5                             // 启用交换分区 /dev/sdb5
[root@kgc ~]# cat /proc/meminfo | grep "SwapTotal"         // 确认交换空间大小已增加
SwapTotal:     4057032 kB
[root@kgc ~]# swapoff /dev/sdb5                            // 停用交换分区 /dev/sdb5
```

10.3.2 挂载、卸载文件系统

在 Linux 系统中，对各种存储设备中的资源访问（如读取、保存文件等）都是通过目录结构进行的，虽然系统核心能够通过“设备文件”的方式操纵各种设备，但是对于用户来说，还需要增加一个“挂载”的过程，才能像正常访问目录一样访问存储设备中的资源。

当然，在安装 Linux 操作系统的过程中，自动建立或识别的分区通常会由系统自动完成挂载，如“/”分区、“/boot”分区等。然而对于后来新增加的硬盘分区、光盘等设备，有时候还需要管理员手动进行挂载，实际上用户访问的是经过格式化后建立的文件系统。挂载一个分区时，必须为其指定一个目录作为挂靠点（或称为挂载点），用户通过这个目录访问设备中的文件、目录数据。

1. 挂载文件系统

mount 命令的基本使用格式如下所示。

```
mount [-t 文件系统类型] 存储设备挂载点
```

其中，文件系统类型通常可以省略（由系统自动识别），存储设备即对应分区的设备文件名（如 /dev/sdb1、/dev/cdrom）或网络资源路径，挂载点即用户指定用于挂载的目录。例如，以下操作用于将光盘设备挂载到 /media/cdrom 目录。

```
[root@kgc ~]# mount /dev/cdrom /media/cdrom
mount: block device /dev/sr0 is write-protected, mounting read-only
```

光盘对应的设备文件通常使用“/dev/cdrom”，其实这是一个链接文件，链接到实际的光盘设备“/dev/sr0”。使用这两个名称都可以表示光盘设备。由于光盘是只读的存储介质，因此在挂载时系统会出现“mounting read-only”的提示信息。

挂载 Linux 分区或 U 盘设备时的用法也一样，只需要指定正确的设备位置和挂载目录即可。例如，以下操作用于将上一节建立的 /dev/sdb1 分区挂载到新建的 /mailbox 目录下。

```
[root@kgc ~]# mkdir /mailbox
[root@kgc ~]# mount /dev/sdb1 /mailbox
```

在 Linux 系统中，U 盘设备被模拟成 SCSI 设备，因此与挂载普通 SCSI 硬盘中的分区并没有明显区别，U 盘一般使用 FAT16 或 FAT32 的文件系统。若不确定 U 盘设备文件的位置，可以先执行“fdisk -l”命令进行查看、确认。例如，以下操作会将位于 /dev/sdc1 的 U 盘设备挂载到新建的 /media/usbdisk 目录下。

```
[root@kgc ~]# mkdir /media/usbdisk
[root@kgc ~]# mount /dev/sdc1 /media/usbdisk
```

使用不带任何参数或选项的 mount 命令时，将显示出当前系统中已挂载的各个分区（文件系统）的相关信息，最近挂载的文件系统将显示在最后边。

```
[root@kgc ~]# mount
/dev/mapper/VolGroup00-LogVol00 on / type ext4(rw)
proc on /proc type proc (rw)
sysfs on /sys type sysfs (rw)
devpts on /dev/pts type devpts (rw,gid=5,mode=620)
/dev/sda1 on /boot type ext4(rw)
tmpfs on /dev/shm type tmpfs (rw)
none on /proc/sys/fs/binfmt_misc type binfmt_misc (rw)
sunrpc on /var/lib/nfs/rpc_pipefs type rpc_pipefs (rw)
/dev/sr0 on /media/cdrom type iso9660 (ro)
/dev/sdb1 on /mailbox type ext4(rw)
/dev/sdc1 on /media/usbdisk type vfat (rw)
```

上例中，proc、sysfs、tmpfs 等文件系统是 Linux 运行所需要的临时文件系统，并没有实际的硬盘分区与其相对应，因此也称为“伪文件系统”。例如，proc 文件系统实际上映射了内存及 CPU 寄存器中的部分数据。

在实际工作中，可能会经常从互联网中下载一些软件或应用系统的 ISO 镜像文件，在无法刻录光盘的情况下，需要将其解压后才能浏览、使用其中的文件数据。若使用 mount 挂载命令，则无需解开文件包即可浏览、使用 ISO 镜像文件中的数据。“.iso”镜像文件通常被视为一种特殊的“回环”文件系统，因此在挂载时需要添加“-o loop”选项。例如，执行以下操作可以将下载的 CentOS 系统的 DVD 光盘镜像文件“CentOS-7-x86_64-DVD-1611.iso”挂载到“/media/mnt”目录下。

```
[root@kgc ~]# mount -o loop CentOS-7-x86_64-DVD-1611.iso /media/mnt
```

2. 卸载文件系统

需要卸载文件系统时，使用的命令为 umount，使用挂载点目录或对应设备的文件名作为卸载参数。Linux 系统中，由于同一个设备可以被挂载到多个目录下，所以一般建议通过挂载点的目录位置来进行卸载。例如，执行以下操作将分别卸载前面挂载的 Linux 分区、光盘设备。

```
[root@kgc ~]# umount /mailbox           // 通过挂载点目录卸载对应的分区
[root@kgc ~]# umount /dev/cdrom         // 通过设备文件卸载光盘
```

3. 设置文件系统的自动挂载

系统中的 /etc/fstab 文件可以视为 mount 命令的配置文件，其中存储了文件系统的静态挂载数据。Linux 系统在每次开机时，会自动读取这个文件的内容，自动挂载所指定的文件系统。默认的 fstab 文件中包括了根分区、/boot 分区、交换分区及 proc、tmpfs 等伪文件系统的挂载配置。

```
[root@kgc ~]# cat /etc/fstab
……                                     // 省略部分信息
tmpfs          /dev/shm    tmpfs    defaults          0 0
devpts         /dev/pts    devpts   gid=5,mode=620    0 0
sysfs          /sys        sysfs    defaults          0 0
proc           /proc       proc     defaults          0 0
```

在“/etc/fstab”文件中，每一行记录对应一个分区或设备的挂载配置信息，从左到右包括六个字段（使用空格或制表符分隔），各部分的含义如下所述。

- 第 1 字段：设备名或设备卷标名。
- 第 2 字段：文件系统的挂载点目录的位置。
- 第 3 字段：文件系统类型，如 EXT4、Swap 等。
- 第 4 字段：挂载参数，即 mount 命令“-o”选项后可使用的参数。例如，defaults、rw、ro、noexec 分别表示默认参数、可写、只读、禁用执行程序。
- 第 5 字段：表示文件系统是否需要 dump 备份（dump 是一个备份工具）。一般设为 1 时表示需要，设为 0 时将被 dump 所忽略。
- 第 6 字段：该数字用于决定在系统启动时进行磁盘检查的顺序。0 表示不进行检查，1 表示优先检查，2 表示其次检查。对于根分区应设为 1，其他分区设为 2。

通过在“/etc/fstab”文件中添加相应的挂载配置，可以实现开机后自动挂载指定的分区。例如，执行以下操作将添加自动挂载分区 /dev/sdb1 的配置记录。

```
[root@kgc ~]# vi /etc/fstab
……                          // 省略部分内容
/dev/sdb1    /mailbox    ext4  defaults  0 0
```

使用 mount、umount 进行挂载、卸载操作时，若在 /etc/fstab 文件中已设置有对应的挂载记录，则只需指定挂载点目录或设备文件名中的一个作为参数。例如，直接执行“mount /dev/sdb1”或“mount /mailbox”，都可以将分区 /dev/sdb1 挂载到 /mailbox 目录下。

4. 查看磁盘使用情况

不带选项及参数的 mount 命令可以显示分区的挂载情况，若要了解系统中已挂载各文件系统的磁盘使用情况（如剩余磁盘空间比例等），可以使用 df 命令。

df 命令使用文件或者设备作为命令参数，较常用的选项为“-h”“-T”。其中，“-h”选项可以显示更易读的容量单位，而“-T”选项用于显示对应文件系统的类型。例如，执行“df -hT”命令可以查看当前系统中挂载的各文件系统的磁盘使用情况。

```
[root@kgc ~]# df -hT
文件                            系统类型   容量    已用    可用    已用 %   挂载点
/dev/mapper/VolGroup-Lv_root    ext       46.7G   4.1G    2.3G    65%     /
/dev/sda1                       ext       499M    11M     83M     12%     /boot
tmpfs                           tmpfs     252M    0       252M    0%      /dev/shm
/dev/sdb1                       ext       419G    173M    18G     1%      /mailbox
```

10.4 管理 LVM 逻辑卷

许多 Linux 使用者在安装操作系统时都会遇到这样的困境：如何精确评估和分配各个硬盘分区的容量，如果当初估计不准确，一旦系统分区不够用时可能不得不备份、删除相关数据，甚至被迫重新规划分区并重装操作系统，以满足应用系统的需要。

本节将通过对 LVM 逻辑卷管理机制的学习，掌握动态调整 Linux 分区容量的方法。

10.4.1 LVM 概述

LVM 是 Linux 系统中对磁盘分区进行管理的一种逻辑机制，它是建立在硬盘和分区之上，文件系统之下的一个逻辑层，在建立文件系统时屏蔽了下层的磁盘分区布局，能够在保持现有数据不变的情况下动态调整磁盘容量，从而提高磁盘管理的灵活性。

在安装 CentOS 系统的过程中选择自动分区时，就会默认采用 LVM 分区方案，不需要再进行手动配置。如果有特殊需要，也可以使用安装向导提供的磁盘定制工具调整 LVM 分区。需要注意的是，“/boot”分区不能基于 LVM 创建，必须独立出来。

在学习 LVM 的管理操作之前首先需要了解 LVM 的几个基本术语。

1. PV（Physical Volume，物理卷）

物理卷是 LVM 机制的基本存储设备，通常对应为一个普通分区或整个硬盘。创建物理卷时，会在分区或硬盘的头部创建一个保留区块，用于记录 LVM 的属性，并把存储空间分割成默认大小为 4MB 的基本单元（Physical Extent，PE），从而构成物理卷，如图 10.5 所示。物理卷一般直接使用设备文件名称，如 /dev/sdb1、/dev/sdb2、/dev/sdd 等。

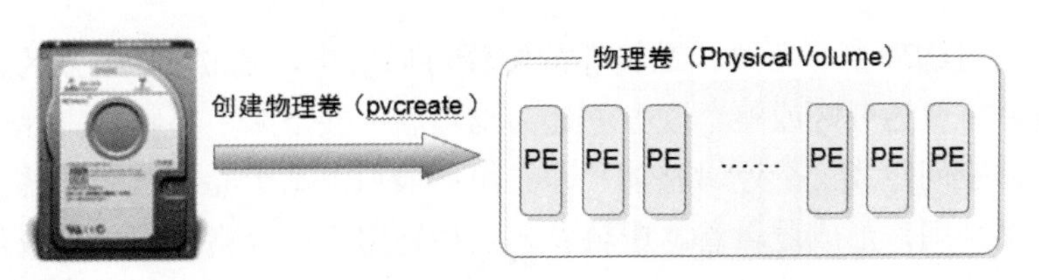

图 10.5 物理卷由许多个基本存储单元组成

对用于转换成物理卷的普通分区，建议先使用 fdisk 工具将分区类型的 ID 标记号改为“8e”。若是整块硬盘，可以将所有磁盘空间划分为一个主分区后再做相应调整。

2. VG（Volume Group，卷组）

由一个或多个物理卷组成一个整体，即称为卷组，在卷组中可以动态地添加或移除物理卷，如图 10.6 所示。许多个物理卷可以分别组成不同的卷组，卷组的名称由用户自行定义。

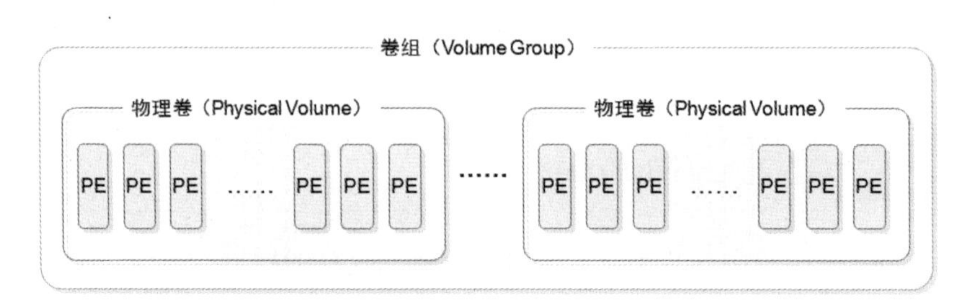

图 10.6　卷组由许多个物理卷组成

3. LV（Logical Volume，逻辑卷）

逻辑卷建立在卷组之上，与物理卷没有直接关系。对于逻辑卷来说，每一个卷组就是一个整体，从这个整体中“切出”一小块空间，作为用户创建文件系统的基础，这一小块空间就称为逻辑卷，如图 10.7 所示。使用 mkfs 等工具在逻辑卷上创建文件系统以后，就可以挂载到 Linux 系统中的目录下使用。

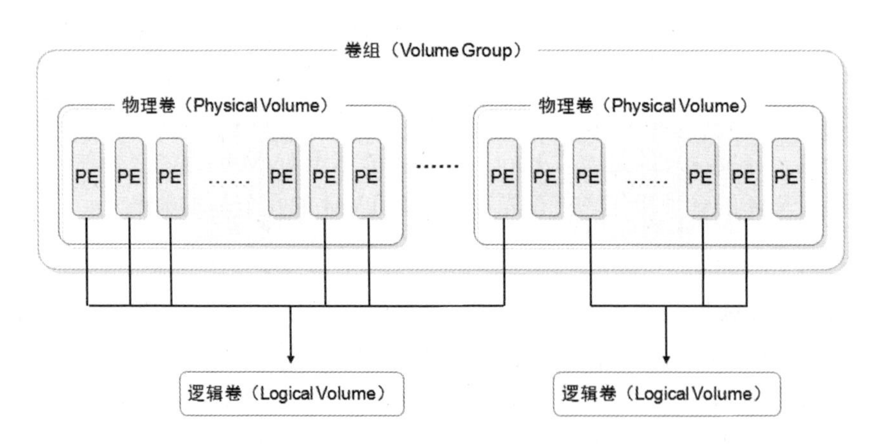

图 10.7　逻辑卷与卷组的关系

通过上述对物理卷、卷组、逻辑卷的解释可以看出，建立 LVM 分区管理机制的过程：首先，将普通分区或整个硬盘创建为物理卷；接下来，将物理上比较分散的各物理卷的存储空间组成一个逻辑整体，即卷组；最后，基于卷组这个整体，分割出不同的数据存储空间，形成逻辑卷。逻辑卷才是最终用户可以格式化并挂载使用的存储单位。

10.4.2　管理 LVM

为了便于理解，这里先使用 fdisk 工具在磁盘设备“/dev/sdb”中划分出三个主分区 sdb1、sdb2、sdb3，每个磁盘的空间大小为 20GB，将分区类型的 ID 标记号改为“8e”（Linux LVM）。若上述分区已被挂载使用，则需要先进行卸载，再进行分区调整操作。

LVM 管理命令主要包括三大类：PV 物理卷管理、VG 卷组管理、LV 逻辑卷管理，对应的命令程序文件分别以“pv”“vg”“lv”开头，如表 10-1 所示。

表 10-1　常用的 LVM 管理命令

功能	PV 管理命令	VG 管理命令	LV 管理命令
Scan 扫描	pvscan	vgscan	lvscan
Create 建立	pvcreate	vgcreate	lvcreate
Display 显示	pvdisplay	vgdisplay	lvdisplay
Remove 移除	pvremove	vgremove	lvremove
Extend 扩展		vgextend	lvextend
Reduce 减少		vgreduce	lvreduce

下面将分别介绍其中最常用的几个管理命令。

1. PV 物理卷管理

（1）pvscan 命令

pvscan 用于扫描系统中的所有物理卷，并输出相关信息。使用自动分区方案安装的 CentOS 系统，系统盘 sda 被划分为 sda1 和 sda2 两个分区，其中 sda2 分区被转换为物理卷，并基于该物理卷创建 VolGroup 卷组。

```
[root@kgc ~]# pvscan
  PV /dev/sda2   VG VolGroup   lvm2 [59.88 GiB / 0    free]
  Total: 1 [59.88 GiB] / in use: 1 [59.88 GiB] / in no VG: 0 [0   ]
```

（2）pvcreate 命令

pvcreate 用于将分区或整个硬盘转换成物理卷，主要是添加 LVM 属性信息并划分 PE 存储单位。该命令需要使用硬盘或分区的设备文件作为参数（可以有多个）。例如，执行以下操作将把分区 /dev/sdb1、/dev/sdb2、/dev/sdb3 转换成物理卷。

```
[root@kgc ~]# pvcreate /dev/sdb1 /dev/sdb2 /dev/sdb3
Physical volume "/dev/sdb1" successfully created
Physical volume "/dev/sdb2" successfully created
Physical volume "/dev/sdb3" successfully created
```

（3）pvdisplay 命令

pvdisplay 用于显示物理卷的详细信息，需要使用指定的物理卷作为命令参数，默认时将显示所有物理卷的信息。例如，执行以下“pvdisplay /dev/sdb3”命令可以查看物理卷“/dev/sdb3”的详细信息。

```
[root@kgc ~]# pvdisplay /dev/sdb3
  --- NEW Physical volume ---
  PV Name               /dev/sdb3
  VG Name
  PV Size               20.01 GiB
  Allocatable           NO
  PE Size (KByte)       0
  Total PE              0
  Free PE               0
  Allocated PE          0
  PV UUID               GvcRoB-vYlT-wgwP-ut4K-HTZI-cVp3-Cxl0e4
```

（4）pvremove 命令

pvremove 用于将物理卷还原成普通分区或磁盘，不再用于 LVM 体系，被移除的物理卷将无法被 pvscan 识别。例如，执行“pvremove /dev/sdb3”命令可以将物理卷 /dev/sdb3 从 LVM 体系中移除。

```
[root@kgc ~]# pvremove /dev/sdb3

  Labels on physical volume "/dev/sdb3" successfully wiped
```

2. VG 卷组管理

（1）vgscan 命令

vgscan 命令用于扫描系统中已建立的 LVM 卷组及相关信息。例如，通过执行 vgscan 命令后可以列出 VolGroup 卷组。

```
[root@kgc ~]# vgscan
  Reading all physical volumes.  This may take a while…
  Found volume group "VolGroup" using metadata type lvm2
```

（2）vgcreate 命令

vgcreate 用于将一个或多个物理卷创建为一个卷组，第一个命令参数用于设置新卷组的名称，其后依次指定需要加入到该卷组的物理卷作为参数。例如，若要使用物理卷“/dev/sdb1”和“/dev/sdb2”创建名为 web_document 的卷组，可以执行以下操作。

```
[root@kgc ~]# vgcreate web_document  /dev/sdb1 /dev/sdb2
Volume group "web_document" successfully created
```

（3）vgdisplay 命令

vgdisplay 用于显示系统中各卷组的详细信息，需要使用指定卷组名作为命令参数（未指定卷组时将显示所有卷组的信息）。例如，若要查看卷组 web_document 的详细信息，可以执行以下操作。

```
[root@kgc ~]# vgdisplay  web_document
```

```
--- Volume group ---
VG Name               web_document
System ID
Format                lvm2
Metadata Areas        2
Metadata Sequence     No  1
VG Access             read/write
VG Status             resizable
MAX LV                0
Cur LV                0
Open LV               0
Max PV                0
Cur PV                2
Act PV                2
VG Size               40.02 GiB
PE Size               4.00 MiB
Total PE              10244
Alloc PE / Size       0 / 0
Free  PE / Size       10244 / 40.02 GiB
VG UUID               lGW62B-rBxN-3eRe-3roS-Pe0O-kKaZ-2421Ir
```

（4）vgremove 命令

vgremove 命令用于删除指定的卷组，指定卷组名称作为参数即可。删除时应确保该卷组中没有正在使用的逻辑卷（逻辑卷的建立参见下一节）。例如，若要删除名为 web_document 的 LVM 卷组，可以执行以下操作。

```
[root@kgc ~]# vgremove web_document
Volume group "web_document" successfully removed
```

（5）vgextend 命令

vgextend 用于扩展卷组的磁盘空间。当创建了新的物理卷，并需要将其添加到已有卷组中时，就可以使用 vgextend 命令。该命令的第一个参数为需要扩展容量的卷组名称，其后为需要添加到该卷组中的各物理卷。例如，以下操作将重新创建卷组 web_document，只包含物理卷“/dev/sdb1”，然后通过 vgextend 命令将物理卷“/dev/sdb2”添加到卷组 web_document 中。

```
[root@kgc ~]# vgcreate  web_document  /dev/sdb1
 Volume group "web_document" successfully created
[root@kgc ~]# vgextend  web_document  /dev/sdb2
 Volume group "web_document" successfully extended
```

3. LV 逻辑卷管理

（1）lvscan 命令

lvscan 命令用于扫描系统中已建立的逻辑卷及相关信息。例如，通过执行 lvscan 命令后可以列出 VolGroup 卷组中的 lv_root、lv_swap 两个逻辑卷。

```
[root@kgc ~]# lvscan
  ACTIVE            '/dev/VolGroup/lv_root' [17.51 GiB] inherit
  ACTIVE            '/dev/VolGroup/lv_swap' [2.00 GiB] inherit
```

（2）lvcreate 命令

lvcreate 用于从指定的卷组中分割空间，以创建新的逻辑卷。需要指定逻辑卷大小、名称及所在的卷组名作为参数。逻辑卷创建好以后，可以通过“/dev/ 卷组名 / 逻辑卷名”形式的设备文件进行访问（或“/dev/mapper/ 卷组名 - 逻辑卷名”）。此命令的基本格式如下所示。

```
lvcreate -L 容量大小 -n 逻辑卷名卷组名
```

例如，执行以下操作将在卷组 web_document 中建立一个新的逻辑卷，容量为 10GB，名称设为 kgc。

```
[root@kgc ~]# lvcreate -L 10G -n kgc web_document
  Logical volume "kgc" created
[root@kgc ~]# ls /dev/web_document/kgc
/dev/web_document/kgc                                  // 逻辑卷 kgc 的链接文件
[root@kgc ~]# ls /dev/mapper/web_document-kgc
/dev/mapper/web_document-kgc                           // 逻辑卷 kgc 的设备文件
```

（3）lvdisplay 命令

lvdisplay 命令用于显示逻辑卷的详细信息，需要指定逻辑卷的设备文件作为参数，也可以使用卷组名作为参数，以显示该卷组中所有逻辑卷的信息。例如，执行以下操作可以查看前面创建的 kgc 逻辑卷的详细信息。

```
[root@kgc ~]# lvdisplay /dev/web_document/kgc
  --- Logical volume ---
  LV Name                /dev/web_document/kgc
  VG Name                web_document
  LV UUID                GBl2sZ-hspF-rWdQ-JwHA-YpMr-w11F-StlSmn
  LV Write Access        read/write
 LV Creation host, time kgc.localdomain, 2014-05-04 17:04:30 +0800
  LV Status              available
  # open                 0
  LV Size                10.00 GiB
  Current LE             2560
  Segments               1
  Allocation             inherit
  Read ahead sectors     0
 - currently set to      256
  Block device           253:2
```

（4）lvextend 命令

lvextend 用于动态扩展逻辑卷的空间，当目前使用的逻辑卷空间不足时，可以从所在卷组中分割额外的空间进行扩展。只要指定需增加的容量大小及逻辑卷文件位置即可。前提条件是该卷组中还有尚未分配的磁盘空间，否则需要先扩展卷组容量。另外，调整逻辑卷的容量后，需要执行“resize2fs /dev/ 卷组名 / 逻辑卷名”命令以便 Linux 系统重新识别文件系统的大小（resize2fs 命令用于在线调整文件系统大小）。

使用 lvextend 命令时，基本的命令格式如下所示。

```
lvextend -L + 大小 /dev/ 卷组名 / 逻辑卷名
```

例如，以下操作可以为 kgc 逻辑卷扩展（增加）10GB 大小的磁盘空间，并使用 resize2fs 命令重设大小。

```
[root@kgc ~]# lvextend -L +10G /dev/web_document/kgc
Extending logical volume kgc to 20.00 GiB
Logical volume kgc successfully resized
[root@kgc ~]# lvdisplay  /dev/web_document/kgc
  --- Logical volume ---
……
 LV Size            20.00 GiB                        // 容量已由原来的 10GB 变为 20GB
……
[root@kgc ~]# resize2fs /dev/web_document/kgc
```

在为逻辑卷扩展容量时，能够扩展的大小受限于所在卷组剩余空间（未被其他逻辑卷使用）的大小。例如，当卷组 web_document 的剩余空间只有 8GB 时，通过 lvextend 命令最多也只能为 kgc 逻辑卷增加 8GB 的空间，若还需要增加更多的磁盘空间，必须先通过 vgextend 扩展卷组的容量。

（5）lvremove 命令

lvremove 用于删除指定的逻辑卷，直接使用逻辑卷的设备文件作为参数即可。例如，执行以下操作可以删除名为 kgc 的逻辑卷。需要注意的是，在删除逻辑卷之前，应确保该逻辑卷已不再使用，且必要的数据已做好备份。

```
[root@kgc ~]# lvremove /dev/web_document/kgc
Do you really want to remove active logical volume "kgc"? [y/n]: y
 Logical volume "kgc" successfully removed
```

4. LVM 应用实例

上一小节中学习了 LVM 逻辑卷管理的相关命令操作，通过转换物理卷、创建卷组与逻辑卷的过程，即已具备了建立文件系统的基础。本小节将通过实例的方式展示使用 LVM 逻辑卷管理磁盘空间的实际应用。

案例的环境和需求描述如下：公司准备在 Internet 中搭建邮件服务器（CentOS 6 系统平台），面向全国各地的员工及部分 VIP 客户提供电子邮箱空间。由于用户数量众多，邮件存储需要大量的空间，考虑到动态扩容的需要，计划增加两块 SCSI 硬盘并构建 LVM 逻辑卷（挂载到“/mailbox”目录下）专门用于存放邮件数据。

根据上述案例环境和需求，推荐的操作步骤如下所述。

（1）关闭服务器主机，打开机箱，正确挂接两块 SCSI 新硬盘。

（2）开启服务器主机，并执行“fdisk -l”命令进行检查，确认已识别新增的硬盘（sdb、sdc）。

（3）在新磁盘中进行分区，将每块硬盘的所有空间划分为一个独立的主分区，并将分区类型更改为“8e”。分好区后使用“fdisk -l”命令查看，确认结果如下所示。

```
[root@kgc ~]# fdisk -l /dev/sdb /dev/sdc
……                                                        //省略部分信息
/dev/sdb1          1      9660    77593918+  8e  Linux LVM
……                                                        //省略部分信息
/dev/sdc1          1      9660    77593918+  8e  Linux LVM
```

（4）将 /dev/sdb1 和 /dev/sdc1 分区转换为物理卷。

```
[root@kgc ~]# pvcreate /dev/sdb1 /dev/sdc1
 Physical volume "/dev/sdb1" successfully created
Physical volume "/dev/sdc1" successfully created
```

（5）将上述两个物理卷整合，创建名为 mail_store 的卷组。

```
[root@kgc ~]# vgcreate mail_store /dev/sdb1 /dev/sdc1
 Volume group "mail_store" successfully created
```

（6）在 mail_store 卷组中创建一个名为 mbox 的逻辑卷，容量设置为 120GB。

```
[root@kgc ~]# lvcreate -L 120G -n mbox mail_store
 Logical volume "mbox" created
```

（7）使用 mkfs 命令对逻辑卷 mbox 进行格式化，创建 EXT4 文件系统，并挂载到 /mailbox 目录下。

```
[root@kgc ~]# mkfs -t ext4 /dev/mail_store/mbox
mke2fs 1.41.12 (17-May-2010)
文件系统标签 =
操作系统 :Linux
块大小 =4096 (log=2)
分块大小 =4096 (log=2)
Stride=0 blocks, Stripe width=0 blocks
786432 inodes, 3145728 blocks
157286 blocks (5.00%) reserved for the super user
第一个数据块 =0
Maximum filesystem blocks=3221225472
96 block groups
32768 blocks per group, 32768 fragments per group
8192 inodes per group
Superblock backups stored on blocks:
                    32768, 98304, 163840, 229376, 294912, 819200, 884736, 1605632, 2654208

正在写入 inode 表 : 完成
Creating journal (32768 blocks): 完成
```

```
Writing superblocks and filesystem accounting information: 完成

This filesystem will be automatically checked every 39 mounts or
180 days, whichever comes first.  Use tune2fs -c or -i to override.
[root@kgc ~]# mkdir /mailbox
[root@kgc ~]# mount /dev/mail_store/mbox /mailbox
[root@kgc ~]# df -hT /mailbox
Filesystem Type SizeUsed Avail use%Mounted on
/dev/mapper/mail_store-mbox ext4119G  188M   112G   1% /mailbox
```

（8）使用 lvextend 命令为逻辑卷 mbox 扩充 10 容量，再用 resize2fs 命令更新系统识别的文件系统大小。

```
[root@kgc ~]# lvextend -L +10G  /dev/mail_store/mbox
    Extending logical volume mbox to 130.00 GiB
    Logical volume mbox successfully resized
[root@kgc ~]#  resize2fs /dev/mail_store/mbox
resize2fs 1.41.12 (17-May-2010)
Filesystem at /dev/mail_store/mbox is mounted on /mailbox; on-line resizing
required
old desc_blocks = 8, new_blocks = 9
Performing an on-line resize of /dev/mail_store/mbox to 34078720 (4k) blocks.
The filesystem on /dev/mail_store/mbox is new 34078720 blocks long
```

注意

如果格式化成 xfs 文件系统类型，LVM 扩容后使用 xfs_growfs 命令更新系统识别的文件系统大小。

10.5 RAID 磁盘阵列与阵列卡

RAID 是英文 Redundant Array of Independent Disks 的缩写，中文简称为独立冗余磁盘阵列，简单的说 RAID 是把多块独立的物理硬盘按不同的方式组合起来形成一个硬盘组（逻辑硬盘），从而提供比单个硬盘具有更高存储性能和存储容量的数据备份技术。

在用户看来，组成的磁盘组就像是一个硬盘，用户可以对它进行分区，格式化等等组成磁盘阵列的不同方式成为 RAID 级别（RAID Levels）。RAID 级别也就是 RAID 技术的几种不同等级，分别可以提供不同的速度，安全性和性价比。根据实际情况选择适当的 RAID 级别可以满足用户对存储系统可用性、性能和容量的要求。

本节将对常见的RAID进行介绍，以及对如何实现不同级别的RAID进行详细讲解。

10.5.1 RAID 磁盘阵列详解

RAID 分为不同的等级，不同等级的 RAID 均在数据可靠性以及读写性能上做了不同的权衡。在实际应用中，可以依据实际需求选择不同的 RAID 方案。

常用的 RAID 级别有以下几种：RAID 0，RAID 1，RAID 5，RAID 6，RAID 1+0 等，下面我们分别来介绍这几种常见的 RAID。

1．RAID 0

RAID 0 称为条带化存储（Striping），如图 10.8 所示，它以连续位或字节为单位进行数据分割，将数据分段存储于各个硬盘中，并行读 / 写数据，因此具有很高的数据传输率，可达到单个硬盘的 N 倍（N 为组成 RAID 0 硬盘的个数），但却没有数据冗余，单个磁盘的损坏将影响到所有数据，因此并不能算是真正的 RAID 结构，所以，RAID 0 不能应用于数据安全性要求高的场合。

2．RAID 1

RAID 1 称为镜像存储（mirroring），如图 10.9 所示，它通过磁盘数据镜像实现数据冗余，原理是在成对的独立磁盘上产生互为备份的数据，因为数据被同等地写入成对的磁盘中，所以写性能比较慢，主要受限于最慢的那块磁盘，但是当原始数据繁忙时，可以直接从镜像拷贝中读取数据，因此读取性能比较快。

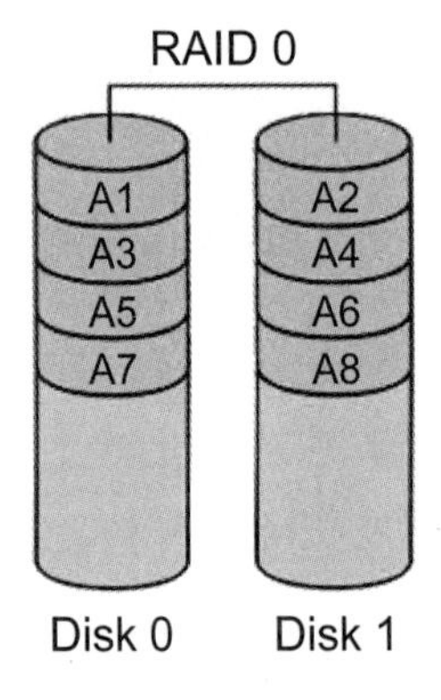

图 10.8　RAID 0 示意图

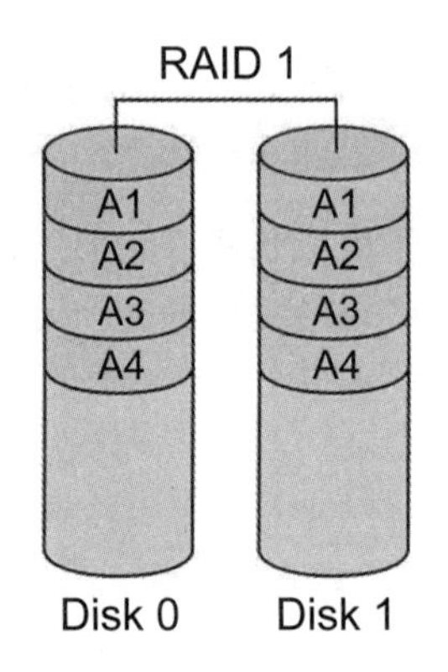

图 10.9　RAID 1 示意图

RAID 1 是磁盘阵列中单位成本最高的，但提供了很高的数据安全性和可用性。当一个磁盘失效时，系统可以自动切换到镜像磁盘上读写，不需要重组失效的数据。却是磁盘利用率最低的一个，如果 N（偶数）块硬盘组合成一组镜像，只能利用其中 N/2 的容量。

3．RAID 5

RAID 5 是一种存储性能、数据安全与存储成本兼顾的存储解决方案，可以理解为是 RAID 0 与 RAID 1 的折中方案，如图 10.10 所示。

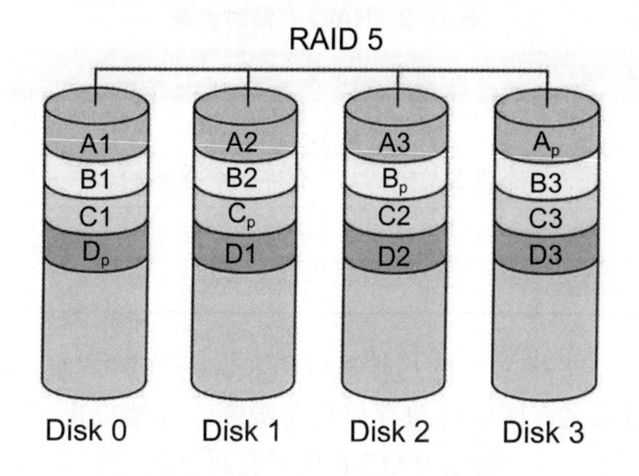

图 10.10　RAID 5 示意图

RAID 5 把数据以块分段条带化进行存储，并且奇偶校验信息和相对应的数据分别存储于不同的磁盘上，其中任意 N-1（N>=3）块磁盘的容量都存储完整的数据，磁盘的利用率为 (N-1)/N 容量，也就是说相当于一块磁盘的容量空间用于存储奇偶校验信息，因此当一块磁盘发生损坏，不会影响数据的完整性，数据的安全性得以保障。当被损坏的磁盘替换后，RAID 5 还会利用剩余的信息去重建损坏磁盘上的数据信息，来保持 RAID 5 的可靠性。但由于有校验机制的问题，写性能相对不高。

4. RAID 6

RAID 6 采用双重校验技术，在 RAID 5 的技术上增加了第二个独立的奇偶校验信息块，两个独立的奇偶系统使用不同的算法使得数据的可靠性非常高，具体形式如图 10.11 所示。即使两块磁盘同时失效也不会影响数据的使用，进一步加强了对数据的保护。但是 RAID 6 需要分配给奇偶校验信息更大的磁盘空间，相对于 RAID 5 有更大的“写损失”，因此写性能较差。第二块的校验区也减少了有效存储空间。由 N（N>=4）块盘组成 RAID 6 阵列的磁盘利用率为 (N-2)/N。

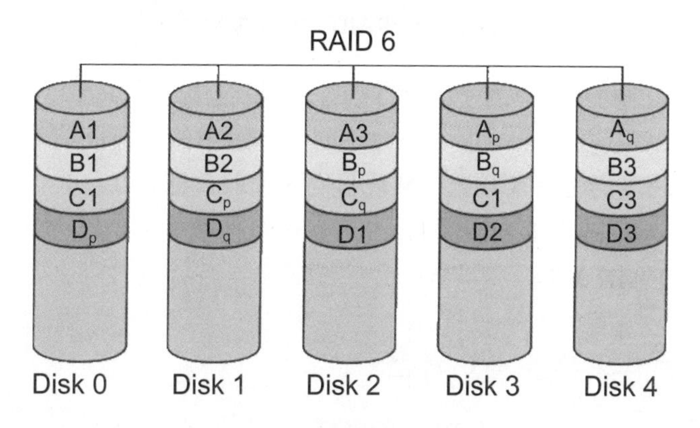

图 10.11　RAID 6 示意图

RAID 1、RAID 5、RAID 6 都具有容错性，这里我们来做一个比较，如表 10-2 所示。

表 10-2　RAID 容错对比表

	RAID 1	RAID 5	RAID 6
是否有校验	无	有	有
保护能力	允许一个设备故障	允许一个设备故障	允许两个设备故障
写性能	需写两个存储设备	需写计算校验	需双重写计算校验
磁盘利用率	50%	1-1/N（N>=3）	1-2/N（N>=4）

从上表可以看出，相对于其他几种 RAID 来说，当 N>2 时，RAID 6 的磁盘利用率得到了提高。又因为允许同时两块存储设备故障，显然提供了更好的可用性。伴随着硬盘容量需求的不断增长，相信 RAID 6 技术会越来越受到人们的青睐。

5. RAID 1+0

RAID 1+0 顾名思义是 RAID 1 和 RAID 0 的结合，先做镜像（1），再做条带（0），如图 10.12 所示。兼顾了 RAID 1 的容错能力与 RAID 0 的条带化读写数据的优点，性能好、可靠性高。属于混合型 RAID。

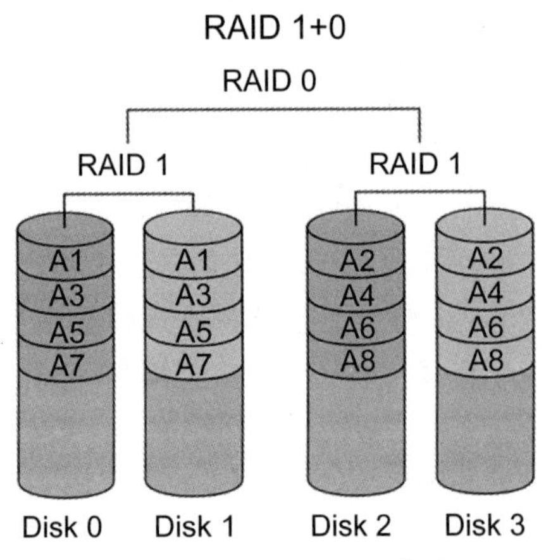

图 10.12　RAID 1+0 示意图

比如 N（偶数，N>=4）块盘两两镜像后，再组合成一个 RAID 0，最多允许所有磁盘基组中的磁盘各损坏一个，但是不允许同一基组中的磁盘同时有坏的。磁盘的利用率为 N/2。N/2 块盘同时写入数据，N 块盘同时读取数据。

类似的混合 RAID 还有 RAID 0+1，二者在读写性能上差别不大。但是在安全性上 RAID 1+0 要好于 RAID 0+1。

10.5.2　阵列卡介绍与真机配置

1. 阵列卡介绍

阵列卡全称为磁盘阵列卡，是用来实现 RAID 功能的板卡，RAID 卡一般分为硬

RAID 卡和软 RAID 卡两种，通过硬件来实现 RAID 功能的就是硬 RAID，通常是由 I/O 处理器、硬盘控制器、硬盘连接器和缓存等一系列组件构成；通过软件并使用 CPU 的 RAID 卡我们称为软 RAID，因为软 RAID 占用 CPU 资源比较高，所以绝大部分的服务器设备都使用的硬 RAID。不同的 RAID 卡支持的 RAID 功能不同。比如支持 RAID 0、RAID 1、RAID 5、RAID 6、RAID 1+0 不等。

RAID 卡的第一个重要功能就是它可以达到单个的磁盘驱动器几倍、几十倍甚至上百倍的速率，这也是 RAID 卡最初想要解决的问题。第二个重要功能是提供容错能力。现在服务器基本上集成了 RAID 卡，我们从 RAID 卡的接口类型和缓存两个方面给大家介绍硬 RAID。

2. RAID 卡的接口类型

RAID 卡的接口指的是支持的接口，目前有 IDE 接口、SCSI 接口、SATA 接口和 SAS 接口。

（1）IDE 接口

IDE 的英文全称为“Integrated Drive Electronics”，即“电子集成驱动器”，属于并行接口。它是把“硬盘控制器”与“盘体”集成在一起的硬盘驱动器。这样使得硬盘接口的电缆数目与长度有所减少，从而数据传输的可靠性得到增强。IDE 接口拥有价格低廉、兼容性强的特点，从而造就了它不可替代的地位。这一接口技术从诞生至今就一直在不断发展，性能也不断提高。

在实际的应用中，这种类型的接口随着接口技术的不断发展已经很少用了，逐渐被后续发展分支出更多类型的硬盘接口所取代。

（2）SCSI 接口

SCSI 的英文全称为“Small Computer System Interface”（小型计算机系统接口），是同 IDE 完全不同的接口，IDE 接口是普通 PC 的标准接口，而 SCSI 并不是专门为硬盘设计的接口，而是一种通用接口标准，具备与多种不同类型外部设备进行通信的能力，是一种广泛应用于小型机上的高速数据传输技术。

SCSI 是个多任务接口，设有母线仲裁功能，挂在一个 SCSI 母线上的多个外部设备可以同时工作，并且平等占有总线。SCSI 接口可以同步或异步传输数据，同步传输速率可以达到 10MB/s，异步传输速率可以达到 1.5MB/s。并且 SCSI 接口的 CPU 占用率低，支持热插拔，但较高的价格使得它很难如 IDE 硬盘般普及，因此 SCSI 硬盘主要应用于中、高端工作站中。

（3）SATA 接口

SATA 是“Serial ATA”的缩写，主要用在主板和大量存储设备之间传输数据。拥有这种接口的硬盘又叫串口硬盘，以采用串行方式传输数据而知名。

SATA 总线使用了嵌入式时钟信号，使得其具备更强的纠错能力。如果发现数据传输中的错误会自动进行矫正，很大程度上提高了数据传输的可靠性。也是一种支持热插拔的接口。

Serial ATA 2.0 的数据传输率将达到 300MB/s，最终 SATA 将实现 600MB/s 的最高数据传输率。

（4）SAS 接口

SAS 的英文全称为“Serial Attached SCSI”是新一代的 SCSI 技术，称为序列式 SCSI，SAS 可以看做是 SATA 与 SCSI 的结合体，是同时发挥两者的优势产生的，主要用在周边零件的数据传输上，和现在流行的 Serial ATA（SATA）硬盘相同，都是采用串行技术以获得更高的传输速度。此外 SAS 的接口技术可以向下兼容 SATA 设备。

3. 阵列卡的缓存

缓存（Cache）是 RAID 卡与外部总线交换数据的场所，它是 RAID 卡电路板上的一块存储芯片，与硬盘盘片相比，具有极快的存取速度。工作过程中 RAID 卡先将数据传送到缓存，再由缓存和外边数据总线进行数据交换。缓存的大小与速度是 RAID 卡的实际传输速度的重要因素，大缓存能够大幅度地提高数据命中率从而提高 RAID 卡整体性能。

多数的 RAID 卡都会配备一定数量的内存来作为高速缓存使用，不同的 RAID 卡出厂时配备的内存容量不同，一般为几兆到数百兆容量不等，主要取决于磁盘阵列产品所应用的范围。

4. RAID 5 真机配置

请在课工场 APP 或 kgc.cn 网站观看视频。

本章总结

- 硬盘的结构分为物理结构和数据结构，物理结构由盘片和磁头组成；数据结构由扇区、磁道、柱面组成。硬盘常见的接口类型有 IDE、SATA、SCSI。
- fdisk 命令可以对磁盘设备进行分区操作。
- mkfs 命令可以创建 EXT4、FAT32 等类型的文件系统，mkswap 命令可以创建 Swap 类型的交换文件系统。
- mount 命令用于挂载硬盘、光盘等设备文件，umount 命令可以根据设备文件或挂载点卸载指定的设备。
- 使用 LVM 动态磁盘方案，可以灵活地扩展磁盘空间。创建及使用 LVM 方案的基本过程：创建物理卷→创建卷组→创建逻辑卷→格式化文件系统→挂载使用。
- 常用的 RAID 级别有：RAID 0，RAID 1，RAID 5，RAID 6，RAID 1+0。
- RAID 卡目前有 IDE 接口、SCSI 接口、SATA 接口和 SAS 接口。

本章作业

1．使用 fdisk 分区工具时，常见的几种文件系统及各自的 ID 号分别是什么？

2．新添加一块硬盘，划出一个 2GB 大小的分区，并用此分区扩展现有的交换空间。

3．新建一个 20GB 大小的分区，并用此分区替换现有的 /opt 目录，设置开机自动挂载。

4．常见的 RAID 级别有哪些？各自的特点和区别是什么？

5．用课工场 APP 扫一扫完成在线测试，快来挑战吧！

随手笔记

第 11 章

引导过程与服务控制

技能目标

- 了解 Linux 系统的引导过程
- 学会解决常见的启动类故障
- 掌握如何控制 Linux 中的系统服务
- 掌握如何优化 Linux 的启动任务

本章导读

在之前的课程中，介绍了 CentOS 的安装、基本操作和一些基础的命令，读者已经感受了 Linux 操作系统的魅力。本章将分别介绍 CentOS 6 和 CentOS 7 系统的引导过程及服务控制。

知识服务

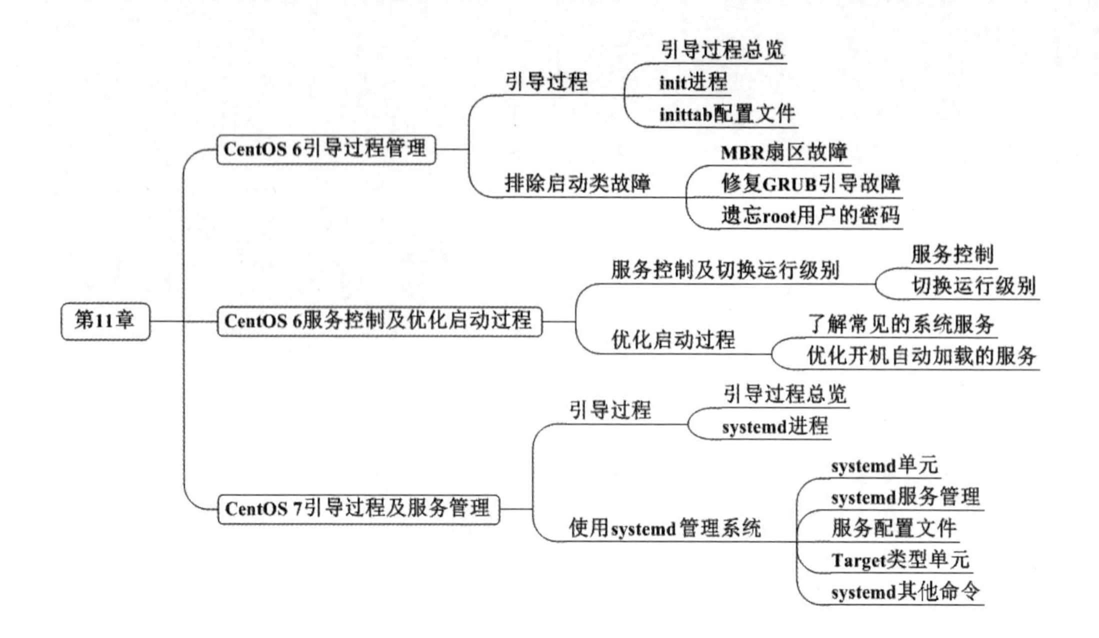

11.1 CentOS 6 引导过程管理

系统引导是操作系统运行的开始，在用户能够正常登录到系统之前，Linux 的引导过程完成了一系列的初始化任务，并加载必要的程序和命令终端，为用户登录做好准备。本节将对 Linux 系统的引导过程作一个简单介绍。

11.1.1 引导过程

1. 引导过程总览

Linux 操作系统的引导过程一般包括以下几个阶段：开机自检、MBR 引导、GRUB 菜单、加载 Linux 内核、init 进程初始化。

（1）开机自检

服务器主机开机以后，将根据主板 BIOS（Basic Input/Output System，基本输入输出系统）中的设置对 CPU、内存、显卡、键盘等设备进行初步检测，检测成功后根据预设的启动顺序移交系统控制权，大多数时候会移交给本机硬盘。

（2）MBR 引导

当从本机硬盘中启动系统时，首先根据硬盘第 1 个扇区中 MBR（Master Boot Record，主引导记录）的设置，将系统控制权传递给包含操作系统引导文件的分区，或者直接根据 MBR 记录中的引导信息调用启动菜单（如 GRUB）。

（3）GRUB 菜单

对于 Linux 系统来说，GRUB 算是使用最为广泛的多系统引导器程序了。系统控制权传递给 GRUB 以后，将会显示启动菜单提供给用户选择，并根据所选项（或采用默认值）加载 Linux 内核文件，然后将系统控制权转交给内核。

（4）加载 Linux 内核

Linux 内核是一个预先编译好的特殊二进制文件，介于各种硬件资源与系统程序之间，负责资源分配与调度。内核接过系统控制权以后，将完全掌控整个 Linux 操作系统的运行过程。在 CentOS 6.5 系统中，默认的内核文件位于“/boot/vmlinuz-2.6.32-431.el6.x86_64”。

（5）init 进程初始化

为了完成进一步的系统引导过程，Linux 内核首先将系统中的“/sbin/init”程序加载到内存中运行（运行中的程序称为进程），init 进程负责完成一系列的系统初始化过程，最后等待用户进行登录。

2. init 进程

Linux 系统中的进程（运行中的程序）使用数字进行标记，每个进程的身份标记号称为 PID。在引导 Linux 系统的过程中，“/sbin/init”是内核第一个加载的程序，因此 init 进程对应的 PID 号总是为“1”。

init 进程运行以后将陆续执行系统中的其他程序，不断生成新的进程，这些进程称为 init 进程的子进程，反过来说，init 进程是这些进程的父进程。当然，这些子进程也可以进一步生成各自的子进程，依次不断繁衍下去，最终构成一棵枝繁叶茂的进程树，共同为用户提供服务。

从以上描述可以看出，init 进程正是维持整个 Linux 系统运行的所有进程的“始祖”，因此 init 进程是不允许被轻易终止的。需要切换不同的系统运行状态时，可以向 init 进程发送正确的执行参数，由 init 自身来完成相关操作。

3. inittab 配置文件

在 CentOS 6.5 系统中，采用了全新的 Upstart 启动方式，大大提高了开机效率。Upstart 不再使用单一的 /etc/inittab 配置文件，而是将各种初始化配置分散存放，并各自响应相关的启动事件。

下面列出一部分与 Upstart 启动相关的配置文件。

- /etc/inittab：配置默认运行级别。
- /etc/sysconfig/init：控制 tty 终端的开启数量、终端颜色方案。
- /etc/init/rcS.conf：加载 rc.sysinit 脚本，完成系统初始化任务。
- /etc/init/rc.conf：兼容脚本，负责各运行级别的调用处理。
- /etc/init/rcS-sulogin.conf：为单用户模式启动 /sbin/sushell 环境。
- /etc/init/control-alt-delete.conf：控制终端下的 Ctrl+Alt+Del 热键操作。
- /etc/init/start-ttys.conf：配置 tty 终端的开启数量、设备文件。
- /etc/init/tty.conf：控制 tty 终端的开启。

init 程序的配置目录位于 /etc/init/，原有的 /etc/inittab 文件中仅保留默认运行级别的配置，查看配置如下。

```
[root@localhost ~]# cat /etc/inittab
# inittab is only used by upstart for the default runlevel.
#
# ADDING OTHER CONFIGURATION HERE WILL HAVE NO EFFECT ON YOUR SYSTEM.
#
# System initialization is started by /etc/init/rcS.conf
#
# Individual runlevels are started by /etc/init/rc.conf
#
# Ctrl-Alt-Delete is handled by /etc/init/control-alt-delete.conf
#
# Terminal gettys are handled by /etc/init/tty.conf and etc/init/serial.conf,
# with configuration in /etc/sysconfig/init.
#
# For information on how to write upstart event handlers, or how
# upstart works, see init(5), init(8), and initctl(8).
#
# Default runlevel. The runlevels used are:
#   0 - halt (Do NOT set initdefault to this)
#   1 - Single user mode
#   2 - Multiuser, without NFS (The same as 3, if you do not have networking)
#   3 - Full multiuser mode
#   4 - unused
#   5 - X11
#   6 - reboot (Do NOT set initdefault to this)
#
id:5:initdefault:
```

在 /etc/inittab 文件中，除了以“#”号开头的注释信息和空行以外，只有一条有效配置记录。配置记录中的四个字段之间使用半角的冒号“:”进行分割，基本格式如下所示。

```
id:runlevels:action:process
```

即

```
标记 : 运行级别 : 动作类型 : 程序或脚本
```

下面分别讲解 inittab 文件中各个字段的作用。

（1）id——标记字段

标记字段可以由 1 ～ 4 个字符组成，用以区别于其他行的配置。

（2）runlevels——运行级别字段

Linux 通过将不同的系统服务（指运行在后台并提供特定功能的应用程序，如网站服务、FTP 服务等）进行搭配组合，来协同满足不同的功能需求。不同的服务组合其实现的功能也各不相同，就好比不同的药方能医治不同的病症一样。

在 RHEL 6 系统中，默认包括七种不同的服务搭配方式，其中每一种搭配方式称为“运行级别”，类似于 Windows 系统中的“正常启动”“安全模式”“不带网络连接的安全模式”等。这些运行级别分别使用数字 0，1，…，6 来表示，各运行级别的含义及用途如下所述。

- 0：关机状态，使用该级别时将会关闭主机。
- 1：单用户模式，不需要密码验证即可登录系统，多用于系统维护。
- 2：字符界面的多用户模式（不支持访问网络）。
- 3：字符界面的完整多用户模式，大多数服务器主机运行在此级别。
- 4：未分配使用。
- 5：图形界面的多用户模式，提供了图形桌面操作环境。
- 6：重新启动，使用该级别时将会重启主机。

对于 RHEL 6 系统来说，若选择安装了 GNOME 图形桌面，则默认启动的是运行级别 5。

inittab 配置记录的运行级别字段用于指定该行配置对哪些运行级别有效，可以使用不同运行级别代码的组合。例如，“2345”表示该配置在进入运行级别 2、3、4、5 时均有效。

（3）action——动作类型字段

动作类型字段描述了该行配置所对应的操作类别，initdefault 表示“设置初始化系统后默认进入的运行级别”。

（4）process——程序或脚本字段

此字段用于指定该行配置所对应的实际操作，可以是具体的命令、脚本程序等，此处为空。

通过修改 /etc/inittab 文件中的相关记录，可以对 Linux 系统的初始化过程进行调整。例如，若要使 CentOS 6.5 系统每次开机后以文本模式运行，而不是自动进入图形界面，可以编辑 inittab 文件，将“id:5:initdefault”配置行中的“5”改为“3”，然后重启系统即可验证效果。

11.1.2 排除启动类故障

在 Linux 系统的启动过程中，涉及 MBR 主引导记录、GRUB 启动菜单、系统初始化配置文件等各方面，其中任何一个环节出现故障都可能会导致系统启动的失常，因此一定要注意做好相关文件的备份工作。本节主要介绍一些系统启动类故障修复的实例。

1. MBR 扇区故障

MBR 引导记录位于物理硬盘的第 1 个扇区（512B），该扇区又称为主引导扇区（MBR 扇区），除了包含系统引导程序的部分数据以外，还包含了整个硬盘的分区表记录。主引导扇区发生故障时，将可能无法进入引导菜单，或者因无法找到正确的分区位置而无法加载系统，通过该硬盘引导主机时很可能进入黑屏状态。通常情况下，解决该问题的思路是：提前作好备份文件、以安装光盘引导进入急救模式、从备份文件中恢复。

下面将通过示例介绍对 MBR 扇区进行备份、模拟破坏、修复的过程。

（1）备份 MBR 扇区数据

由于 MBR 扇区中包含了整个硬盘的分区表记录，因此该扇区的备份文件必须存放到其他的存储设备中，否则在恢复时将无法读取到备份文件。例如，执行以下操作可以将第 1 块硬盘（sda）的 MBR 扇区备份到第 2 块硬盘的 sdb1 分区中（挂载到 /backup 目录）。

```
[root@localhost ~]# mkdir /backup
[root@localhost ~]# mount /dev/sdb1 /backup
[root@localhost ~]# dd if=/dev/sda of=/backup/sda.mbr.bak bs=512 count=1
```

（2）模拟 MBR 扇区故障

这里仍然使用 dd 命令，人为地将 MBR 扇区的记录覆盖，以便模拟出 MBR 扇区被破坏的故障情况（切记要先做好备份，而且将备份文件存放到其他硬盘）。例如，执行以下操作可以从设备文件 zero 中读取 512 字节的数据，将其覆盖到第 1 块硬盘（sda），从而破坏 MBR 扇区中的数据。

```
[root@localhost ~]# dd if=/dev/zero of=/dev/sda bs=512 count=1
```

完成上述操作后重启系统，将会出现“Operating system not found”的提示信息，表示无法找到可用的操作系统，因此无法启动主机。

（3）从备份文件中恢复 MBR 扇区数据

由于 MBR 扇区被破坏以后，已经无法再从该硬盘启动系统，所以需要使用其他硬盘中的操作系统进行引导，或者直接使用 CentOS 6.5 系统的安装光盘进行引导。不管使用哪种方式，目的都是相同的——获得一个可以执行命令的 Shell 环境，以便从备份文件中恢复 MBR 扇区中的数据。

以使用 CentOS 6.5 安装光盘引导为例，当出现安装向导界面，选择“Rescue installed system”，如图 11.1 所示，将以“急救模式”引导光盘中的 Linux 系统。

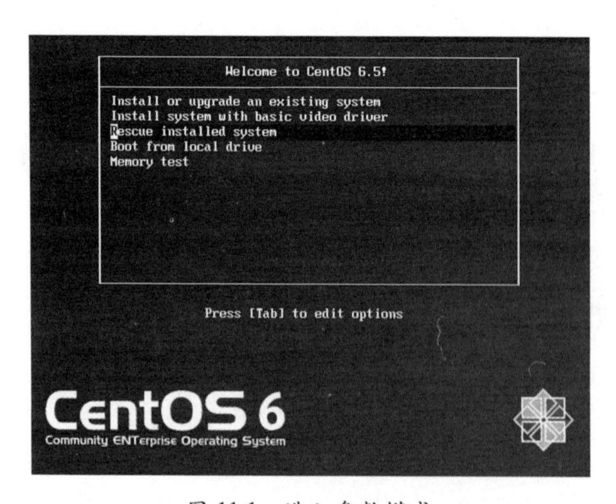

图 11.1　进入急救模式

之后依次按 Enter 键接收默认的语言、键盘格式，提示是否配置网卡时一般选择“NO”，然后系统会自动查找硬盘中的 Linux 分区并尝试将其挂载到“/mnt/sysimage”目录（选择“Continue”确认并继续）。接下来会出现 rescue 窗口，单击“OK”按钮，如图 11.2 所示。

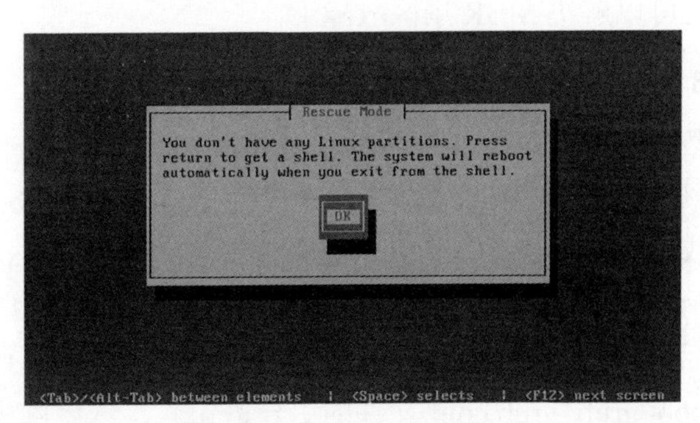

图 11.2 rescue 窗口

最后，如图 11.3 所示，单击“OK”按钮确认后将进入到带“bash-4.1#”提示符的 Bash Shell 环境，只要执行相应的命令挂载保存有备份文件的硬盘分区（sdb1），并将数据恢复到硬盘“/dev/sda”中即可。需要注意的是，当前使用的系统环境是光盘中的 Linux 目录结构。

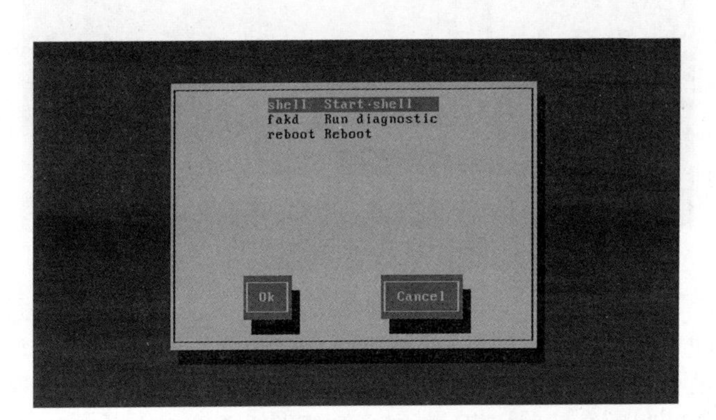

图 11.3 选择进入 Bash Shell 环境

```
bash-4.1# fdisk -l /dev/sda                          // 因 MBR 损害，已无法获得有效分区表
Disk /dev/sda: 21.4 GB, 21474836480 bytes
255 heads, 63 sectors/track, 2610 cylinders
Units = cylinders of 16065 * 512 = 8225280 bytes
Disk /dev/sda doesn’t contain a valid partition table
bash-4.1# mkdir /tmpdir
bash-4.1# mount /dev/sdb1 /tmpdir                    // 挂载带有备份文件的分区
bash-4.1# dd if=/tmpdir/sda.mbr.bak of=/dev/sda      // 恢复备份数据
```

完成恢复操作以后，执行“exit”命令退出临时 Shell 环境，执行“reboot”命令，系统将会自动重启。

通过上面的操作可以看出，解决 MBR 扇区故障的思路一般有三点：

- 应提前做好备份文件。
- 以安装光盘引导进入急救模式。
- 从备份文件中恢复。

按照这个思路就可以解决 MBR 扇区故障了。

2. 修复 GRUB 引导故障

GRUB 是大多数 Linux 系统默认使用的引导程序，可以通过启动菜单的方式选择进入不同的操作系统（如果有的话）。当配置文件 /boot/grub/grub.conf 丢失，或者关键配置出现错误，或者 MBR 记录中的引导程序遭到破坏时，Linux 主机启动后可能只出现“grub>”的提示符，无法完成进一步的系统启动过程，如图 11.4 所示。

若在该提示符后可以进行编辑，则通过输入对应的引导命令（可参考其他相同版本 CentOS 系统中 /boot/grub/ grub.conf 文件的引导语句），然后再执行“boot”命令即可正常引导 Linux 系统。

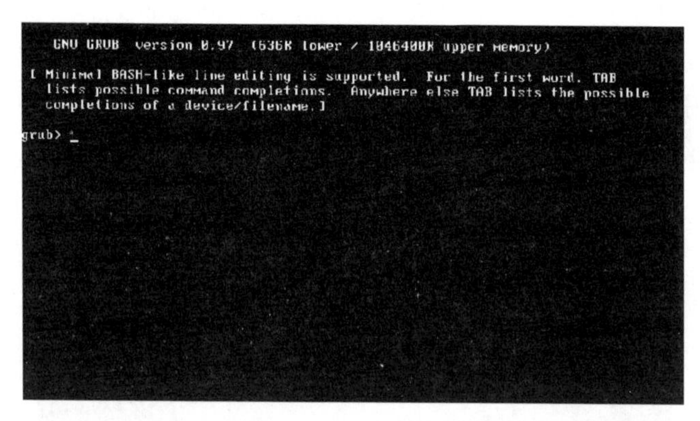

图 11.4 GRUB 引导故障后的提示界面

```
grub>root (hd0,0)
  Filesystem type is ext2fs, partition type 0x83（按 Enter 键显示结果，非手动输入）
grub>kernel /vmlinuz-2.6.32-431.el6.x86_64 ro root=/dev/mapper/VolGroup-lv_root rd_NO_
  LUKS rd_NO_MD rd_LVM_LV=VolGroup/lv_swap crashkernel=auto LANG=zh_CN.UTF-8 rd_
  LVM_LV=VolGroup/lv_root  KEYBOARDTYPE=pc KEYTABLE=us rd_NO_DM rhgb quiet
  [Linux-bzImage, setup=0x3400, size=0x3ec870]（按 Enter 键才显示结果，非手动输入）
grub>initrd /initrd-2.6.32-431.el6.x86_64.img
  [Linux-initrd @ 0x370@9000, 0xf46ab2 bytes]（按 Enter 键显示结果，非手动输入）
grub>boot
```

之后的启动过程与正常启动 CentOS 6.5 系统的过程是一样的。登录进入系统以后，需要找到配置文件 /boot/grub/grub.conf，并修复其中的错误，或者直接重建该文件。具体内容可以参考其他正常主机中的同名文件。

在 CentOS 6.5 系统中，执行以下操作可以查看 GRUB 配置文件 grub.conf 的默认内容。

```
[root@localhost ~]# grep -v "^#" /boot/grub/grub.conf
default=0
timeout=5
splashimage=(hd0,0)/grub/splash.xpm.gz
hiddenmenu
title CentOS (2.6.32-431.el6.x86_64)
    root (hd0,0)
    kernel /vmlinuz-2.6.32-431.el6.x86_64 ro root=/dev/mapper/VolGroup-lv_root rd_NO_LUKS rd_
      NO_MD rd_LVM_LV=VolGroup/lv_swap crashkernel=auto LANG=zh_CN.UTF-8 rd_LVM_
      LV=VolGroup/lv_root  KEYBOARDTYPE=pc KEYTABLE=us rd_NO_DM rhgb quiet
    initrd /initramfs-2.6.32-431.el6.x86_64.img
```

其中，各主要配置项的含义说明如下。

- title：指定在启动菜单中显示的操作系统名称。
- root：指定包含内核等引导文件的 /boot 分区所在的位置。
- kernel：指定内核文件所在的位置，内核加载时权限为只读“ro”，并通过“root=”指定根分区的设备文件位置。
- initrd：指定启动内核所使用的临时系统镜像文件所在的位置。

由于在“grub>”环境中使用的命令较为复杂，而且一般也难以记住相关的命令选项、内核加载参数等，因此用户可以采用另一种修复办法，同样使用 CentOS 6.5 的安装光盘引导进入急救模式（参考上一小节），若分区表并未被破坏，则急救模式将会找到硬盘中的 Linux 根分区，并将其挂载到光盘目录结构中的 /mnt/sysimage/ 文件夹中。

进入“bash-4.1#”的 Shell 环境以后，执行“chroot /mnt/sysimage”命令可以将目录结构切换到待修复的 Linux 系统中，然后重写（或通过之前备份的文件恢复）grub.conf 配置文件即可。

```
bash-4.1# chroot /mnt/sysimage          // 切换到待修复的 Linux 系统根环境
sh-4.1# vi /boot/grub/grub.conf         // 重写 grub.conf 文件，内容略
sh-4.1# exit                            // 退出 chroot 环境
bash-3.2# reboot                        // 退出 sh-3.1 环境，系统会自动重启
```

在上例中，若未执行“chroot /mnt/sysimage”命令，则重新建立的 grub.conf 配置文件应该位于 /mnt/sysimage/boot/grub/grub.conf。

如果是 MBR 扇区中的引导程序出现损坏，可能在重建 grub.conf 配置文件后仍然无法成功启动系统，这时候可以通过 CentOS 6.5 急救模式的 Shell 环境重新安装 grub 引导程序。切换到待修复的 Linux 系统根环境，执行“grub-install /dev/sda”命令可以重新将 grub 引导程序安装到第 1 块硬盘（sda）的 MRB 扇区。

```
bash-4.1# chroot /mnt/sysimage
sh-4.1# grub-install /dev/sda
sh-4.1# exit
bash-4.1# reboot
```

上述方法同样适用于在 Linux 主机中重装 Windows 系统（不覆盖 Linux 系统）

后导致 Linux 系统无法启动的情况。因为对于使用双操作系统的主机，后安装的 Windows 系统将使用自己的引导数据覆盖 MBR 扇区中的记录，导致开机后不再出现 GRUB 菜单从而无法进入 Linux 系统。如果是后安装 Linux 系统，GRUB 程序将会自动识别硬盘中的 Windows 系统并将其加载到 GRUB 菜单配置中。

经验总结

执行“dd if=/dev/zero of=/dev/sda bs=446 count=1”命令可以模拟出对 MBR 扇区中 GRUB 引导程序的破坏（注意先做好备份），但并不会破坏分区表（实际上分区表保存在 MBR 扇区中的第 447 ～ 510 字节中，MBR 总共 512 字节，前 446 字节是主引导记录，从第 447 字节开始后的 64 字节，每 16 字节为一组，是硬盘分区表）。

3. 遗忘 root 用户的密码

当忘记 root 用户的密码时，将无法登录 Linux 系统执行管理、维护等任务，而只能通过其他用户（普通用户）登录使用一些受限制的功能。当然，如果系统中还有别的具有 root 权限的用户（uid 为 0），或者拥有修改 root 账号密码权限的用户，也可以使用这些用户登录系统，然后重新设置 root 用户的密码。

然而，大多数时候 Linux 主机中具有 root 权限的用户只有一个，因此需要通过其他途径来重设 root 账号的密码。最简便的途径是在开机时通过修改 GRUB 引导参数进入单用户模式，另一个途径是使用 CentOS 6.5 的安装光盘进入急救模式。

（1）通过单用户模式重设 root 账号的密码

具体步骤如下。

1）重新启动主机，在出现 GRUB 菜单时按↑、↓箭头键取消倒计时，并定位到要进入的操作系统选择项（如“CentOS （2.6.32-431.el6.x86_64）”），按 e 键进入编辑模式。

2）定位到以 kernel 开头的一行并按 e 键，在行尾添加“single”的启动参数，其中“single”也可以换成字母“s”或数字“1”，也可以表示进入到单用户模式。

3）按 Enter 键确认后，按 b 键将系统引导进入单用户模式，直接进入 Shell 环境（不需要任何密码验证）。

4）在单用户模式的 Shell 环境中，可以执行“passwd root”命令重新设置 root 用户的密码。

（2）通过急救模式重设 root 账号的密码

若使用 CentOS 6.5 的安装光盘进入急救模式的 Shell 环境，则只需切换到待修复 Linux 系统的根目录环境，直接执行“passwd root”命令重设 root 用户的密码即可；或者修改 /etc/shadow 文件，将 root 用户的密码字段清空，重启后以空密码可登录系统。

```
bash-4.1# chroot /mnt/sysimage
sh-4.1# passwd root
```

11.2 CentOS 6 服务控制及优化启动过程

在 Linux 系统完成引导以后，如何控制系统服务的运行状态呢？如何在不同的运行级别之间进行切换呢？如何优化启动过程，减少系统占用的资源呢？本节将进一步来解决这些问题。

11.2.1 服务控制及切换运行级别

1. 服务控制

在 CentOS 6.5 系统中，各种系统服务的控制脚本默认放在 /etc/rc.d/init.d/ 目录下。通过以下两种方式都可以实现对指定系统服务的控制：其一是使用专门的 service 控制工具；其二是直接执行系统服务的脚本文件。

```
service 服务名称控制类型
```

或者

```
/etc/rc.d/init.d/ 服务名称控制类型
```

对于大多数系统服务来说，常见的几种控制类型如下所述。

- start（启动）：运行指定的系统服务程序，实现服务功能。
- stop（停止）：终止指定的系统服务程序，关闭相应的功能。
- restart（重启）：先退出，再重新运行指定的系统服务程序。
- reload（重载）：不退出服务程序，只是刷新配置。在某些服务中与 restart 的操作相同。
- status（查看状态）：查看指定的系统服务的运行状态及相关信息。

例如，执行“service postfix start”或“/etc/rc.d/init.d/postfix start”操作都可以启动尚未运行的 postfix 服务。

```
[root@localhost ~]# service postfix start
```

或者

```
[root@localhost ~]# /etc/rc.d/init.d/postfix start
```

若要查看指定 postfix 服务的运行状态，只需将上述命令中的“start”改为“status”即可。若要停止 postfix 服务，将“start”改为“stop”即可。

```
[root@localhost ~]# service postfix status          // 查看 postfix 服务是否正在运行
master (pid 1540) 正在运行 ...
```

```
[root@localhost ~]# service postfix stop                //终止 postfix 服务
关闭 postfix:                        [ 确定 ]
[root@localhost ~]# service postfix status              //查看 postfix 服务是否已终止
master 已停
```

控制类型“restart”用在需要释放旧的资源全部从头开始的情况，它会先关闭相应的服务程序，然后再重新运行。例如，当在网卡的配置文件中设置了新的 IP 地址以后，为了激活新的 IP 地址，可以重新启动名为 network 的系统服务。

```
[root@localhost ~]# service network restart
正在关闭接口 eth0:                              [ 确定 ]
关闭环回接口：                                  [ 确定 ]
弹出环回接口：                                  [ 确定 ]
弹出界面 eth0:Determining if ip address 100.1.1.1 is already in use for device eth0…
                                                [ 确定 ]
```

对于在实际生产环境中运行的服务器，不要轻易执行 stop 或 restart 操作，以免造成客户端访问中断，带来不必要的损失。若只是要为系统服务启用新的配置，可以采用相对温和一些的“reload”参数重新加载配置，而不是生硬地执行“restart”。例如，对正在为用户提供 Web 访问的 httpd 服务，当需要应用新的配置时，建议执行“service httpd reload”来重新载入配置，而不是执行“service httpd restart”。

```
[root@localhost ~]# service httpd reload
重新载入 httpd:                                 [ 确定 ]
```

2. 切换运行级别

在上一节讲解 inittab 文件中 runlevels 配置字段的时候，已经介绍过运行级别的含义及类型。不同的运行级别代表了系统不同的运行状态，所启用的服务或程序也不一样。例如，对于互联网中的网站、邮件等服务器来说，只需要运行在文本模式就可以了，无需启用图形桌面程序。

下面将介绍如何查看及切换运行级别。

（1）查看系统的运行级别

明确当前系统所在的运行级别将有助于管理员对一些应用故障的排除。若未能确知当前所处的运行级别，可以直接执行“runlevel”命令进行查询，显示结果中的两个字符分别表示切换前的级别、当前的级别，若之前尚未切换过运行级别，第 1 列将显示“N”。

```
[root@localhost ~]# runlevel
N 5
```

（2）切换系统的运行级别

当用户需要将系统转换为其他的运行级别时，可以通过 init 程序进行，只要使用与运行级别相对应的数字（0 ～ 6）作为命令参数即可。例如，为了节省系统资源，将运行级别由图形模式（5）切换为字符模式（3），可以执行“init 3”命令。

```
[root@localhost ~]# init 3
[root@localhost ~]# runlevel
5 3
```

将系统切换到字符模式以后，图形桌面环境将不再可用，这时按 Alt+F7 快捷键也是无法恢复图形桌面环境的（因为图形桌面相关的程序已经被关闭了）。需要再使用图形桌面时，可以执行“init 5”切换回去。

通过切换运行级别的操作，还可以实现两个特殊的功能，那就是关机、重启。运行级别 0、6 分别对应着关机、重启这两个特殊模式，因此只要执行“init 0”“init 6”就可以实现相应的关机、重启操作了。

```
[root@localhost ~]# init 6                    //重启当前系统
[root@localhost ~]# init 0                    //关闭当前系统
```

11.2.2 优化启动过程

Linux 系统中包含了大量的服务程序，这些服务程序在切换运行级别时由 rc 脚本根据预设的状态进行启动或终止。其中有不少系统服务可能并不是用户需要的，但是默认也运行了。

那么，在 Linux 系统中默认包括哪些系统服务？各自的作用是什么？如何控制开机后自动运行的系统服务，减少资源占用、提高系统运行效率呢？下面分别就这些问题进行讲解。

1. 了解常见的系统服务

在 CentOS 6.5 系统中，默认安装的系统服务多达 100 余种，这些系统服务为用户提供了丰富的应用服务。只有正确了解各个系统服务的用途，才能有选择地进行优化操作，实现按需启用 Linux 服务器系统。

下面列出了 CentOS 6.5 中常见的一些系统服务，如表 11-1 所示。其中包括服务的作用、建议启动的状态，以供优化系统服务时参考。

表 11-1 CentOS6.5 中常见的系统服务

服务名称	用途简介	备注
atd	延期、定时执行任务	建议关闭
autofs	自动挂载文件系统	建议关闭
bluetooth	发现、认证蓝牙相关设备	建议关闭
anacrond	执行因关机等耽误的计划任务	建议关闭
crond	按预定周期执行计划任务	建议开启
cups	打印机服务	建议关闭
firstboot	执行安装系统后的初始化过程	建议关闭
haldaemon	搜集、维护硬件信息	建议关闭

续表

服务名称	用途简介	备注
httpd	Apache 的 Web 网站服务	建议关闭
ip6tables	使用 IPv6 地址的 Linux 防火墙	建议关闭
iptables	使用 IPv4 地址的 Linux 防火墙	建议关闭
irqbalance	多核心 CPU 处理器的调度支持	建议开启
kdump	记录内核崩溃时的内存信息	建议关闭
lvm2-monitor	LVM 逻辑卷管理及监控	建议开启
messagebus	发送系统相关事件的通知信息	建议开启
netfs	访问共享文件夹等网络文件系统	建议开启
network	配置及使用网卡、网络地址	建议开启
nfs	访问 NFS 协议的网络文件系统	建议关闭
nfslock	NFS 访问的文件锁定功能	建议关闭
restorecond	SELinux 安全机制的文件监控和恢复功能	建议关闭
rhnsd	访问 Red Hat Network，获取通知、提交订阅等	建议关闭
rpcgssd	管理 NFS 访问中的客户程序语境	建议关闭
saslauthd	基于文本的身份认证	建议关闭
smartd	监控本地硬盘的状态及并发送故障报告	建议开启
smb	文件共享服务	建议关闭
sshd	提供远程登录和管理 Linux 主机的功能	建议开启
rsyslog	记录内核、系统的日志消息	建议开启
vsftpd	通过 FTP 协议提供文件上传、下载	建议关闭

必须强调的是：这些服务到底是选择开启还是关闭，应根据主机的实际功能需求来定，不要生搬硬套。例如，如果当前的 Linux 主机用来向局域网提供文件共享服务，那么 smb 服务应需要开启，否则可以关闭。

2. 优化开机自动加载的服务

Linux 系统在每次开机后会进入默认的运行级别（如字符模式或图形模式），并运行该级别中默认设为启动的各种系统服务。若要禁止某些系统服务自动运行，可以使用 ntsysv 或者 chkconfig 工具进行优化。

（1）使用 ntsysv 工具

ntsysv 工具可以在字符模式中运行，为用户提供一个仿图形的交互式操作界面，专门用于集中配置各种系统服务的启动状态。当需要同时设置多个服务的启动状态时，使用 ntsysv 工具会非常方便。

单独执行“ntsysv”命令时仅用于管理当前运行级别中的服务；通过“--level”选

项可以对指定运行级别中的服务进行管理。例如，执行“ntsysv --level 35”命令可以打开 ntsysv 管理程序，如图 11.5 所示，同时对运行级别 3、5 中的各种系统服务的默认启动状态进行调整。

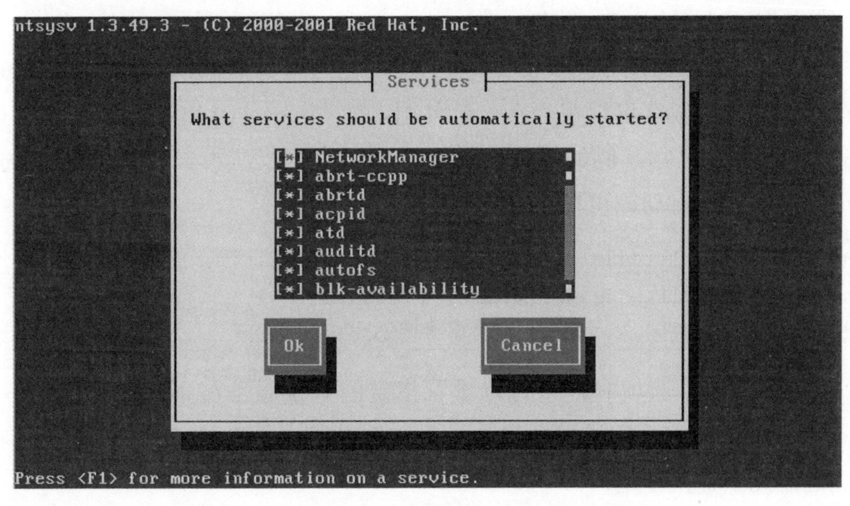

图 11.5 使用 ntsysv 管理程序

操作时按上下箭头键来选择不同的系统服务，按空格键设置服务的默认启动状态（“[*]”表示启动，“[ ]”表示关闭）。如果想知道所选定服务的说明信息，按 F1 键可以获取帮助。

（2）使用 chkconfig 工具

chkconfig 工具与 ntsysv 的功能类似，但是并不提供交互式的操作界面，它用于查询或设置系统服务的默认启动状态。当需要设置某一个服务在不同运行级别中的默认启动状态时，使用 chkconfig 工具会更有效率。

将 chkconfig 命令与“--list”选项配合使用，可以查看指定的系统服务在不同运行级别中的默认启动状态，若未指定服务名称，则将显示出所有服务的默认启动状态。输出结果中的 0，1，2，…，6 对应不同的运行级别。

```
[root@localhost ~]# chkconfig --list            // 查看所有服务的默认启动状态
NetworkManager    0: 关闭 1: 关闭 2: 关闭 3: 关闭 4: 关闭 5: 关闭 6: 关闭
abrt-ccpp         0: 关闭 1: 关闭 2: 关闭 3: 启用 4: 关闭 5: 启用 6: 关闭
abrtd             0: 关闭 1: 关闭 2: 关闭 3: 启用 4: 关闭 5: 启用 6: 关闭
acpid             0: 关闭 1: 关闭 2: 关闭 3: 启用 4: 启用 5: 启用 6: 关闭
……                                              // 省略更多内容
[root@localhost ~]# chkconfig --list network    // 查看 network 服务的默认启动状态
network           0: 关闭 1: 关闭 2: 启用 3: 启用 4: 启用 5: 启用 6: 关闭
```

通过“on”“off”开关值可以设置服务的默认启动状态，它们分别表示启动、关闭。结合“--level”选项可以指定对应的运行级别。执行格式如下所示。

```
chkconfig --level 运行级别列表服务名称  on|off
```

例如，若要指定 postfix 服务在进入字符模式时默认不启动，可以执行以下操作。

```
[root@localhost ~]# chkconfig --level 3 postfix off
[root@localhost ~]# chkconfig --list postfix                    // 确认在运行级别 3 中已为“关闭”
postfix              0: 关闭  1: 关闭  2: 启用  3: 关闭  4: 启用  5: 启用  6: 关闭
```

运行级别对应的数字可以组合在一起使用，如“--level 2345”表示调整范围为 2、3、4、5 这四个运行级别。例如，若要指定 postfix 服务在进入 2、3、4、5 中的任意一个运行级别时默认不启动，可以执行以下操作。

```
[root@localhost ~]# chkconfig --level 2345 postfix off
[root@localhost ~]# chkconfig --list postfix
postfix   0: 关闭  1: 关闭  2: 关闭  3: 关闭  4: 关闭  5: 关闭  6: 关闭
```

当缺少“--level”选项时，也可以设置指定的系统服务在不同运行级别中的默认启动状态，但是这种方式的设置结果会受到该服务脚本文件中状态参数的影响，存在不确定性，因此不建议使用。

11.3 CentOS 7 引导过程及服务管理

从 CentOS 7 版本开始，系统启动和服务管理都交给 systemd 进行管理。

11.3.1 引导过程

在 CentOS 7 系统中，由 systemd 掌管系统的初始化工作，系统的启动过程与之前的版本相比有了新的变化。

1. 引导过程总览

Linux 操作系统的引导过程一般包括以下几个阶段：开机自检、MBR 引导、GRUB 菜单、加载 Linux 内核与内存文件系统、加载硬件驱动以及初始化进程。

（1）开机自检

服务器主机开机以后，将根据主板 BIOS（Basic Input/Output System，基本输入输出系统）中的设置对 CPU、内存、显卡、键盘等设备进行初步检测，并初始化部分硬件，检测成功后根据预设的启动顺序移交系统控制权，大多数时候会移交给本机硬盘。

自检过程中可以根据主机的 POST 信息进入配置，通常按某一组合键进入，常用 F2 或者 Delete。

（2）MBR 引导

当从本机硬盘中启动系统时，首先根据硬盘第 1 个扇区中 MBR（Master Boot

Record，主引导记录）的设置，将系统控制权传递给包含操作系统引导文件的分区；或者直接根据 MBR 记录中的引导信息调用启动菜单（在 CentOS 7 系统中为 grub2）。

（3）GRUB 菜单

对于 Linux 系统来说，GRUB 算是使用最为广泛的多系统引导器程序了。系统控制权传递给 GRUB 以后，将会显示启动菜单提供给用户选择，并根据所选项（或采用默认值）加载 Linux 内核文件，然后将系统控制权转交给内核。

（4）加载 Linux 内核与内存文件系统

系统引导器程序会从本地硬盘中加载内核以及内存文件系统（CentOS 7 中使用 initramfs）。

Linux 内核是一个预先编译好的特殊二进制文件，介于各种硬件资源与系统程序之间，负责资源分配与调度。内核接过系统控制权以后，将完全掌控整个 Linux 操作系统的运行过程。在 CentOS 7.3 版本的系统中，默认的内核文件位置位于“/boot/vmlinuz-3.10.0-514.el7.x86_64”。

内存文件系统 initramfs 是经过 gzip 的 cpio 归档，其中包含启动时所有必要的硬件内核模块、初始化脚本等。

（5）加载硬件驱动以及初始化进程

内核初始化在 initramfs 中找到驱动程序的所有硬件，然后作为 PID 1 从 initramfs 执行 /sbin/init，CentOS 7 中将其复制为 systemd，systemd 启动 initrd.target 中所有单元，并挂载根文件系统 /sysroot，内核与文件系统由内存文件系统切换至系统根文件系统，并重新运行 /sysroot.systemd。systemd 启动默认 target（图形或者字符终端），最后等待用户进行登录。

2. systemd 进程

Linux 系统中的进程（运行中的程序）使用数字进行标记，每个进程的身份标记号称为 PID。从 CentOS 7 版本的系统开始 systemd 成为 PID 恒为 1 的初始化进程，是内核第一个加载的程序。

systemd 进程是维持整个 Linux 系统运行的所有进程的“始祖”，因此 systemd 进程是不允许被轻易终止的。需要切换不同的系统运行状态时，可以向 systemd 进程发送正确的执行命令，由 systemd 自身来完成相关操作。

systemd 诞生的主要目的是为了将更多的服务并发启动，从而提高系统启动速度。其最大的优点在于具有提供按需启动服务的能力，只有在某个服务真正被请求时才进行启动，当该服务结束时 systemd 就将其关闭，等待下次需要时启动。

11.3.2 使用 systemd 管理系统

systemd 不是单独一个命令，而是一个集合体，例如 systemctl 是管理系统的主要命令，hostnamectl 是用于查看与修改当前主机信息的命令，其他的命令将依次介绍。

1. systemd 单元

在 systemd 中不同类型的 systemd 对象被统一称为单元，是让系统知道该如何进行操作和管理资源的主要对象，所以 systemd 有许多单元类型。systemd 单元文件最初默认存放在 /lib/systemd/system 目录中，每当安装新的软件都会自动在这个目录中添加一个配置文件。

systemctl 命令用于管理各种类型的 systemd 单元，可以使用“systemctl -t help”命令来查询 systemd 支持的单元类型。

以下列出最常见的单元。

```
[root@kgc ~]# systemctl -t help
Available unit types:
service      // 后缀标识为 .service 最常用，代表系统服务
socket       // 后缀标识为 .socket 代表套接字，表述进程间通信（IPC）
target       // 后缀标识为 .target 用于代替旧版本中运行级别的存在
timer        // 后缀标识为 .timer 用于定时器配置触发用户所定义的操作，取代了任务计划
path         // 后缀标识为 .path 用于在特定的文件系统发生变化前延迟服务的启动
...
```

这些单元类型以后缀的形式附在资源名后面，如网络服务 network.service。

2. systemd 服务管理

systemctl 命令可以控制系统服务，此命令涵盖了之前版本操作系统中的 service 命令和 chkconfig 命令两者的功能，在使用 systemctl 命令时，可以省略服务单元名称的标识 .service。也就是如果输入资源无后缀标识，systemctl 会默认把后缀标识当作 .service 来处理。

语法：systemctl [OPTIONS...] {COMMAND} ...

（1）查看服务启动状态

语法：systemctl status name.service

```
[root@kgc ~]# systemctl status sshd.service
 sshd.service - OpenSSH server daemon
   Loaded: loaded (/usr/lib/systemd/system/sshd.service; enabled; vendor preset: enabled)
   Active: active (running) since Wed 2016-12-07 18:27:59 CST; 1h 53min ago
     Docs: man:sshd(8)
           man:sshd_config(5)
 Main PID: 1468 (sshd)
   CGroup: /system.slice/sshd.service
           └─1468 /usr/sbin/sshd -D
Dec 07 18:27:59 bogon systemd[1]: Started OpenSSH server daemon.
Dec 07 18:27:59 bogon systemd[1]: Starting OpenSSH server daemon...
Dec 07 18:27:59 bogon sshd[1468]: Server listening on 0.0.0.0 port 22.
...
```

从输出的服务状态信息中可以查看到的关键信息内容总结如表 11-2 所示。

表 11-2 服务状态关键字

关键字	说明
loaded	配置文件被处理
active(running)	一个或多个进程在持续运行
active(exited)	成功完成一个“一次性”配置
active(waiting)	运行但等待“事件”
inactive	未运行
enabled	开机自动启动
disabled	不随开机启动
static	不能自动启动，只能随其他单元启动而启动

查看服务状态除了 status 选项，systemctl 还提供了另外两种查询服务状态的方法。

1）查看某个服务是否在启动成功状态 systemctl is-active named.service。

```
[root@kgc ~]# systemctl is-active sshd .service
active
```

2）查看某个服务是否在启动失败状态 systemctl is-failed named.service。

```
[root@kgc ~]# systemctl is-failed httpd
failed
```

（2）启动与停止服务

语法：systemctl {start |stop |restart|reload } name.service

```
[root@kgc ~]# systemctl start  httpd
[root@kgc ~]# systemctl stop  httpd
[root@kgc ~]# systemctl restart  httpd
[root@kgc ~]# systemctl reload  httpd
```

需要注意的是：restart 命令相当于先停止（stop）然后再启动（start）服务，此时服务的 PID 值将会改变，而 reload 命令则是使服务读取和重新加载此服务的配置文件，不会完全停止和启动服务，所以服务的 PID 值不会发生改变。可以使用查看服务状态的 status 命令进行验证。生产环境中建议使用 reload 命令来重新加载服务。

（3）设置开机启动

在运行着的系统上启动服务不能确保该服务在重启后依然启动，同理在运行着的系统上停止服务不能确保该服务在重启后不会再次启动。可以通过 systemctl 命令对于开机时是否自动启动服务进行管理。

语法：systemctl {enable |disable} name.service

1）将服务设置为开机自动启动。

```
[root@kgc ~]# systemctl enable httpd
Created symlink from /etc/systemd/system/multi-user.target.wants/httpd.service to /usr/lib/systemd/
  system/httpd.service.
```

2）将服务设置为开机不启动，即禁用服务。

[root@kgc ~]# systemctl disable httpd

Removed symlink /etc/systemd/system/multi-user.target.wants/httpd.service.

从返回信息可以看出 systemctl enable 命令相当于在 /etc/systemd/system 目录中添加一个软链接，指向 /usr/lib/systemd/system 目录中的 .service 文件。而 systemctl disable 则是从 /etc/systemd/system 目录中移除该软链接。开机时 systemd 只执行启动 /etc/systemd/system 目录中的配置文件。

（4）查看依赖关系

systemd 单元之间存在依赖关系，即启动某个服务的时候，会同时启动另一个服务，可以使用“systemctl list-dependencies”命令列出这些依赖关系。

```
[root@kgc ~]# systemctl list-dependencies httpd.service
httpd.service
● ├─ -.mount
● ├─ system.slice
● └─ basic.target
● ├─ alsa-restore.service
● ├─ alsa-state.service
● ├─ firewalld.service
● ├─ microcode.service
● ├─ rhel-autorelabel-mark.service
● ├─ rhel-autorelabel.service
● ├─ rhel-configure.service
● ├─ rhel-dmesg.service
● ├─ rhel-loadmodules.service
● ├─ paths.target
● ├─ slices.target
● │ ├─ -.slice
● │ └─ system.slice
● ├─ sockets.target
● │ ├─ avahi-daemon.socket
lines 1-19
```


（5）屏蔽服务

有时候系统存在安装了相互冲突的服务的情况，为了防止管理员意外启动这些相互冲突的服务，systemd 提供了屏蔽服务的命令，使得屏蔽的服务不会在系统启动时启动，也不会被其他的 systemd 单元启动，也无法被手动启动。例如防火墙 iptables 和 firewalld 服务就是相互冲突的，可以屏蔽掉其中一个。

屏蔽服务命令：systemctl mask name.service。

取消屏蔽使用命令：systemctl unmask name.service。

```
[root@kgc ~]# systemctl mask NetworkManager
```

```
Created symlink from /etc/systemd/system/NetworkManager.service to /dev/null.
[root@kgc ~]# systemctl unmask NetworkManager
Removed symlink /etc/systemd/system/NetworkManager.service.
```

3. 服务配置文件

systemd 在开机时默认会从 /etc/systemd/system/ 目录中读取服务的配置文件用于启动该服务，实际上 /etc/systemd/system/ 目录中存放着的都是软连接文件，指向 /usr/lib/systemd/system/ 目录中真正的配置文件。这里的配置文件有着相似的格式。

下面以 sshd.service 服务为例，对服务的配置文件进行学习。

```
[root@kgc ~]# cat /usr/lib/systemd/system/sshd.service
[Unit]    # 定义 systemd 单元的元数据
Description=OpenSSH server daemon  # 描述信息
Documentation=man:sshd(8) man:sshd_config(5)  #man 手册文档
After=network.target sshd-keygen.service  # 在此单元启动之前启动的单元
Wants=sshd-keygen.service  # 与此单元配合使用的单元，如果没有运行此单元也不会启动失败

[Service]  # 服务的配置，只有 systemd 单元是服务类型时才有这一段信息
EnvironmentFile=/etc/sysconfig/sshd      # 此服务单元的服务配置文件
ExecStart=/usr/sbin/sshd -D $OPTIONS   # 启动服务单元的命令
ExecReload=/bin/kill -HUP $MAINPID    # 重启服务单元的命令
KillMode=process                    # 终止该服务单元进程模式
Restart=on-failure  # 定义什么情况下 systemd 会自动启动此服务单元
RestartSec=42s  # 自动重启该服务单元所间隔的秒数

[Install]      # 定义是否是开机启动
WantedBy=multi-user.target   # 当前单元激活时软链接会放在 /etc/systemd/system/
                               目录下面的 multi-user.target.wants 目录中
```

使用“systemctl list-unit-files --type unit-type”命令可以列出指定 systemd 单元类型的所有配置文件及其状态。

```
[root@kgc ~]# systemctl list-unit-files --type service
UNIT FILE                     STATE
abrt-ccpp.service             enabled
abrt-oops.service             enabled
abrt-pstoreoops.service       disabled
abrt-vmcore.service           enabled
abrt-xorg.service             enabled
abrtd.service                 enabled
accounts-daemon.service       enabled
alsa-restore.service          static
lines 1-9
```

单元配置文件状态一共有四种，总结如表 11-3 所示。

表 11-3 服务状态

状态	说明
enabled	已经建立开机自动启动关系
disabled	没建立开机自动启动关系
static	该配置文件不能被自动启动，只能作为其他配置文件的依赖
masked	该配置文件不允许建立自动启动关系

4. Target 类型单元

CentOS 7 抛弃了之前版本运行级别的概念，转而引入了 target 类型单元来将系统启动时需要启动的大量 systemd 单元进行分类。简单说 target 就是一个单元组，通过一连串的依赖关系将许多相关的 systemd 单元组织在一起。

使用“systemctl list-unit-files --type target”命令可以查看当前系统上的所有 target。

```
[root@kgc ~]# systemctl list-unit-files --type target
UNIT FILE               STATE
bluetooth.target        static
default.target          enabled
graphical.target        enabled
poweroff.target         disabled
multi-user.target       static
...
```

其中最常见的 target 如表 11-4 所示。

表 11-4 常见 target

Target	说明
default.target	默认启动的 target
graphical.target	图形界面的 target
multi-user.target	多用户字符界面的 target

CentOS 7 版本之前的系统使用 init 初始化进程，有 0 到 6 一共七个运行级别来代表特定的操作模式，每个级别可以启动特定的服务，默认启动的运行级别会在配置文件 /etc/inittab 中设置。而从 CentOS 7 版本开始使用 systemd 进程取代 init 进程，运行级别的概念也由 target 取代，默认启动位于 /etc/systemd/system/default.target 中定义的内容，通常是以软链接的方式链接到 graphical.target（图形界面）或者 multi-user.target（多用户字符界面）。为了兼容，CnetOS 7 也定义了一些 target 与之前版本的运行级别相对应，比如 poweroff.target 对应之前版本的运行级别 0，rescue.target 对应之前版本的运行级别 1，reboot.target 对应之前版本的运行级别 6，multi-user.target 对应之前版本的运行级别 2、3，graphical.target 对应之前版本的运行级别 5。

可以使用“systemctl get-default”命令查看当前系统的默认启动 target。

```
[root@kgc ~]# systemctl get-default
graphical.target
```

使用“systemctl set-default”命令设置默认启动的 target。

```
[root@kgc ~]# systemctl set-default multi-user.target
Removed symlink /etc/systemd/system/default.target.
Created symlink from /etc/systemd/system/default.target to /usr/lib/systemd/system/multi-user.target.
[root@kgc ~]# systemctl get-default
multi-user.target
```

使用“systemctl isolate”命令在不同的 target 之间切换。

```
[root@kgc ~]# systemctl isolate multi-user.target
```

如果系统出现故障，可以使用 systemctl rescue 进入急救模式，如果急救模式都不能进入，可以使用 systemctl emergency 进入紧急模式，紧急模式根目录以只读方式挂载，不激活网络只启动很少的服务，可以对系统进行修复。进入急救模式或者紧急模式都需要输入 root 用户密码方可进入。

5. systemd 其他命令

systemd 除了控制与管理系统的 systemctl 命令之外，还有一些其他的系统设置命令。

（1）更改系统主机名

我们知道，使用 hostname 命令可以显示和临时修改系统的主机名。在 CentOS 7 版本中的主机名配置文件变为 /etc/hostname 文件，而 systemd 的命令 hostnamectl 用于修改此文件信息。除此之外 hostnamectl 命令还可以查看主机名的状态。

1）修改永久使用的主机名。

```
[root@kgc ~]# hostnamectl set-hostname www.example.com
```

2）查看主机名的状态。

```
[root@kgc ~]# hostnamectl status
   Static hostname: www.example.com
         Icon name: computer-vm
           Chassis: vm
        Machine ID: 03869845707a48d2b182140069607e43
           Boot ID: 6d2c013c37cc4625ae160f879856ee30
    Virtualization: vmware
  Operating System: CentOS Linux 7 (Core)
       CPE OS Name: cpe:/o:centos:centos:7
            Kernel: Linux 3.10.0-327.el7.x86_64
      Architecture: x86-64
```

（2）日志系统

systemd 提供了自己的日志系统 journal，无需安装额外的日志服务（rsyslog），就可以使用 journalctl 命令读取日志信息。

journalctl 还可以根据特定字段进行过滤输出，举例如下。

1）输出本次启动后的所有日志信息 : journalctl -b。

2）显示固定时间段的日志信息，例如显示 2016 年 12 月 8 日 18 点之后的日志信息 :journalctl --since="2016-12-8 18:00:00"。

（3）语言设置

systemd 的命令 localectl 可以用来查看与设置系统的语言，可以使用 localectl 命令（等同于 localectl status 命令）显示当前系统使用的语言。

```
[root@kgc ~]# localectl
  System Locale: LANG=en_US.UTF-8
      VC Keymap: us
     X11 Layout: us
```

使用 localectl list-locales 列出当前系统所支持的语言。

使用 localectl set-locale LANG=zh_CN.UTF-8 设置语言为中文。

（4）时间相关设置

在 CentOS 7 系统中，关于时间的命令除了保留了之前版本中所用到的 date 等命令之外，还增加了 timedatectl 命令。可以使用 timedatectl 命令（等同于 timedatectlstatus 命令）来查看当前时间相关设置。

```
[root@kgc ~]# timedatectl
      Local time: Thu 2016-12-08 20:34:37 CST
  Universal time: Thu 2016-12-08 12:34:37 UTC
        RTC time: Thu 2016-12-08 12:34:38
       Time zone: Asia/Shanghai (CST, +0800)
     NTP enabled: yes
NTP synchronized: yes
 RTC in local TZ: no
      DST active: n/a
```

使用 timedatectl set-time YYYY-MM-DD 设置系统日期。

使用 timedatectl set-time HH:MM:SS 设置系统时间。

使用 timedatectl set-timezone time_zone 设置系统时区。

（5）登录系统的用户信息

systemd 提供了查看登录系统用户信息的 loginctl 命令。使用命令 loginctl（等同于 loginctl list-sessions 命令）来查看当前登录用户的会话。

```
[root@kgc ~]# loginctl
   SESSION        UID USER          SEAT
         3          0 root
         8          0 root

2 sessions listed.
```

使用命令 loginctl list-users 列出当前登录系统的用户。

```
[root@kgc ~]# loginctl list-users
    UID USER
      0 root

1 users listed.
```

（6）启动耗时

systemd 最大的改进在于可以并行地启动系统服务进程，极大地减少了系统引导时间，可以使用 systemd-analyze（等同于 systemd-analyze time 命令）查看系统启动耗时。

```
[root@kgc ~]# systemd-analyze
Startup finished in 2.361s (kernel) + 6.176s (initrd) + 1min 17.849s (userspace) = 1min 26.388s
```

还可以使用 systemd-analyze blame 查看每个服务的启动耗时。

本章总结

- init 进程负责 Linux 系统的初始化过程，其 PID 号永远为 1，使用的配置文件包括 /etc/inittab 等一系列文件。
- 使用 service 工具或 /etc/init.d 目录下的系统服务脚本，可以启动、停止、重启系统服务。
- Linux 系统包括 0 ～ 6 这七个运行级别，其中 0 表示关机，6 表示重启，3 表示完整字符模式，5 表示图形模式。
- 使用 ntsysv、chkconfig 工具可以设置多个服务在不同运行级别的启动状态。
- 从 CentOS 7 版本开始，系统启动和服务管理都交给 systemd 进行管理。

本章作业

1．简述 CentOS 6 和 CentOS 7 系统的基本引导过程。

2．CentOS 6 系统中包括哪些运行级别？各自的含义是什么？

3．在 CentOS 6.5 服务器中，禁用终端中的 Ctrl+Alt+Del 组合键重启功能。

4．在 CentOS 7 中，模拟 MBR 扇区故障并从备份文件中恢复 MBR 扇区数据。

3．用课工场 APP 扫一扫完成在线测试，快来挑战吧！

随手笔记

第12章

进程和计划任务管理

技能目标

- 学会查看和控制进程
- 掌握 crontab 计划任务管理

本章导读

通过之前的学习，我们了解了 Linux 系统的引导过程，以及如何控制系统服务、优化系统服务。若要详细了解系统中运行的各种程序信息、关闭失去响应的进程，以及在指定的时间自动执行任务，应该如何操作呢？本章将进一步学习进程管理和计划任务管理的相关知识和技术。

知识服务

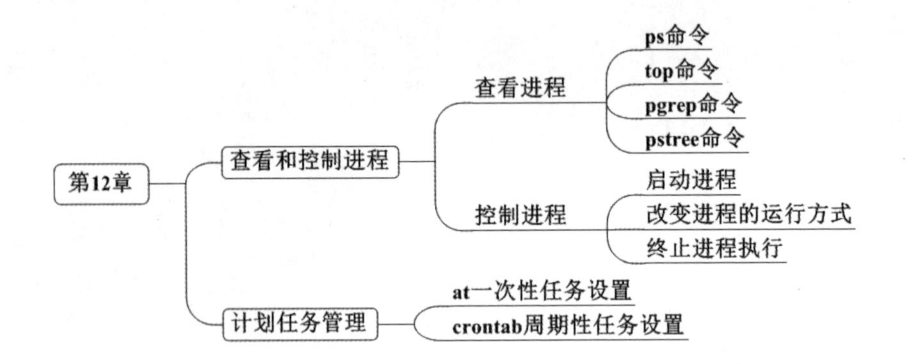

12.1 查看和控制进程

程序是保存在外部存储介质（如硬盘、光盘）中的可执行机器代码和数据的静态集合，而进程是在 CPU 及内存中处于动态执行状态的计算机程序。在 Linux 系统中，每个程序启动后可以创建一个或多个进程。例如，提供 Web 服务的 httpd 程序，当有大量用户同时访问 Web 页面时，httpd 程序可能会创建多个进程来提供服务。

本节将学习如何查看进程信息及与控制进程相关的操作命令。

12.1.1 查看进程

了解系统中进程的状态是对进程进行管理的前提，使用不同的命令工具可以从不同的角度查看进程状态。下面将学习几个常用的进程查看命令，命令执行结果仅供参考，因环境不同执行结果有差异。

1. ps 命令——查看静态的进程统计信息（Processes Statistic）

ps 命令是 Linux 系统中最为常用的进程查看工具，主要用于显示包含当前运行的各进程完整信息的静态快照。通过不同的命令选项，可以有选择性地查看进程信息。

- a：显示当前终端下的所有进程信息，包括其他用户的进程。与“x”选项结合时将显示系统中所有的进程信息。
- u：使用以用户为主的格式输出进程信息。
- x：显示当前用户在所有终端下的进程信息。
- -e：显示系统内的所有进程信息。
- -l：使用长（Long）格式显示进程信息。
- -f：使用完整的（Full）格式显示进程信息。

以上列出的是 ps 命令中常用的几个选项，需要注意的是，有一部分选项是不带“-”前缀的（添加“-”前缀后含义可能会有出入，详细请参考 man 手册页）。习惯上将上述选项组合在一起使用，如执行“ps aux”或“ps -elf”命令。

执行“ps aux”命令后，将以简单列表的形式显示出进程信息，如图 12.1 所示。

```
[root@localhost ~]# ps aux
```

```
USER       PID %CPU %MEM    VSZ   RSS TTY      STAT START   TIME COMMAND
root         1  0.0  0.0  19356  1492 ?        Ss   10:27   0:00 /sbin/init
root         2  0.0  0.0      0     0 ?        S    10:27   0:00 [kthreadd]
root         3  0.0  0.0      0     0 ?        S    10:27   0:00 [migration/0]
root         4  0.0  0.0      0     0 ?        S    10:27   0:00 [ksoftirqd/0]
root         5  0.0  0.0      0     0 ?        S    10:27   0:00 [migration/0]
root         6  0.0  0.0      0     0 ?        S    10:27   0:00 [watchdog/0]
root         7  0.0  0.0      0     0 ?        S    10:27   0:00 [migration/1]
root         8  0.0  0.0      0     0 ?        S    10:27   0:00 [migration/1]
root         9  0.0  0.0      0     0 ?        S    10:27   0:00 [ksoftirqd/1]
root        10  0.0  0.0      0     0 ?        S    10:27   0:00 [watchdog/1]
root        11  0.0  0.0      0     0 ?        S    10:27   0:00 [events/0]
root        12  0.0  0.0      0     0 ?        R    10:27   0:00 [events/1]
root        13  0.0  0.0      0     0 ?        S    10:27   0:00 [cgroup]
root        14  0.0  0.0      0     0 ?        S    10:27   0:00 [khelper]
root        15  0.0  0.0      0     0 ?        S    10:27   0:00 [netns]
root        16  0.0  0.0      0     0 ?        S    10:27   0:00 [async/mgr]
root        17  0.0  0.0      0     0 ?        S    10:27   0:00 [pm]
root        18  0.0  0.0      0     0 ?        S    10:27   0:00 [sync_supers]
root        19  0.0  0.0      0     0 ?        S    10:27   0:00 [bdi-default]
root        20  0.0  0.0      0     0 ?        S    10:27   0:00 [kintegrityd/0]
root        21  0.0  0.0      0     0 ?        S    10:27   0:00 [kintegrityd/1]
```

图 12.1 ps aux 命令执行结果

上述输出信息中，第 1 行为列表标题，其中各字段的含义描述如下。

- USER：启动该进程的用户账号的名称。
- PID：该进程在系统中的数字 ID 号，在当前系统中是唯一的。
- TTY：表明该进程在哪个终端上运行。“?”表示未知或不需要终端。
- STAT：显示了进程当前的状态，如 S（休眠）、R（运行）、Z（僵死）、<（高优先级）、N（低优先级）、s（父进程）、+（前台进程）。对处于僵死状态的进程应该予以手动终止。
- START：启动该进程的时间。
- TIME：该进程占用的 CPU 时间。
- COMMAND：启动该进程的命令的名称。
- %CPU：CPU 占用的百分比。
- %MEM：内存占用的百分比。
- VSZ：占用虚拟内存（swap 空间）的大小。
- RSS：占用常驻内存（物理内存）的大小。

若执行“ps -elf”命令，则将以长格式显示系统中的进程信息，并且包含更丰富的内容。例如，输出信息中还包括 PPID 列（表示对应进程的父进程的 PID 号），如图 12.2 所示。

```
[root@localhost ~]# ps -elf
```

直接执行不带任何选项的 ps 命令时，将只显示当前用户会话中打开的进程。

```
[root@localhost ~]# ps
```

```
  PID TTY          TIME CMD
 1863 pts/4    00:00:00 bash
 3015 pts/4    00:00:00 ps
```

```
F S UID        PID  PPID  C PRI  NI ADDR SZ WCHAN  STIME TTY          TIME CMD
4 S root         1     0  0  80   0 -  4839 poll_s 10:27 ?        00:00:00 /sbin/init
1 S root         2     0  0  80   0 -     0 kthrea 10:27 ?        00:00:00 [kthreadd]
1 S root         3     2  0 -40   - -     0 migrat 10:27 ?        00:00:00 [migration/0]
1 S root         4     2  0  80   0 -     0 ksofti 10:27 ?        00:00:00 [ksoftirqd/0]
1 S root         5     2  0 -40   - -     0 cpu_st 10:27 ?        00:00:00 [migration/0]
5 S root         6     2  0 -40   - -     0 watchd 10:27 ?        00:00:00 [watchdog/0]
1 S root         7     2  0 -40   - -     0 migrat 10:27 ?        00:00:00 [migration/1]
1 S root         8     2  0 -40   - -     0 cpu_st 10:27 ?        00:00:00 [migration/1]
1 S root         9     2  0  80   0 -     0 ksofti 10:27 ?        00:00:00 [ksoftirqd/1]
5 S root        10     2  0 -40   - -     0 watchd 10:27 ?        00:00:00 [watchdog/1]
1 S root        11     2  0  80   0 -     0 worker 10:27 ?        00:00:00 [events/0]
1 R root        12     2  0  80   0 -     0 -      10:27 ?        00:00:00 [events/1]
1 S root        13     2  0  80   0 -     0 worker 10:27 ?        00:00:00 [cgroup]
1 S root        14     2  0  80   0 -     0 worker 10:27 ?        00:00:00 [khelper]
1 S root        15     2  0  80   0 -     0 worker 10:27 ?        00:00:00 [netns]
1 S root        16     2  0  80   0 -     0 async_ 10:27 ?        00:00:00 [async/mgr]
1 S root        17     2  0  80   0 -     0 worker 10:27 ?        00:00:00 [pm]
1 S root        18     2  0  80   0 -     0 bdi_sy 10:27 ?        00:00:00 [sync_supers]
1 S root        19     2  0  80   0 -     0 bdi_fo 10:27 ?        00:00:00 [bdi-default]
1 S root        20     2  0  80   0 -     0 worker 10:27 ?        00:00:00 [kintegrityd/0]
1 S root        21     2  0  80   0 -     0 worker 10:27 ?        00:00:00 [kintegrityd/1]
1 S root        22     2  0  80   0 -     0 worker 10:27 ?        00:00:00 [kblockd/0]
1 S root        23     2  0  80   0 -     0 worker 10:27 ?        00:00:00 [kblockd/1]
```

图 12.2　ps -elf 命令执行结果

由于系统中运行的进程数量较多，需要查询某一个进程的信息时可以结合管道操作和 grep 命令进行过滤。例如，执行以下操作可以过滤出包含“bash”的进程信息。

```
[root@localhost ~]# ps aux | grep bash
root      3279  0.0  0.2  5728  1500 pts/0    Ss   08:04   0:02 -bash
root     27364  0.0  0.1  4988   668 pts/0    S+   10:31   0:00 grep bash
```

2. top 命令——查看进程动态信息

使用 ps 命令查看到的是一个静态的进程信息，并不能连续地反馈出当前进程的运行状态。若希望以动态刷新的方式显示各进程的状态信息，可以使用 top 命令。top 命令将会在当前终端以全屏交互式的界面显示进程排名，及时跟踪包括 CPU、内存等系统资源占用情况，默认情况下每三秒刷新一次，其作用基本类似于 Windows 系统中的“任务管理器”，如图 12.3 所示。

```
[root@localhost ~]# top
```

上述输出信息中，开头的部分显示了系统任务（Tasks）、CPU 占用、内存占用（Mem）、交换空间（Swap）等汇总信息；汇总信息下方依次显示当前进程的排名情况。相关信息的含义表述如下。

- 系统任务（Tasks）信息：total，总进程数；running，正在运行的进程数；sleeping，休眠的进程数；stopped，中止的进程数；zombie，僵死无响应的进程数。

```
Tasks: 121 total,    1 running, 120 sleeping,    0 stopped,    0 zombie
Cpu(s):  0.0%us,  0.2%sy,  0.0%ni, 99.8%id,  0.0%wa,  0.0%hi,  0.0%si,  0.0%st
Mem:   1923392k total,  1223652k used,   699740k free,   113892k buffers
Swap:  4194296k total,        0k used,  4194296k free,   889964k cached

  PID USER      PR  NI  VIRT  RES  SHR S %CPU %MEM    TIME+  COMMAND
 1843 root      20   0 98.0m 4148 3124 S  0.3  0.2   0:00.18 sshd
 5113 root      20   0 15036 1184  904 R  0.3  0.1   0:00.11 top
    1 root      20   0 19356 1496 1188 S  0.0  0.1   0:00.58 init
    2 root      20   0     0    0    0 S  0.0  0.0   0:00.00 kthreadd
    3 root      RT   0     0    0    0 S  0.0  0.0   0:00.75 migration/0
    4 root      20   0     0    0    0 S  0.0  0.0   0:00.02 ksoftirqd/0
    5 root      RT   0     0    0    0 S  0.0  0.0   0:00.00 migration/0
    6 root      RT   0     0    0    0 S  0.0  0.0   0:00.00 watchdog/0
    7 root      RT   0     0    0    0 S  0.0  0.0   0:00.18 migration/1
    8 root      RT   0     0    0    0 S  0.0  0.0   0:00.00 migration/1
    9 root      20   0     0    0    0 S  0.0  0.0   0:00.07 ksoftirqd/1
   10 root      RT   0     0    0    0 S  0.0  0.0   0:00.00 watchdog/1
```

图 12.3 top 命令执行结果

- CPU 占用信息：us，用户占用；sy，内核占用；ni，优先级调度占用；id，空闲 CPU；wa，I/O 等待占用；hi，硬件中断占用；si，软件中断占用；st，虚拟化占用。要了解空闲的 CPU 百分比，主要是看 %id 部分。
- 内存占用（Mem）信息：total，总内存空间；used，已用内存；free，空闲内存；buffers，缓冲区域。
- 交换空间（Swap）占用：total，总交换空间；used，已用交换空间；free，空闲交换空间；cached，缓存空间。

例如，从上述“Tasks:……”部分的信息可得知当前共有 121 个进程，其中正在运行的 1 个、休眠状态的 86 个、停止或僵死状态的 0 个。

在 top 命令的全屏操作界面中，可以按 c 键根据 CPU 占用情况对进程列表进行排序，或按 M 键根据内存占用情况进行排序，按 h 键可以获得 top 程序的在线帮助信息，按 q 键可以正常地退出 top 程序。

若通过 top 排名工具发现某个进程 CPU 占用率非常高，需要终止该进程的运行时，可以在 top 操作界面中按 k 键，然后在列表上方将会出现“PID to signal/kill [default pid = 3172]”的提示信息，3127 是 top 进程的 PID，默认直接回车键是 kill 掉 top 这个进程，如果输入其他进程的 PID 号并按 Enter 键确认即可终止对应的进程。

关于 lsof、iostat、sar 等工具的介绍请参见本章的知识服务。

3. pgrep 命令——查询进程信息

当使用 ps 命令查询某个进程的 PID 信息时，往往需要结合 grep 命令对输出结果进行过滤，但这样使用非常不方便，而 pgrep 命令则正是用来查询特定进程信息的专用工具。使用 pgrep 命令可以根据进程的名称、运行该进程的用户、进程所在的终端等多种属性查询特定进程的 PID 号。

通过 pgrep 命令，可以只指定进程的一部分名称进行查询，结合“-l”选项可同时输出对应的进程名（否则只输出 PID 号，不便于理解）。例如，若要查询进程名中包含“log”的进程及其 PID 号，可以执行以下操作。

```
[root@localhost ~]# pgrep -l "log"
2538 rsyslogd
2113 mcelog
```

还可结合“-U”选项查询特定用户的进程、“-t”选项查询在特定终端运行的进程。例如，若要查询由用户 teacher 在 tty1 终端上运行的进程及 PID 号，可以执行以下操作。

```
[root@localhost ~]# pgrep -l -U teacher-t tty1
27483 bash
27584 vim
```

4. pstree 命令——查看进程树

pstree 命令可以输出 Linux 系统中各进程的树形结构，更加直观地判断出各进程之间的相互关系（父、子进程）。pstree 命令默认情况下只显示各进程的名称，结合“-p”选项使用时可以同时列出对应的 PID 号，结合“-u”选项可以列出对应的用户名，结合“-a”选项可以列出完整的命令信息。

例如，执行“pstree -aup”命令可以查看当前系统的进程树，包括各进程对应的 PID 号、用户名、完整命令等信息。

```
[root@localhost ~]# pstree -aup
systemd,1 --switched-root --system --deserialize 21
 ├─ ModemManager,888
 │ ├─ {ModemManager},913
 │ └─ {ModemManager},917
 // 省略部分信息
```

使用 pstree 命令时，也可以只查看属于指定用户的进程树结构，只要指定用户名作为参数即可。例如，执行以下操作可以列出由用户 teacher 打开的进程及子进程的树结构。

```
[root@localhost ~]# pstree -ap teacher
bash,27483
  └─ vim,27674 myfile.txt
```

12.1.2　控制进程

上一小节中学习了如何查看系统中的进程信息，下面将继续学习进程的启动、调度和终止操作。

1. 启动进程

在 Linux 系统中，可以由用户手工启动或者按预订计划调度启动新的进程。

（1）手工启动进程

由用户手工输入命令或者可执行程序的路径，可以至少启动一个进程。根据该进程是否需要占用当前的命令终端，手工启动又可以分为前台启动和后台启动。

进程在前台运行时（如执行“ls -l”命令），用户必须等到该进程执行结束并退出以后才能继续输入其他命令，大多数的命令操作都是在前台启动运行。进程在后台运行时，用户可以继续在当前终端中输入其他命令，而无需等待该进程结束，适用于运行耗时较长的操作。

启动后台进程需要使用“&”操作符，将“&”操作符放在要执行命令的最后面，进程启动后会直接放入后台运行，而不占用前台的命令操作界面，方便用户进行其他操作。例如，当使用 cp 命令从光盘中制作镜像文件时，由于需要复制的数据较多，耗时较长，因此可结合“&”符号将复制操作放到后台运行，以便用户可以继续执行其他命令操作。

```
[root@localhost ~]# cp /dev/cdrom  mycd.iso &
[1] 28454             //输出信息中包括后台任务序号、PID 号
```

（2）调度启动进程

在服务器维护工作中，经常需要执行一些比较费时而且较占用资源的任务（如数据备份），这些任务更适合在相对空闲的时候（如夜间）进行。这时就需要用户事先进行调度安排，指定任务运行的时间，当系统到达设定时间时会自动启动并完成指定的任务。调度启动的计划任务进程均在后台运行，不会占用用户的命令终端。

进程的调度启动可以通过 at、crontab 命令进行设置，其中 at 命令用于设置一次性（如 12:15 时重启网络服务）计划任务，crontab 用于设置周期性运行（如每周五 17:30 备份数据库）的计划任务。

2. 改变进程的运行方式

（1）挂起当前的进程

当 Linux 系统中的命令正在前台执行时（运行尚未结束），按 Ctrl+Z 组合键可以将当前进程挂起（调入后台并停止执行），这种操作在需要暂停当前进程并进行其他操作时特别有用。例如，在使用 wget 命令下载 Firefox 软件包时，发现下载速度缓慢，为了不耽误其他操作，可以按 Ctrl+Z 组合键将该下载任务调入后台并暂停执行。

```
[root@localhost ~]# wget ftp://173.17.17.13/Firefox-latest.tar.bz2
按 Ctrl+Z 组合键
[1]+  Stopped    wget ftp://173.17.17.13/Firefox-latest.tar.bz2
```

（2）查看后台的进程

需要查看当前终端中在后台运行的进程任务时，可以使用 jobs 命令，结合“-l”选项可以同时显示出该进程对应的 PID 号。在 jobs 命令的输出结果中，每一行记录对应一个后台进程的状态信息，行首的数字表示该进程在后台的任务编号。若当前终端没有后台进程，将不会显示任何信息。例如，执行“jobs -l”命令可以看到前面挂起的

wget 下载任务的相关信息。

```
[root@localhost ~]# jobs -l
[1]+ 28584 停止  wget ftp://173.17.17.13/Firefox-latest.tar.bz2
```

（3）将后台的进程恢复运行

使用 bg（BackGround，后台）命令，可以将后台中暂停执行（如按 Ctrl+Z 组合键挂起）的任务恢复运行，继续在后台执行操作；而使用 fg 命令（ForeGround，前台），可以将后台任务重新恢复到前台运行。

除非后台中的任务只有一个，否则 bg 和 fg 命令都需要指定后台进程的任务编号作为参数。例如，执行“fg 1”命令可以将之前挂起至后台的 wget 进程重新调入前台执行。

```
[root@localhost ~]# fg 1
wget ftp://173.17.17.13/Firefox-latest.tar.bz2
……                              //省略部分信息
```

3. 终止进程执行

当用户在前台执行某个进程时，可以按 Ctrl+C 组合键强制进行中断（如命令长时间没有响应的情况下）。中断前台进程的运行后，系统将返回到命令行提示符状态等待用户输入新的命令。当按 Ctrl+C 组合键无法终止程序或者需要结束在其他终端或后台运行的进程时，可以使用专用的进程终止工具 kill、killall 和 pkill。

（1）使用 kill 命令终止进程

通过 kill 命令终止进程时，需要使用进程的 PID 号作为参数。无特定选项时，kill 命令将给该进程发送终止信号并正常退出运行，若该进程已经无法响应终止信号，则可以结合“-9”选项强行终止进程。强制终止进程时可能会导致程序运行的部分数据丢失，因此不到不得已时不要轻易使用“-9”选项。

例如，若 SSH 服务的 sshd 进程的 PID 号为 2869，则执行“kill 2869”命令后可以将进程 sshd 终止。

```
[root@localhost ~]# pgrep -l "sshd"          //查询目标进程的 PID 号
2869 sshd
[root@localhost ~]# kill 2869                //终止指定 PID 的进程
[root@localhost ~]# pgrep -l "sshd"          //确认进程已终止（查询时无结果）
```

对于无法正常终止的系统进程，在必要时可以结合“-9”选项强制终止。例如，以下操作展示了强制终止 vim 进程的过程。

```
[root@localhost ~]# vim tmpfile              //打开 vim 程序并挂起作为测试
[1]+  Stopped            vim tmpfile
[root@localhost ~]# jobs –l                  //查询目标进程的 PID 号
[1]+  2993 停止 vim tmpfile
[root@localhost ~]# kill 2993                //尝试正常结束进程
```

```
[root@localhost ~]# jobs -l                    // 但发现 vim 进程并未退出
[1]+ 2993 停止 vim tmpfile
[root@localhost ~]# kill -9 2993               // 强制终止目标进程
[root@localhost ~]# jobs -l                    // 成功终止 vim 进程
[1]+ 2993 已杀死        vim tmpfile
```

（2）使用 killall 命令终止进程

使用 killall 命令可以通过进程名来终止进程，当需要结束系统中多个相同名称的进程时，使用 killall 命令将更加方便，效率更高。killall 命令同样也有“-9”选项。例如，执行“killall -9 vim”命令可将所有名为 vim 的进程都强行终止。

```
[root@localhost ~]# vim testfile1              // 挂起第 1 个 vim 测试进程
[1]+ Stopped            vim testfile1
[root@localhost ~]# vim testfile2              // 挂起第 2 个 vim 测试进程
[2]+ Stopped            vim testfile2
[root@localhost ~]# jobs -l                    // 确认待终止的进程信息
[1]- 3029 停止             vim testfile1
[2]+ 3030 停止             vim testfile2
[root@localhost ~]# killall -9 vim             // 通过进程名终止多个进程
[1]- 已杀死              vim testfile1
[2]+ 已杀死 vim testfile2
```

（3）使用 pkill 命令终止进程

使用 pkill 命令可以根据进程的名称、运行该进程的用户、进程所在的终端等多种属性终止特定的进程，大部分选项与 pgrep 命令基本类似，如“-U”（指定用户）、“-t”（指定终端）等选项，使用起来非常方便。例如，若要终止由用户 hackli 启动的进程（包括登录 Shell），可以执行以下操作。

```
[root@localhost ~]# pgrep –l -U "hackli"       // 确认目标进程相关信息
3045 bash
[root@localhost ~]# pkill -9 -U "hackli"       // 强行终止用户 hackli 的进程
[root@localhost ~]# pgrep -l -U "hackli"       // 确认目标进程已被终止
```

12.2 计划任务管理

在 Linux 操作系统中，除了用户即时执行的命令操作以外，还可以配置在指定的时间、指定的日期执行预先计划好的系统管理任务（如定期备份、定期采集监测数据）。CentOS 7 系统中的计划任务是由 at、cronie 软件包提供，通过 atd 和 crond 这两个系统服务实现一次性、周期性计划任务的功能，并分别通过 at、crontab 命令进行计划任务设置。

本节中将分别学习 at 一次性任务的设置和 crontab 周期性计划任务的设置。

12.2.1 at 一次性任务设置

使用 at 命令设置的计划任务只在指定的时间点执行一次，前提是对应的系统服务 atd 必须已经运行。需要注意的是，计划执行任务的时间、日期必须安排在当前系统的时刻之后，否则将无法正确设置计划任务。

设置一次性计划任务时，在 at 命令行中依次指定计划执行任务的时间、日期作为参数（若只指定时间则表示当天的该时间，若只指定日期则表示该日期的当前时间），确认后将进入带“at>”提示符的任务编辑界面，每行设置一条执行命令，可以依次设置多条语句，最后按 Ctrl+D 组合键提交任务即可。所设置的命令操作将在计划的时间点被依次执行。

例如，以下操作先通过 date 命令确认当前的系统时间，并设置在 2016 年 5 月 5 日的 14:55 分自动执行以下任务：统计该时间点系统中由 root 用户运行的进程的数量，并将该数值保存到“/tmp/ps.root”文件中。

```
[root@kgc ~]# date
2016 年 05 月 05 日星期四 14:45:05 CST
[root@kgc ~]# at 14:55 2016-05-05
at> pgrep -U root | wc -l > /tmp/ps.root
at><EOT>                                    // 任务设置完毕后按 Ctrl+D 组合键提交
job 1 at 2016-05-05 14:55
[root@kgc ~]# cat /tmp/ps.root              // 等过了计划时间后验证命令结果
63
```

以下操作将设置一条计划任务，在当天的 21:30 时自动关闭当前系统。

```
[root@kgc ~]# at 21:30
at> shutdown -h now
at><EOT>
job 2 at 2016-05-05 21:30
```

对于已经设置但还未执行（未到时间点）的计划任务，可以通过 atq 命令进行查询。但已执行过的 at 任务将不会再出现在列表中。

```
[root@kgc ~]# atq
2       2016-05-05 21:30 a root
```

若要删除指定编号的 at 任务，可以使用 atrm 命令。删除后的 at 任务将不会被执行，并且不会显示在 atq 命令的显示结果中。但已经执行过的任务无法删除。

```
[root@kgc ~]# atrm 2                        // 删除第 2 条 at 计划任务
[root@kgc ~]# atq                           // 确认第 2 条任务已被删除
```

12.2.2 crontab 周期性任务设置

使用 crontab 命令设置的计划任务可以按预设的周期重复执行，可以大大减轻设置重复性系统管理任务的操作，由软件包 cronie 提供 crontab 工具、系统服务 crond 和配置文件 /etc/crontab。启用周期性任务也有一个前提条件，即对应的系统服务 crond 必须已经运行。

1. crontab 的配置文件和目录

crond 通过多个目录和文件设置计划任务，不同类型的任务由不同的配置文件来设置。

（1）/etc/crontab——系统任务配置文件

/etc/crontab 文件中设置的是维护 Linux 系统所需的任务，由 Linux 系统及相关程序在安装时自动设置，不建议用户手动修改此文件。例如，该文件中包括了设置 Shell 环境、可执行路径等变量的操作，以及每小时、每天、每周、每月需要执行的任务目录。

```
[root@kgc ~]# cat /etc/crontab
SHELL=/bin/bash                              // 设置执行计划任务的 Shell 环境
PATH=/sbin:/bin:/usr/sbin:/usr/bin           // 定义可执行命令及程序的路径
MAILTO=root                                  // 将任务输出信息发送到指定用户的邮箱
HOME=/                                       // 执行计划任务时使用的主目录

# For details see man 4 crontabs

# Example of job definition:
# .---------------- minute (0 - 59)
# |  .------------- hour (0 - 23)
# |  |  .---------- day of month (1 - 31)
# |  |  |  .------- month (1 - 12) OR jan,feb,mar,apr ...
# |  |  |  |  .---- day of week (0 - 6)(Sunday=0 or 7) OR sun,mon,tue,wed,thu,fri,sat
# |  |  |  |  |
# *  *  *  *  * user-name command to be executed
```

根据“/etc/crontab”配置文件中的设定，crond 将按照不同的周期重复执行相应目录中的任务脚本文件。

（2）/etc/cron.*/——系统默认设置 cron 任务的配置文件存放目录

软件包 crontabs 安装后，会在 /etc/cron.*/ 目录下生成存放一些系统默认设置的计划任务目录，设置了系统每个小时、每一天做些什么工作。如“/etc/cron. hourly/“目录下存放的是系统每小时要做的任务脚本，“/etc/cron.daily/”目录下存放的是系统每天要做的任务脚本，“/etc/cron.weekly/”与“/etc/cron.monthly/”目录下分别存放的是系统每周、每月要做的任务脚本。值得注意的是这些目录中包含的是可执行脚本，而不是 cron 配置文件，crond 服务通过 run-parts 工具调用执行这些脚本文件，所以要确保位于这些目录位置下的脚本具有可执行权限，否则不能运行。

（3）/var/spool/cron/——用户 cron 任务的配置文件存放目录

由用户自行设置（使用 crontab 命令）的 cron 计划任务将被保存到目录 /var/spool /cron/ 中。当用户使用 crontab 命令创建计划任务，就会在 /var/spool/cron/ 目录下生成一个与用户名相同的文件。例如，root 用户的 cron 计划任务保存在配置文件 /var

/spool/cron/root 中。

```
[root@kgc ~]# ls -l /var/spool/cron/*
-rw------- 1 root root 24 02-21 10:37 /var/spool/cron/root
```

crond 守护进程会自动检查 /etc/crontab 文件、/etc/cron.d/ 目录及 /var/spool/cron/ 目录中的改变，如果发现有配置更改，它们就会被载入内存，所以当某个 crontab 文件改变后并不需要重新启动 crond 守护进程就可以使设置生效。

2. 使用 crontab 命令管理用户的计划任务

设置用户的周期性计划任务列表主要通过 crontab 命令进行，结合不同的选项可以完成不同的计划任务管理操作。常用的选项如下。

- -e：编辑计划任务列表。
- -u：指定所管理的计划任务属于哪个用户，默认时针对当前用户（自己），一般只有 root 用户有权限使用此选项（用于编辑、删除其他用户的计划任务）。
- -l：列表显示计划任务。
- -r：删除计划任务列表。

下面将分别讲解 crontab 命令相关选项的使用。

（1）编辑用户的计划任务列表

执行“crontab -e”命令后，将打开计划任务编辑界面（与 vi 中的操作相同）。通过该界面用户可以自行添加具体的任务配置，每行代表一个记录，配置的格式与 /etc/crontab 文件中的主体部分类似，如下所示（假定 /root 目录下已有编写好的脚本 un_hourly_cmd、run_daily_cmd、run_weekly_cmd、run_monthly_cmd、run_yearly_cmd）。

```
01 * * * */root/run_hourly_cmd
02 4 * * * /root/run_daily_cmd
22 4 * * 0 /root/run_weekly_cmd
42 4 1 * * /root/run_monthly_cmd
50 3 2 1 */root/run_yearly_cmd
```

每一行任务配置记录，都包括六个数据字段，分别表示不同的含义，每个字段必须定义，如表 12-1 所示。

表 12-1　crontab 计划任务的配置格式

分钟	小时	日期	月份	星期	执行的命令
01	*	*	*	*	run_hourly_cmd
02	4	*	*	*	run_daily_cmd
22	4	*	*	0	run_weekly_cmd
42	4	1	*	*	run_monthly_cmd
50	3	2	1	*	run_yearly_cmd

由于各字段的作用不同，其取值范围也不一样，如表 12-2 所示，当使用“*”时表示取值范围中的任意时间。crontab 任务配置记录中所设置的命令操作将在“分钟”+“小时”+“日期”+“月份”+“星期”都满足的条件下执行。

表 12-2 crontab 计划任务的配置字段说明

项目	说明
分钟	取值为从 0 ～ 59 的任意整数
小时	取值为从 0 ～ 23 的任意整数
日期	取值为从 1 ～ 31 的任意整数（日期在该月份中必须有效）
月份	取值为从 1 ～ 12 的任意整数
星期	取值为从 0 ～ 7 的任意整数，0 或 7 代表星期日
命令	可以是普通的命令，也可以是自己编写的程序脚本

除了“*”以外，还可以使用减号“-”、逗号“,”、斜杠“/”与数字构成表达式来表示较复杂的时间关系。

- 减号“-”：可以表示一个连续的时间范围，如“1-4”表示整数 1、2、3、4。
- 逗号“,”：可以表示一个间隔的不连续范围，如“3, 4, 6, 8”。
- 斜杠符号“/”：可以用来指定间隔频率，如在日期字段中的“*/3”表示每隔 3 天。

例如，若要按固定的周期重复完成一些系统管理任务，任务内容如下：①每天早上 7:50 自动开启 sshd 服务，22:50 关闭 sshd 服务；②每隔五天清空一次 FTP 服务器公共目录“/var/ftp/pub”中的数据；③每周六的 7:30 重新启动系统中的 httpd 服务；④每周一、周三、周五的下午 17:30，使用 tar 命令自动备份“/etc/httpd”目录。以上任务可由 root 用户通过 crontab 设置以下计划完成。

```
[root@kgc ~]# crontab -e
50 7 * * *  /sbin/service sshd start
50 22 * * *  /sbin/service sshd stop
0 0 */5 * *  /bin/rm -rf /var/ftp/pub/*
30 7 * * 6  /sbin/service httpd restart
30 17 * * 1,3,5  /bin/tar jcf httpdconf.tar.bz2 /etc/httpd/
```

普通用户执行“crontab -e”命令时，可以设置自己的计划任务（需要注意命令的执行权限）。例如，用户 jerry 设置一条计划任务：在每周日晚上的 23:55 将 /etc/passwd 文件的内容复制到宿主目录中，保存为 pwd.txt 文件。

```
[root@kgc ~]# crontab -e -u jerry
55 23 * * 7  /bin/cp /etc/passwd /home/jerry/pwd.txt
```

因各条计划任务在执行时并不需要用户登录，所以任务配置记录中的命令建议使用绝对路径，以避免因缺少执行路径而无法执行命令的情况。另外，在设置非每分都执行的任务时，“分钟”字段也应该填写一个具体的时间数值，而不要保留为默认的“*”，否则将会在每分执行一次计划任务。

（2）查看用户的计划任务列表

crontab 命令结合“-l”选项可以查看当前用户的计划任务列表，对于 root 用户来说，还可以结合“-u”选项查看其他用户的计划任务。

```
[root@kgc ~]# crontab -l                                    //查看用户 root 自己的计划任务
50 7 * * *  /sbin/service sshd start
50 22 * * *  /sbin/service sshd stop
0 * */5 * *  /bin/rm -rf /var/ftp/pub/*
30 7 * * 6  /sbin/service httpd restart
30 17 * * 1,3,5  /bin/tar jcvf httpdconf.tar.bz2 /etc/httpd
[root@kgc ~]# crontab -l -u jerry                           //查看用户 jerry 的计划任务
55 23 * * 7  /bin/cp /etc/passwd /home/jerry/pwd.txt
[root@kgc ~]# ls -l /var/spool/cron/jerry
-rw------- 1 root root 56 May 5 16:39 /var/spool/cron/jerry
```

（3）删除用户的计划任务列表

当只需要删除某一条计划任务时，可以通过“crontab -e”进行编辑；而若要清空某个用户的所有计划任务，可以执行“crontab -r”命令。

```
[jerry@kgc ~]$ crontab -r                       //用户 jerry 清空自己设置的计划任务
[jerry@kgc ~]$ crontab -l
no crontab for jerry
```

在设置用户的 crontab 计划任务的过程中，每一条记录只能运行一行命令，难以完成更复杂的系统管理任务操作，因此在实际工作中，当需要按照固定周期运行一些操作复杂的任务时，通常会将相关命令操作编写成脚本文件，然后在计划任务配置中加载该脚本并执行。关于 Shell 脚本的编写和应用，将在后续课程中学习。

3. 定时任务注意事项

定时任务（一般是脚本任务）规则的结尾最好加上“>/dev/null 2>&1”等内容，其中，“>”表示重定向，“/dev/null”为特殊的字符设备文件，表示黑洞设备或空设备。“2>&1”表示让标准错误输出和标准输出一样，本命令内容即把脚本的正常和错误输出都重定向到 /dev/null，即不记录任何输出。

如果定时任务规则结尾不加“>/dev/null 2>&1”等命令配置，有可能有大量输出信息，时间长了，会产生大量文件占用大量磁盘 inode 节点（每个文件占用一个 inode），以至于磁盘 inode 满而无法写入正常数据。

定时任务的相关日志存放在 /var/log/cron*, 它也是被系统轮询的。当计划任务执行有问题时，可以通过这里的日志进行查看。使用命令 tail -f /var/log/cron 可以查看定时任务执行的情况，如果定时任务需要进行调整，可先观察日志，根据日志来进行调整。

4. run.parts 工具

软件包 crontabs 除了提供系统默认设置的计划任务的目录外，还提供了名为 run.

parts 的工具，该工具可以执行指定目录中的所有可执行文件，所以系统会使用 run.parts 工具调用执行位于 /etc/cron.*/ 中的脚本文件。例如，默认配置文件 /etc/cron.d/0hourly 中的配置信息。

```
[root@kgc ~]# cat /etc/cron.d/0hourly
# Run the hourly jobs
SHELL=/bin/bash
PATH=/sbin:/bin:/usr/sbin:/usr/bin
MAILTO=root
01 * * * * root run-parts /etc/cron.hourly
```

5. anacron 程序

在 CentOS 7 系统中由软件包 cronie-anacron 提供 anacron 程序，其配置文件为 /etc/anacrontab，由 crond 进行调用管理 anacron 程序与其配置文件（以前是由 anacron 单独管理），该文件为了确保系统重要的工作始终运行，并且不会因为系统在运行时因为关闭或者休眠而意外跳过，属 cron 的捡漏程序。

默认 anacron 程序仅用于执行位于 /etc/cron.daily、/etc/cron.weekly、/etc/cron.monthly 目录下系统常规的脚本文件，所以只提供了每日、每周和每月的执行任务，用户也可以通过编辑此文件自定义其他时间间隔去运行一系列的任务脚本。

执行 anacron 程序的脚本文件为 /etc/cron.hourly/0anacron，文件的末尾使用 /usr/sbin/anacron -s 命令顺序执行任务，换句话说就是前一个任务计划执行完毕后，才开始执行下一个任务。

当 anacron 程序执行时会读取配置文件 /etc/anacrontab 中的内容。

```
[root@kgc ~]# cat /etc/anacrontab
# /etc/anacrontab: configuration file for anacron
# See anacron(8) and anacrontab(5) for details.SHELL=/bin/sh
PATH=/sbin:/bin:/usr/sbin:/usr/bin
MAILTO=root
# the maximal random delay added to the base delay of the jobs
RANDOM_DELAY=45
# the jobs will be started during the following hours only
START_HOURS_RANGE=3-22
#period in days   delay in minutes   job-identifier   command
1      5       cron.daily        nice run-parts /etc/cron.daily
7      25      cron.weekly       nice run-parts /etc/cron.weekly
@monthly 45    cron.monthly      nice run-parts /etc/cron.monthly
```

/etc/anacrontab 文件的语法与 cron 其他配置文件不同，每行包含这样几个字段：

第一个字段是每多少天运行一次该任务；

第二个字段表示在该任务符合运行条件后，启动该任务前需要等待的时间，以分钟记时；

第三个字段表示该任务在 /var/spool/anacron/ 目录中的文件名称，默认使用的文件有三个：cron.daily、cron.weekly 和 cron.monthly，这些文件中会记录任务执行完毕的日期（YYMMDD 的形式），用于检查该任务是否已经运行；

第四个字段是以 nice 命令运行 run-parts 工具，默认运行命令的进程优先级为 0；

第五个字段表示实际执行的任务。

此外该文件中还包含一些环境变量的申明，其中“RANDOM_DELAY”用来指定随机延时的最大值，默认值 45 表示任务在指定的执行时间上为每个任务加上最小随机延迟 6 分钟到最大值 45 分钟之间的随机延时；“START_HOURS_RANGE”用来指定计划任务在每天执行的时间段，以小时为单位，该任务不会在此规定范围之外启动，默认值 3-22 表示每天的 3 到 22 点才会执行指定的任务计划。

6. crond 权限设置

默认所有用户都可以使用 crontab 工具来创建自己的任务计划，root 用户可以使用 /etc/cron.deny 文件来管理 crond 任务计划使用权限，只需要在 /etc/cron.deny 中添加拒绝使用的用户名即可，且每行只能包含一个用户名，名字前不能有空格。

```
[root@kgc ~]# cat /etc/cron.deny
test
[root@kgc ~]# su - test
[test@kgc ~]$ crontab -e
You (test) are not allowed to use this program (crontab)
See crontab(1) for more information
```

同理，root 用户也可以自行创建 /etc/cron.allow 文件（默认不存在），使用 crontab 工具的白名单。每当系统安排任务计划时，首先会去查找 /etc/cron.allow 文件，若该文件存在就允许位于此文件中的用户使用 crontab 工具安排计划任务；若 /etc/cron.allow 文件不存在，系统就会继续查找 /etc/cron.deny 文件，不允许位于此文件中的用户使用 crontab 工具安排任务计划，特殊的 root 用户包含在此文件中除外；如果两个文件中都有相同的用户名，因为位于 /etc/cron.allow 文件中的用户权限比位于 /etc/cron.deny 文件中的权限要高，所以是允许该用户使用 crontab 工具安排任务计划的。

本章总结

- 使用 ps、top、pgrep、ptree 命令可以查看进程。
- 使用 Ctrl+Z、Ctrl+C 组合键、& 符号、jobs、bg 和 fg 命令可以调度进程的执行。
- 使用 kill、killall 及 pkill 命令可以终止进程。
- 使用 at 命令可以设置一次性执行的计划任务。
- 使用 crontab 命令可以设置周期性执行的计划任务。
- Crontab 计划任务的配置格式中，五个时间字段依次为分钟、小时、日期、月份、星期。

本章作业

1．启动 postfix 服务，然后结束 master 进程，再查看 postfix 服务的状态。思考正确关闭系统服务的方法。

2．简述通过 crontab 设置计划任务时配置记录的格式。

3．编写 crontab 任务：每隔 30 分钟，记录一次当前系统的内存使用情况。

4．用课工场 APP 扫一扫完成在线测试，快来挑战吧！

随手笔记

第13章

系统安全及应用

技能目标

- 学会加强系统账号安全、系统引导和登录安全
- 理解并应用 PAM 安全应用
- 学会检测弱口令账号、使用 NMAP 端口扫描工具

本章导读

作为一种开放源代码的操作系统，Linux 服务器以其安全、高效和稳定的显著优势而得以广泛应用。

本章主要从账号安全控制、系统引导和登录控制的角度，学习 Linux 系统安全优化的点点滴滴；还将学习基于 Linux 环境的弱口令检测、网络扫描等安全工具的构建和使用，帮助管理员查找安全隐患，及时采取有针对性的防护措施。

知识服务

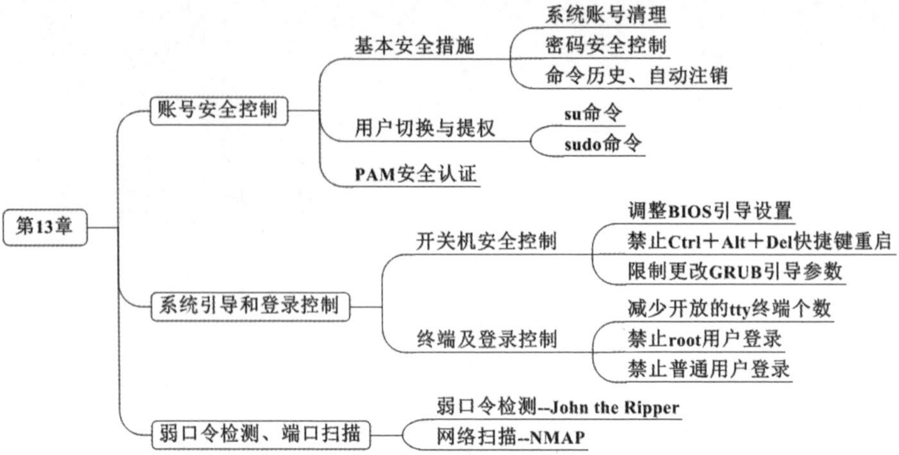

- 第13章
  - 账号安全控制
    - 基本安全措施
      - 系统账号清理
      - 密码安全控制
      - 命令历史、自动注销
    - 用户切换与提权
      - su命令
      - sudo命令
    - PAM安全认证
  - 系统引导和登录控制
    - 开关机安全控制
      - 调整BIOS引导设置
      - 禁止Ctrl+Alt+Del快捷键重启
      - 限制更改GRUB引导参数
    - 终端及登录控制
      - 减少开放的tty终端个数
      - 禁止root用户登录
      - 禁止普通用户登录
  - 弱口令检测、端口扫描
    - 弱口令检测--John the Ripper
    - 网络扫描--NMAP

13.1 账号安全控制

用户账号，是计算机使用者的身份凭证或标识，每一个要访问系统资源的人，必须凭借其用户账号才能进入计算机。在 Linux 系统中，提供了多种机制来确保用户账号的正当、安全使用。

13.1.1 基本安全措施

1. 系统账号清理

在 Linux 系统中，除了用户手动创建的各种账号之外，还包括随系统或程序安装过程而生成的其他大量账号。除了超级用户 root 之外，其他大量账号只是用来维护系统运作、启动或保持服务进程，一般是不允许登录的，因此也称为非登录用户。

常见的非登录用户包括 bin、daemon、adm、lp、mail、nobody、apache、mysql、dbus、ftp、gdm、haldaemon 等。为了确保系统安全，这些用户的登录 Shell 通常是 /sbin/nologin，表示禁止终端登录，应确保不被人为改动。

```
[root@localhost ~]# grep "/sbin/nologin$" /etc/passwd
bin:x:1:1:bin:/bin:/sbin/nologin
daemon:x:2:2:daemon:/sbin:/sbin/nologin
adm:x:3:4:adm:/var/adm:/sbin/nologin
lp:x:4:7:lp:/var/spool/lpd:/sbin/nologin
mail:x:8:12:mail:/var/spool/mail:/sbin/nologin
uucp:x:10:14:uucp:/var/spool/uucp:/sbin/nologin
operator:x:11:0:operator:/root:/sbin/nologin
games:x:12:100:games:/usr/games:/sbin/nologin
gopher:x:13:30:gopher:/var/gopher:/sbin/nologin
ftp:x:14:50:FTP User:/var/ftp:/sbin/nologin
……                                            // 省略部分内容
```

各种非登录用户中，还有相当一部分是很少用到的，如 news、uucp、games、gopher。这些用户可以视为冗余账号，直接删除即可。除此之外，还有一些随应用程序安装的用户账号，若程序卸载以后未能自动删除，则需要管理员手动进行清理。

对于 Linux 服务器中长期不用的用户账号，若无法确定是否应该删除，可以暂时将其锁定。例如，若要锁定、解锁名为 zhangsan 的用户账号，可以执行以下操作（passwd、usermod 命令都可用来锁定、解锁账号）。

```
[root@localhost ~]# usermod -L zhangsan                //锁定账号
[root@localhost ~]# passwd -S zhangsan                 //查看账号状态
zhangsan LK 2014-05-06 0 99999 7 -1（密码已被锁定）
[root@localhost ~]# usermod -U zhangsan                //解锁账号
[root@localhost ~]# passwd -S zhangsan
zhangsan PS 2014-05-06 0 99999 7 -1（密码已设置，使用 SHA512 加密）
```

如果服务器中的用户账号已经固定，不再进行更改，还可以采取锁定账号配置文件的方法。使用 chattr 命令，分别结合“+i”“-i”选项来锁定、解锁文件，使用 lsattr 命令可以查看文件锁定情况。

```
[root@localhost ~]# chattr +i /etc/passwd /etc/shadow          //锁定文件
[root@localhost ~]# lsattr /etc/passwd /etc/shadow             //查看为锁定的状态
----i--------- /etc/passwd
----i--------- /etc/shadow

[root@localhost ~]# chattr -i /etc/passwd /etc/shadow          //解锁文件
[root@localhost ~]# lsattr /etc/passwd /etc/shadow             //查看为解锁的状态
------------- /etc/passwd
------------- /etc/shadow
```

在账号文件被锁定的情况下，其内容将不允许变更，因此无法添加、删除账号，也不能更改用户的密码、登录 Shell、宿主目录等属性信息。

```
[root@localhost ~]# useradd billgate
useradd:cannot open /etc/passwd
```

2. 密码安全控制

在不安全的网络环境中，为了降低密码被猜出或被暴力破解的风险，用户应养成定期更改密码的习惯，避免长期使用同一个密码。管理员可以在服务器端限制用户密码的最大有效天数，对于密码已过期的用户，登录时将被要求重新设置密码，否则将拒绝登录。

执行以下操作可将密码的有效期设为 30 天（chage 命令用于设置密码时限）。

```
[root@localhost ~]# vi /etc/login.defs                         //适用于新建的用户
PASS_MAX_DAYS   30
[root@localhost ~]# chage -M 30 lisi                           //适用于已有的 lisi 用户
```

在某些特殊情况下，如要求批量创建的用户初次登录时必须自设密码，根据安全规划统一要求所有用户更新密码等，可以由管理员执行强制策略，以便用户在下次登录时必须更改密码。例如，执行以下操作可强制要求用户 zhangsan 下次登录时重设密码。

```
[root@localhost ~]# chage -d 0 zhangsan
Localhost login: zhangsan
password:
You are required to change your password immediately (root enforced)
Changing password for zhangsan.
(current) UNIX password:
New password:
Retype new password:
```

3. 命令历史、自动注销

Shell 环境的命令历史机制为用户提供了极大的便利，但另一方面也给用户带来了潜在的风险。只要获得用户的命令历史文件，该用户的命令操作过程将会一览无余，如果曾经在命令行输入明文的密码，则无意之中服务器的安全壁垒又多了一个缺口。

Bash 终端环境中，历史命令的记录条数由变量 HISTSIZE 控制，默认为 1000 条。通过修改 /etc/profile 文件中的 HISTSIZE 变量值，可以影响系统中的所有用户。例如，可以设置最多只记录 200 条历史命令。

```
[root@localhost ~]# vi /etc/profile                  //适用于新登录用户
……                                                   //省略部分内容
HISTSIZE=200
[root@localhost ~]# export HISTSIZE=200              //适用于当前用户
```

除此之外，还可以修改用户宿主目录中的～/.bash_logout 文件，添加清空历史命令的操作语句。这样，当用户退出已登录的 Bash 环境以后，所记录的历史命令将自动清空。

```
[root@localhost ~]# vi ~/.bash_logout
history -c
clear
```

Bash 终端环境中，还可以设置一个闲置超时时间，当超过指定的时间没有任何输入时即自动注销终端，这样可以有效避免当管理员不在时其他人员对服务器的误操作风险。闲置超时由变量 TMOUT 来控制，默认单位为秒。

```
[root@localhost ~]# vi /etc/profile                  //适用于新登录用户
……                                                   //省略部分内容
export TMOUT=600
[root@localhost ~]# export TMOUT=600                 //适用于当前用户
```

需要注意的是，当正在执行程序代码编译、修改系统配置等耗时较长的操作时，应避免设置 TMOUT 变量。必要时可以执行“unset TMOUT”命令取消 TMOUT 变量设置。

13.1.2　用户切换与提权

大多数 Linux 服务器并不建议用户直接以 root 用户进行登录。一方面可以大大减少因误操作而导致的破坏，另一方面也降低了特权密码在不安全的网络中被泄露的风险。鉴于这些原因，需要为普通用户提供一种身份切换或权限提升机制，以便在必要的时候执行管理任务。

Linux 系统为我们提供了 su、sudo 两种命令，其中 su 命令主要用来切换用户，而 sudo 命令用来提升执行权限，下面分别进行介绍。

1. su 命令 —— 切换用户

使用 su 命令，可以切换为指定的另一个用户，从而具有该用户的所有权限。当然，切换时需要对目标用户的密码进行验证（从 root 用户切换为其他用户时除外）。例如，当前登录的用户为 jerry，若要切换为 root 用户，可以执行以下操作。

```
[jerry@localhost ~]$ su - root
密码 :                                          // 输入用户 root 的口令
[root@localhost ~]#                             // 验证成功后获得 root 权限
```

上述命令操作中，选项“-”等同于“--login”或“-l”，表示切换用户后进入目标用户的登录 Shell 环境，若缺少此选项则仅切换身份、不切换用户环境。对于切换为 root 用户的情况，“root”可以省略。

默认情况下，任何用户都允许使用 su 命令，从而有机会反复尝试其他用户（如 root）的登录密码，带来安全风险。为了加强 su 命令的使用控制，可以借助于 pam_wheel 认证模块，只允许极个别用户使用 su 命令进行切换。实现过程如下：将授权使用 su 命令的用户添加到 wheel 组，修改 /etc/pam.d/su 认证配置以启用 pam_wheel 认证。

```
[root@localhost ~]# gpasswd -a kcce wheel        // 添加授权用户 kcce
Adding user kcce to group wheel
root@localhost ~]# grep wheel /etc/group         // 确认 wheel 组成员
wheel:x:10: kcce
[root@localhost ~]# vi /etc/pam.d/su
#%PAM-1.0
auth       sufficient  pam_rootok.so
……                                               // 省略部分内容
auth       required    pam_wheel.so use_uid      // 去掉此行开头的 # 号
……                                               // 省略部分内容
```

启用 pam_wheel 认证以后，未加入到 wheel 组内的其他用户将无法使用 su 命令，尝试进行切换时将会按照“拒绝权限”来处理，从而将切换用户的权限控制在最小范围内。

```
[jerry@localhost ~]$ su -root                    // 尝试切换为 root
密码 :
```

```
su: 拒绝权限
[jerry@localhost ~]$                                    // 切换失败，仍为原用户
```

使用 su 命令切换用户的操作将会记录到安全日志 /var/log/secure 文件中，可以根据需要进行查看。

2. sudo 命令 —— 提升执行权限

通过 su 命令可以非常方便地切换为另一个用户，但前提条件是必须知道目标用户的登录密码。例如，若要从 jerry 用户切换为 root 用户，必须知道 root 用户的密码。对于生产环境中的 Linux 服务器，每多一个人知道特权密码，其安全风险也就增加一分。

那么，有没有一种折中的办法，既可以让普通用户拥有一部分管理权限，又不需要将 root 用户的密码告诉他呢？答案是肯定的，使用 sudo 命令就可以提升执行权限。不过，需要由管理员预先进行授权，指定允许哪些用户以超级用户（或其他普通用户）的身份来执行哪些命令。

（1）在配置文件 /etc/sudoers 中添加授权

sudo 机制的配置文件为 /etc/sudoers，文件的默认权限为 440，需使用专门的 visudo 工具进行编辑。虽然也可以用 vi 进行编辑，但保存时必须执行“:w!”命令来强制操作，否则系统将提示为只读文件而拒绝保存。

配置文件 /etc/sudoers 中，授权记录的基本配置格式如下所示。

```
user MACHINE=COMMANDS
```

授权配置主要包括用户、主机、命令三个部分，即授权哪些人在哪些主机上执行哪些命令。各部分的具体含义如下。

- 用户（user）：授权的用户名，或采用“%组名”的形式（授权一个组的所有用户）。
- 主机（MACHINE）：使用此配置文件的主机名称。此部分主要是方便在多个主机间共用同一份 sudoers 文件，一般设为 localhost 或者实际的主机名即可。
- 命令（COMMANDS）：允许授权的用户通过 sudo 方式执行的特权命令，需填写命令程序的完整路径，多个命令之间以逗号“,”进行分隔。

典型的 sudo 配置记录中，每一行对应一个用户或组的 sudo 授权配置。例如，若要授权用户 jerry 能够执行 ifconfig 命令来修改 IP 地址，而 wheel 组的用户不需验证密码即可执行任何命令，可以执行以下操作。

```
[root@localhost ~]# visudo
……                                        // 省略部分内容
jerry     localhost=/sbin/ifconfig
%wheel    ALL=NOPASSWD: ALL
```

当使用相同授权的用户较多，或者授权的命令较多时，可以采用集中定义的别名。用户、主机、命令部分都可以定义为别名（必须为大写），分别通过关键字 User_Alias、Host_Alias、Cmnd_Alias 来进行设置。例如，以下操作通过别名方式来添加授权记录，允许用户 jerry、tom、kcce 在主机 smtp、pop 中执行 rpm、yum 命令。

```
[root@localhost ~]# visudo
……                                         //省略部分内容
User_Alias    OPERATORS=jerry,tom,kcce
Host_Alias    MAILSVRS=smtp,pop
Cmnd_Alias    PKGTOOLS=/bin/rpm,/usr/bin/yum
OPERATORS     MAILSVRS=PKGTOOLS
```

sudo 配置记录的命令部分允许使用通配符“*”、取反符号“!”，当需要授权某个目录下的所有命令或取消其中个别命令时特别有用。例如，若要授权用户 kkg 可以执行 /sbin/ 目录下除 ifconfig、route 以外的其他所有命令程序，可以执行以下操作。

```
[root@localhost ~]# visudo
……                                         //省略部分内容
kkg    localhost=/sbin/*,!/sbin/ifconfig,!/sbin/route
```

默认情况下，通过 sudo 方式执行的操作并不记录。若要启用 sudo 日志记录以备管理员查看，应在 /etc/sudoers 文件中增加“Defaults logfile”设置。

```
[root@localhost ~]# visudo                 //查找 Defaults, 在前面添加一行内容
……                                         //省略部分内容
Defaults logfile = "/var/log/sudo"
```

（2）通过 sudo 执行特权命令

对于已获得授权的用户，通过 sudo 方式执行特权命令时，只需要将正常的命令行作为 sudo 命令的参数即可。由于特权命令程序通常位于 /sbin、/usr/sbin 等目录下，普通用户执行时应使用绝对路径。以下操作验证了使用 sudo 方式执行命令的过程。

```
[jerry@localhost ~]$ /sbin/ifconfig eth0 192.168.1.11/24          //未用 sudo 的情况
SIOCSIFADDR: 权限不够
SIOCSIFNETMASK: 权限不够
SIOCGIFADDR: 无法指定被请求的地址
SIOCSIFBROADCAST: 权限不够
SIOCSIFFLAGS: 权限不够
[jerry@localhost ~]$ sudo /sbin/ifconfig eth0 192.168.1.11/24     //使用 sudo 的情况
……                                                                //省略部分内容
[sudo] password for jerry:                                        //验证 jerry 的密码
[jerry@localhost ~]$ /sbin/ifconfig eth0                          //查看执行结果
eth0    Link encap:Ethernet  HWaddr 00:0C:29:57:8B:DD
        inet addr:192.168.1.11  Bcast:192.168.1.255  Mask:255.255.255.0
        UP BROADCAST RUNNING MULTICAST  MTU:1500  Metric:1
        Interrupt:67 Base address:0x2000
```

在当前会话过程中，第一次通过 sudo 执行命令时，必须以用户自己的密码（不是 root 用户或其他用户的密码）进行验证。此后再次通过 sudo 执行命令时，只要与前一次 sudo 操作的间隔时间不超过五分钟，则不再重复验证。

若要查看用户自己获得哪些 sudo 授权，可以执行“sudo -l”命令。未授权的用户将会得到“may not run sudo”的提示，已授权的用户则可以看到自己的 sudo 配置。

```
[kkg@localhost ~]$ sudo -l
[sudo] password for kkg:                    // 验证 kkg 用户的密码
……                                          // 省略部分内容
用户 kkg 可以在该主机上运行以下命令 :
(root) /sbin/*, (root) !/sbin/ifconfig, (root) !/sbin/route
```

如果已经启用 sudo 日志，则可以从 /var/log/sudo 文件中看到用户的 sudo 操作记录。

```
[root@localhost ~]# tail /var/log/sudo
……                                          // 省略部分内容
May 13 09:49:47 : jerry : TTY=pts/0 ; PWD=/home/jerry ; USER=root ;
  COMMAND=/sbin/ifconfig eth0:0 192.161.1.11/24
May 13 10:12:18 : kkg : TTY=pts/0 ; PWD=/home/kkg ; USER=root ; COMMAND=list
```

13.1.3 PAM 安全认证

PAM（Pluggable Authentication Modules），是 Linux 系统可插拔认证模块。

Linux 系统使用 su 命令存在安全隐患，默认情况下，任何用户都允许使用 su 命令，从而有机会反复尝试其他用户（如 root）的登录密码，带来安全风险。

为了加强 su 命令的使用控制，可以借助于 PAM 认证模块，只允许极个别用户使用 su 命令进行切换。

1. PAM 及其作用

（1）PAM 是一种高效而且灵活便利的用户级别认证方式，它也是当前 Linux 服务器普遍使用的认证方式。

（2）PAM 提供了对所有服务进行认证的中央机制，适用于 login，远程登录（telnet,rlogin,fsh,ftp），su 等应用程序。

（3）系统管理员通过 PAM 配置文件来制定不同应用程序的不同认证策略。

2. PAM 认证原理

（1）PAM 认证一般遵循的顺序：Service（服务）→ PAM（配置文件）→ pam_*.so。

（2）PAM 认证首先要确定哪一项服务，然后加载相应的 PAM 的配置文件（位于 /etc/pam.d 下），最后调用认证文件（位于 /lib/security 下）进行安全认证。

（3）用户访问服务器的时候，服务器的某一个服务程序把用户的请求发送到 PAM 模块进行认证。不同的应用程序所对应的 PAM 模块也是不同的。

如果想查看某个程序是否支持 PAM 认证，可以用 ls 命令进行查看，例如查看 su 是否支持 PAM 模块认证，如图 13.1 所示。

```
[root@localhost ~]# ls /etc/pam.d | grep su
su
sudo
sudo-i
su-l
```

图 13.1 PAM 模块

3. PAM 认证的构成

例如查看 su 的 PAM 配置文件，如图 13.2 所示。

```
[root@localhost ~]# cat /etc/pam.d/su
#%PAM-1.0
auth            sufficient      pam_rootok.so
# Uncomment the following line to implicitly trust users in the "wheel" group.
#auth           sufficient      pam_wheel.so trust use_uid
# Uncomment the following line to require a user to be in the "wheel" group.
#auth           required        pam_wheel.so use_uid
auth            include         system-auth
account         sufficient      pam_succeed_if.so uid = 0 use_uid quiet
account         include         system-auth
password        include         system-auth
session         include         system-auth
session         optional        pam_xauth.so
```

图 13.2 PAM 构成

（1）每一行都是一个独立的认证过程。

（2）每一行可以区分为三个字段：

1）认证类型。

2）控制类型。

3）PAM 模块及其参数。

4. PAM 认证类型

（1）认证管理（authentication management）

接受用户名和密码，进而对该用户的密码进行认证。

（2）账户管理（account management）

检查账户是否被允许登录系统，账号是否已经过期，账号的登录是否有时间段的限制等。

（3）密码管理（password management）

主要是用来修改用户的密码。

（4）会话管理（session management）

主要是提供对会话的管理和记账。

5. PAM 控制类型

控制类型也可以称做 Control Flags，用于 PAM 验证类型的返回结果。

（1）required 验证失败时仍然继续，但返回 Fail。

（2）requisite 验证失败则立即结束整个验证过程，返回 Fail。

（3）sufficient 验证成功则立即返回，不再继续，否则忽略结果并继续。

（4）optional 不用于验证，只是显示信息（通常用于 session 类型）。

验证流程如图 13.3 所示。

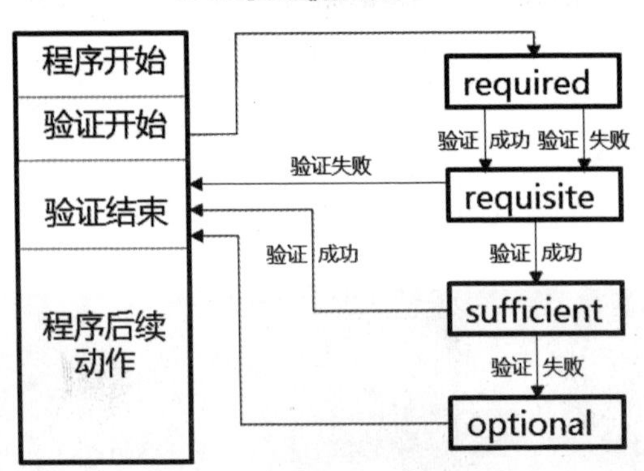

图 13.3　PAM 验证流程

PAM 流程验证示例如图 13.4 所示。

PAM验证示例

			user1	user2	user3
Auth	required	module1	Pass	Fail	Pass
Auth	sufficient	module2	Pass	Pass	Fail
Auth	required	module3	N/A	N/A	Pass
Result			Pass	Fail	Pass

图 13.4　PAM 示例

6．案例

（1）问题描述

控制用户使用 su 命令进行切换。

（2）解决思路

启用 /etc/pam.d/su 中的 pam_wheel 模块。

pam_rootok：检查用户是否为超级用户，如果是超级用户（uid=0）则无条件地通过认证，默认已开启。

pam_wheel：只允许 wheel 组的用户有超级用户的存取权限，默认注释。

（3）实验步骤

1）添加授权用户 bob 到 wheel 组。

修改 /etc/group 或者使用命令 usermod -G wheel bob 将用户加入到 wheel 组，如图 13.5 所示。

```
[root@localhost ~]# id bob
uid=501(bob) gid=501(bob) 组=501(bob),10(wheel)
```

图 13.5　加入 wheel 组

2）开启只允许 wheel 组使用 su 权限。

需要编辑 /etc/pam.d/su 配置文件，将下面配置文件的“#”去掉。

```
#auth        required      pam_wheel.so use_uid
```

改成

```
auth        required      pam_wheel.so use_uid
```

这样只有 wheel 组的成员可以使用 su 命令，如图 13.6 所示。

```
[root@localhost ~]# cat /etc/pam.d/su
#%PAM-1.0
auth            sufficient      pam_rootok.so
# Uncomment the following line to implicitly trust users in the "wheel" group.
#auth           sufficient      pam_wheel.so trust use_uid
# Uncomment the following line to require a user to be in the "wheel" group.
auth            required        pam_wheel.so use_uid
auth            include         system-auth
account         sufficient      pam_succeed_if.so uid = 0 use_uid quiet
account         include         system-auth
password        include         system-auth
session         include         system-auth
session         optional        pam_xauth.so
```

图 13.6 PAM 编辑

3）测试。

在 wheel 组的 bob 可以切换到 root，普通用户无法切换，提示拒绝权限。

13.2 系统引导和登录控制

在互联网环境中，大部分服务器是通过远程登录的方式来进行管理的，而本地引导和终端登录过程往往容易被忽视，从而留下安全隐患。特别是当服务器所在的机房环境缺乏严格、安全的管控制度时，如何防止其他用户的非授权介入，就成为必须重视的问题。本节主要基于 CentOS 6.5 进行讲解。

13.2.1 开关机安全控制

对于服务器主机，其物理环境的安全防护是非常重要的，不仅要保持机箱完好、机柜锁闭，还要严格控制机房的人员进出、硬件设备的现场接触等过程。在开关机安全控制方面，除了要做好物理安全防护以外，还要做好系统本身的一些安全措施。

1. 调整 BIOS 引导设置

（1）将第一优先引导设备（First Boot Device）设为当前系统所在磁盘。

（2）禁止从其他设备（如光盘、U 盘、网络等）引导系统，对应的项设为“Disabled”。

（3）将 BIOS 的安全级别改为“setup”，并设置好管理密码，以防止未授权的修改。

2. 禁止 Ctrl + Alt + Del 快捷键重启

快捷键重启功能为服务器的本地维护提供了方便，但对于多终端登录的 Linux 服务器，禁用此功能是比较安全的选择。在 CentOS 6 中，Ctrl+Alt+Del 快捷键的位置更

改为 /etc/init/control- alt-delete.conf，注释掉里面的信息即可。

```
[root@localhost ~]# vi /etc/init/control-alt-delete.conf
……                                        // 省略部分内容
#start on control-alt-delete

#exec /sbin/shutdown -r now "Control-Alt-Delete pressed"
[root@localhost ~]# reboot         // 重启生效
```

3. 限制更改 GRUB 引导参数

在之前的课程中，曾经介绍通过修改 GRUB 引导参数进入单用户模式，以便对一些系统问题进行修复。这种方式不需要密码即可进入系统，而且拥有 root 权限，只应在紧急状况下授权使用。

从系统安全的角度来看，如果任何人都能够修改 GRUB 引导参数，对服务器本身显然是一个极大的威胁。为了加强对引导过程的安全控制，可以为 GRUB 菜单设置一个密码，只有提供正确的密码才被允许修改引导参数。

为 GRUB 菜单设置的密码建议采用“grub-md5-crypt”命令生成，表现为经过 MD5 算法加密的字符串，安全性更好。在 grub.conf 配置文件中，使用“password --md5”配置项来指定 MD5 加密的密码字符串。

```
[root@localhost ~]# grub-md5-crypt                          // 根据提示指定密码
Password:
Retype password:
$1$Kndw50$wRW2w1v/jbZ8n5q2fON4y/                            // 经过加密的密码字符串
[root@localhost ~]# vi /boot/grub/grub.conf
……                                                          // 省略部分内容
password --md5 $1$Kndw50$wRW2w1v/jbZ8n5q2fON4y/             // 添加到第一个 title 之前
title Red Hat Enterprise Linux (2.6.32-431.el6.x86_64)
……                                                          // 省略部分内容
```

通过上述配置，重新开机进入 GRUB 菜单时，直接按 E 键将无法修改引导参数。若要获得编辑权限，必须先按 P 键并根据提示输入正确的 GRUB 密码，如图 13.7 所示，然后才能按 E 键编辑指定的引导参数。

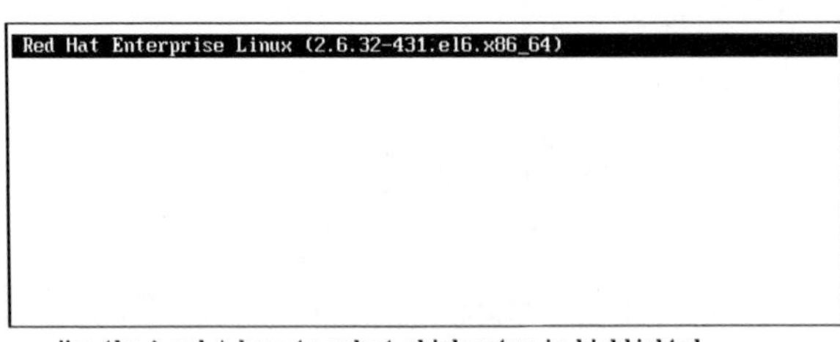

图 13.7　按 P 键获取 GRUB 编辑权限

13.2.2 终端及登录控制

在 Linux 服务器中，默认开启了 6 个 tty 终端，允许任何用户进行本地登录。关于本地登录的安全控制，可以从以下几个方面着手。

1. 减少开放的 tty 终端个数

对于远程维护的 Linux 服务器，6 个 tty 终端实际上有点多余。在 CentOS 6 系统中，控制终端的配置文件如下：

```
/etc/init/tty.conf                //控制 tty 终端的开启
/etc/init/start-ttys.conf         //控制 tty 终端的开启数量、设备文件
/etc/sysconfig/init               //控制 tty 终端的开启数量、终端颜色
```

通过修改 /etc/init/start-ttys.conf 和 /etc/sysconfig/init，可以减少开放的 tty 终端数量。例如，若只希望开启 tty4、tty5、tty6 三个终端，修改后的操作如下所示。

```
[root@localhost ~]# vi /etc/init/start-ttys.conf
……                                        //省略部分内容
env ACTIVE_CONSOLES=/dev/tty[456]          //修改为 456
[root@localhost ~]# vi /etc/sysconfig/init
……                                        //省略部分内容
ACTIVE_CONSOLES=/dev/tty[456]              //修改为 456
[root@localhost ~]# reboot
```

禁用 tty1、tty2、tty3 终端以后，重新开机并进入字符模式时，默认将无法登录。必须按 Alt+F4 组合键或 Alt+F5、Alt+F6 组合键切换到可用的终端，然后才能进行登录操作。

2. 禁止 root 用户登录

在 Linux 系统中，login 程序会读取 /etc/securetty 文件，以决定允许 root 用户从哪些终端（安全终端）登录系统。若要禁止 root 用户从指定的终端登录，只需从该文件中删除或者注释掉对应的行即可。例如，若要禁止 root 用户从 tty5、tty6 登录，可以修改 /etc/securetty 文件，将 tty5、tty6 行注释掉。

```
[root@localhost ~]# vi /etc/securetty
……                                        //省略部分内容
#tty5
#tty6
```

3. 禁止普通用户登录

当服务器正在进行备份或调试等维护工作时，可能不希望再有新的用户登录系统。这时候，只需要简单地建立 /etc/nologin 文件即可。login 程序会检查 /etc/nologin 文件是否存在，如果存在则拒绝普通用户登录系统（root 用户不受限制）。

```
[root@localhost ~]# touch /etc/nologin
```

此方法实际上是利用了 shutdown 延迟关机的限制机制，只建议在服务器维护期间临时使用。手动删除 /etc/nologin 文件，即可恢复正常。

13.3 弱口令检测、端口扫描

本节将学习使用两个安全工具——John the Ripper 和 NMAP，前者用来检测系统账号的密码强度，后者用来执行端口扫描任务。

13.3.1 弱口令检测——John the Ripper

在 Internet 环境中，过于简单的口令是服务器面临的最大风险。尽管大家都知道设置一个更长、更复杂的口令会更加安全，但总是会有一些用户因贪图方便而采用简单、易记的口令字串。对于任何一个承担着安全责任的管理员，及时找出这些弱口令账户是非常必要的，这样便于采取进一步的安全措施（如提醒账号重设更安全的口令）。

John the Ripper 是一款开源的密码破解工具，能够在已知密文的情况下快速分析出明文的密码字串，支持 DES、MD5 等多种加密算法，而且允许使用密码字典（包含各种密码组合的列表文件）来进行暴力破解。通过使用 John the Ripper，可以检测 Linux/UNIX 系统用户的密码强度。

1．下载并安装 John the Ripper

John the Ripper 的官方网站是 http://www.openwall.com/john/，在该网站可以获取最新的稳定版源码包，如 john-1.11.0.tar.gz。

以源码包 john-1.11.0.tar.gz 为例，解压后可看到三个子目录——doc、run、src，分别表示手册文档、运行程序、源码文件，除此之外还有一个链接的说明文件 README。其中，doc 目录下包括 README、INSTALL、EXAMPLES 等多个文档，提供了较全面的使用指导。

```
[root@localhost ~]# tar zxf john-1.11.0.tar.gz
[root@localhost ~]# cd john-1.11.0
[root@localhost john-1.11.0]# ls -ld *
drwxr-xr-x 2 root root 4096 7 月  13 11:46 doc
lrwxrwxrwx 1 root root   10 7 月  13 11:46 README -> doc/README
drwxr-xr-x 2 root root 4096 7 月  13 11:46 run
drwxr-xr-x 2 root root 4096 7 月  13 11:46 src
[root@localhost john-1.11.0]# ls doc/
CHANGES  CONTACT  CREDITS  EXTERNAL  INSTALL  MODES   README
CONFIG   COPYING  EXAMPLES  FAQ      LICENSE  OPTIONS  RULES
```

切换到 src 子目录并执行“make clean linux-x86-64”命令，即可执行编译过程。若单独执行 make 命令，将列出可用的编译操作、支持的系统类型。编译完成以后，run 子目录下会生成一个名为 john 的可执行程序。

```
[root@localhost src]# make clean linux-x86-64
……                                                    //省略编译信息
[root@localhost src]# ls ../run/john                  //确认已生成可执行程序 john
../run/john
```

John the Ripper 不需要特别的安装操作，编译完成后的 run 子目录中包括可执行程序 john 及相关的配置文件、字典文件等，可以复制到任何位置使用。

2. 检测弱口令账号

在安装有 John the Ripper 的服务器中，可以直接对 /etc/shadow 文件进行检测。对于其他 Linux 服务器，可以对 shadow 文件进行复制，并传递给 john 程序进行检测。只需执行 run 目录下的 john 程序，将待检测的 shadow 文件作为命令行参数，就可以开始弱口令分析了。

```
[root@localhost src]# cp /etc/shadow /root/shadow.txt        //准备待破解的密码文件
[root@localhost src]# cd ../run
[root@localhost run]# ./john /root/shadow.txt                //执行暴力破解
Loaded 8 password hashes with 8 different salts (crypt, generic crypt(3) [?/64])
Press 'q' or Ctrl-C to abort, almost any other key for status
zhangsan        (zhangsan)
nwod-b          (b-down)
123456          (kadmin)
a1b2c3          (kcce)
iloveyou        (lisi)
……                                                           //按 Ctrl+C 组合键中止后续过程
```

在执行过程中，分析出来的弱口令账号将即时输出，第一列为密码字串，第二列的括号内为相应的用户名（如用户 kadmin 的密码为“123456”）。默认情况下，john 将针对常见的弱口令设置特点，尝试破解已识别的所有密文字串，如果检测的时间太长，可以按 Ctrl+C 组合键强行终止。破解出的密码信息自动保存到 john.pot 文件中，可以结合“--show”选项进行查看。

```
[root@localhost run]# ./john --show /root/shadow.txt         //查看已破解出的账户列表
kadmin:123456:15114:0:99999:7:::
zhangsan:zhangsan:15154:0:99999:7:::
kcce:a1b2c3:15154:0:99999:7:::
b-down:nwod-b:15146:0:99999:7:::
lisi:iloveyou:15154:0:99999:7:::
5 password hashes cracked, 3 left
```

3. 使用密码字典文件

对于密码的暴力破解，字典文件的选择很关键。只要字典文件足够完整，密码破解只是时间上的问题。因此，关于“什么样的密码才足够强壮”取决于用户的承受能力，有人认为超过 72 小时仍无法破解的密码才算安全，也可能有人认为至少暴力分析一个月仍无法破解的密码才足够安全。

John the Ripper 默认提供的字典文件为 password.lst，其列出了 3000 多个常见的弱口令。如果有必要，用户可以在字典文件中添加更多的密码组合，也可以直接使用更加完整的其他字典文件。执行 john 程序时，可以结合“--wordlist=”选项来指定字典文件的位置，以便对指定的密码文件进行暴力分析。

```
[root@localhost run]# :> john.pot              //清空已破解出的账户列表，以便重新分析
[root@localhost run]# ./john --wordlist=./password.lst /root/shadow.txt
Loaded 8 password hashes with 8 different salts (crypt, generic crypt(3) [?/64])
Press 'q' or Ctrl-C to abort, almost any other key for status
123456        (jerry)
123456        (kadmin)
a1b2c3        (kcce)
iloveyou      (lisi)
4g 0:00:00:01 100% 2.962g/s 71.11p/s 284.4c/s 284.4C/s 123456..pepper
Use the "--show" option to display all of the cracked passwords reliably
Session completeted
```

从上述结果可以看出，由于字典文件中的密码组合较少，因此仅破解出其中四个账号的口令。也不难看出，像“123456”“iloveyou”之类的密码有多脆弱了。

13.3.2 网络扫描——NMAP

NMAP 是一个强大的端口扫描类安全评测工具，官方站点是 http://nmap.org/。NMAP 被设计为检测主机数量众多的巨大网络，支持 ping 扫描、多端口检测、OS 识别等多种技术。使用 NMAP 定期扫描内部网络，可以找出网络中不可控的应用服务，及时关闭不安全的服务，减小安全风险。

1. 安装 NMAP 软件包

在 CentOS 6 系统中，既可以使用光盘自带的 nmap-5.51.3.el6.x86_64.rpm 安装包，也可以使用从 NMAP 官方网站下载的最新版源码包，这里以 RPM 方式安装的 nmap 软件包为例。

```
[root@localhost ~]# mount /dev/cdrom /media/cdrom/
[root@localhost ~]# rpm -ivh /media/cdrom/Packages/nmap-5.51.3.el6.x86_64.rpm
```

2. 扫描语法及类型

NMAP 的扫描程序位于 /usr/bin/nmap 目录下，使用时基本命令格式如下所示。

```
nmap [ 扫描类型 ] [ 选项 ] < 扫描目标 ...>
```

其中，扫描目标可以是主机名、IP 地址或网络地址等，多个目标以空格分隔；常用的选项有“-p”“-n”，分别用来指定扫描的端口、禁用反向 DNS 解析（以加快扫描速度）；扫描类型决定着检测的方式，也直接影响扫描的结果。

比较常用的几种扫描类型如下。

- -sS，TCP SYN 扫描（半开扫描）：只向目标发出 SYN 数据包，如果收到 SYN/ACK 响应包就认为目标端口正在监听，并立即断开连接；否则认为目标端口并未开放。
- -sT，TCP 连接扫描：这是完整的 TCP 扫描方式，用来建立一个 TCP 连接，如果成功则认为目标端口正在监听服务，否则认为目标端口并未开放。
- -sF，TCP FIN 扫描：开放的端口会忽略这种数据包，关闭的端口会回应 RST 数据包。许多防火墙只对 SYN 数据包进行简单过滤，而忽略了其他形式的 TCP 攻击包。这种类型的扫描可间接检测防火墙的健壮性。
- -sU，UDP 扫描：探测目标主机提供哪些 UDP 服务，UDP 扫描的速度会比较慢。
- -sP，ICMP 扫描：类似于 ping 检测，快速判断目标主机是否存活，不做其他扫描。
- -P0，跳过 ping 检测：这种方式认为所有的目标主机是存活的，当对方不响应 ICMP 请求时，使用这种方式可以避免因无法 ping 通而放弃扫描。

3. 扫描操作示例

为了更好地说明 nmap 命令的用法，下面介绍几个扫描操作的实际例子。

- 针对本机进行扫描，检查开放了哪些常用的 TCP 端口、UDP 端口。

```
[root@localhost ~]# nmap 127.0.0.1                    //扫描常用的 TCP 端口
Starting Nmap 5.51 ( http://nmap.org ) at 2014-07-13 12:11 CST
Nmap scan report for localhost (127.0.0.1)
Host is up (0.000010s latency).
Not shown: 997 closed ports
PORT     STATE SERVICE
22/tcp   open  ssh
631/tcp  open  ipp
3306/tcp open  mysql

Nmap done: 1 IP address (1 host up) scanned in 0.31 seconds

[root@localhost ~]# nmap -sU 127.0.0.1                //扫描常用的 UDP 端口
Starting Nmap 5.51 ( http://nmap.org ) at 2014-07-13 12:13 CST
Nmap scan report for localhost (127.0.0.1)
Host is up (0.000011s latency).
Not shown: 998 closed ports
PORT    STATE         SERVICE
68/udp  open|filtered dhcpc
631/udp open|filtered ipp

Nmap done: 1 IP address (1 host up) scanned in 1.32 seconds
```

在扫描结果中，STATE 列若为 open 则表示端口为开放状态，为 filtered 表示可能被防火墙过滤，为 closed 表示端口为关闭状态。

- 检查 192.168.4.0/24 网段中有哪些主机提供 FTP 服务。

```
[root@localhost ~]# nmap -p 21 192.168.4.0/24
Starting Nmap 5.51 (http://nmap.org) at 2014-07-07 04:34 CST
Nmap scan report for 192.168.4.11
Host is up (0.00014s latency).
PORT   STATE    SERVICE
21/tcp filtered  ftp
MAC Address: 00:0C:29:57:8B:DD (VMware)
…… // 省略部分内容
Nmap done: 256 IP addresses (17 hosts up) scanned in 12.483 seconds
```

- 快速检测 192.168.4.0/24 网段中有哪些存活主机（能 ping 通）。

```
[root@localhost ~]# nmap -n -sP 192.168.4.0/24
Starting Nmap 5.51 (http://nmap.org) at 2014-07-07 04:40 CST
Nmap scan report for 192.1611.4.110
Host is up (0.00028s latency).
MAC Address: 00:0C:29:99:01:07 (VMware)
Nmap scan report for 192.1611.4.120
Host is up (0.00011s latency).
MAC Address: 00:50:56:C0:00:01 (VMware)
…… // 省略部分内容
Nmap done: 256 IP addresses (17 hosts up) scanned in 12.842 seconds
```

- 检测 IP 地址位于 192.168.4.100 ～ 200 的主机是否开启文件共享服务。

```
[root@localhost ~]# nmap -p 139,445 192.168.4.100-200
Starting Nmap 5.51 (http://nmap.org) at 2014-07-07 04:44 CST
Nmap scan report for 192.1611.4.110
Host is up (0.00028s latency).
PORT    STATE SERVICE
139/tcp open  netbios-ssn
445/tcp open  microsoft-ds
MAC Address: 00:0C:29:99:01:07 (VMWare)
Nmap done: 101 IP addresses (1 host up) scanned in 12.163 seconds
```

实际上，NMAP 提供的扫描类型、选项还有很多，适用于不同的扫描需求，本章仅介绍了其中一小部分常用的操作，更多用法还需要大家进一步通过实践去掌握。

本章总结

- 使用 su 命令，可以切换为其他用户身份，并拥有该用户的所有权限。切换时以目标用户的密码进行验证。
- 使用 sudo 命令，可以以其他用户的权限执行已授权的命令，初次执行时以使用者自己的密码进行验证。
- PAM（Pluggable Authentication Modules），是 Linux 系统可插拔认证模块。
- 通过为 GRUB 菜单设置密码，可以防止未经授权的修改。

- 对于远程管理的 Linux 服务器，可减少开放的本地终端数量。
- John the Ripper 是一款密码破解工具，可用来检测系统账号的密码安全性。
- NMAP 是一款端口扫描类工具，可用来检查目标主机、网络所开放的端口 / 服务等信息。

本章作业

1．通过 sudo 授权用户 watcher 能够使用 shutdown 命令重启系统，但禁止关机。

2．通过 sudo 授权用户 svcadmin 能够管理各种系统服务。

3．修改 grub.conf 文件，设置密码“adm@123”，以防止任意修改 GRUB 引导参数。

4．主机 192.168.4.254 已禁止 ping 测试，若要检测该主机是否开放 TCP 1433 或 3306 端口，使用 nmap 命令应该如何操作？

5．用课工场 APP 扫一扫完成在线测试，快来挑战吧！

随手笔记

第14章

深入理解 Linux 文件系统

技能目标

- 理解 inode 与 block
- 理解硬链接与软链接
- 掌握恢复误删除文件的方法
- 掌握常见的日志文件及其分析方法
- 掌握用户日志及其查询命令

本章导读

在处理 Linux 系统出现的各种故障时，故障的症状是最易发现的，而导致这一故障的原因才是最终排除故障的关键。熟悉 Linux 系统中常见的日志文件，了解一般故障的分析与解决办法，将有助于管理员快速定位故障点，“对症下药”，及时解决各种系统问题。另外，之前我们学习过在 Linux 系统下通过分区、格式化来创建文件系统，而文件系统的运行又与 block 和 inode 有关。

本章主要来深入地了解 Linux 系统的文件系统和日志文件分析，并通过一些实例介绍常见系统故障的分析与排除过程。由于故障现象的不确定性，在进行一些模拟故障的操作之前，一定要提前做好数据备份。

知识服务

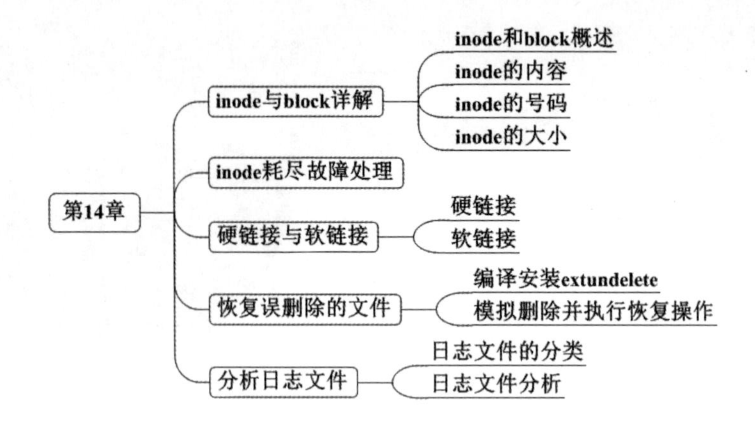

14.1 深入理解 Linux 文件系统

14.1.1 inode 与 block 详解

崭新的操作系统的文件数据除了实际内容外，通常含有非常多的属性，例如 Linux 操作系统的文件权限（rwx）与文件属性（所有者、群组、时间参数等）。文件系统通常会将这两部分分别存放在 inode 和 block 中。

1. inode 和 block 概述

文件是存储在硬盘上的，硬盘的最小存储单位叫做“扇区”（sector），每个扇区存储 512 字节。

操作系统读取硬盘的时候，不会一个个扇区地读取，这样效率太低，而是一次性连续读取多个扇区，即一次性读取一个“块”（block）。这种由多个扇区组成的“块”，是文件存取的最小单位。“块”的大小，最常见的是 4KB，即连续八个 sector 组成一个 block。

文件数据存储在“块”中，那么还必须找到一个地方存储文件的元信息，比如文件的创建者、文件的创建日期、文件的大小等等。这种存储文件元信息的区域就叫做 inode，中文译名为“索引节点”，也叫 i 节点。因此，一个文件必须占用一个 inode，但至少占用一个 block，如图 14.1 所示。

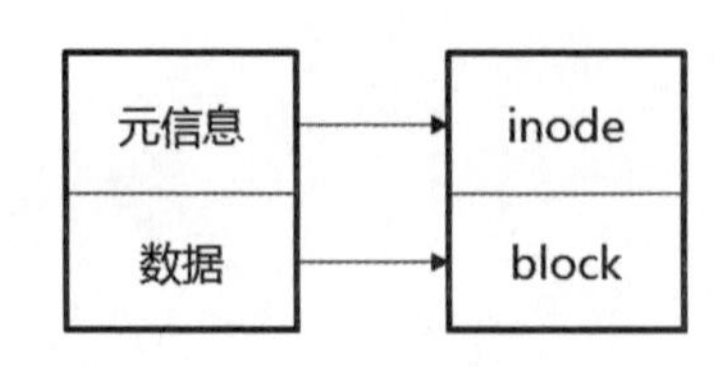

图 14.1　inode 与 block

2. inode 的内容

inode 包含很多的文件元信息，但不包含文件名，例如：

- 文件的字节数
- 文件拥有者的 UserID
- 文件的 GroupID
- 文件的读、写、执行权限
- 文件的时间戳
- ……

使用 stat 命令即可查看某个文件的 inode 信息。

```
[root@localhost ~]# stat install.log
 File: "install.log"
 Size: 47276          Blocks: 104      IO Block: 4096   普通文件
Device: fd00h/64768d  Inode: 262146      Links: 1
Access: (0644/-rw-r--r--)  Uid: (    0/    root)   Gid: (    0/    root)
Access: 2015-09-16 13:42:16.308999956 +0800
Modify: 2015-09-16 13:52:07.756999691 +0800
Change: 2015-09-16 13:52:18.601999687 +0800
```

Linux 系统文件有三个主要的时间属性，分别是 ctime（change time）、atime（access time）、mtime（modify time）。

- ctime（change time）是最后一次改变文件或目录（属性）的时间，例如执行 chmod、chown 等命令。
- atime（access time）是最后一次访问文件或目录的时间。
- mtime（modify time）是最后一次修改文件或目录（内容）的时间。

3. inode 的内容

刚才说 inode 中并不包括文件名，其实，文件名是存放在目录当中的。Linux 系统中一切皆文件，因此目录也是一种文件，图 14.2 为目录文件的结构。

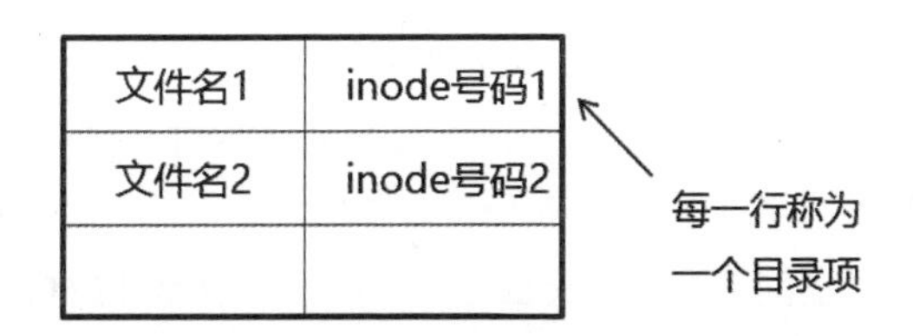

图 14.2　目录文件结构

每个 inode 都有一个号码，操作系统用 inode 号码来识别不同的文件，Linux 系统内部不使用文件名，而使用 inode 号码来识别文件。对于系统来说，文件名只是 inode 号码便于识别的别称。

4. inode 的号码

表面上，用户是通过文件名来打开文件，实际上，在系统内部这个过程分成三步：

（1）系统找到这个文件名对应的 inode 号码。

（2）通过 inode 号码，获取 inode 信息。

（3）根据 inode 信息，找到文件数据所在的 block，读出数据。

使用 ls -i 命令，可以直接查看到文件名所对应的 inode 号码；使用 stat 命令，则是可以通过查看文件 inode 信息而查看到 inode 号码。

```
[root@localhost ~]# stat install.log
  File: "install.log"
  Size: 47276          Blocks: 104        IO Block: 4096   普通文件
Device: fd00h/64768d  Inode: 262146      Links: 1
Access: (0644/-rw-r--r--)  Uid: (    0/    root)   Gid: (    0/    root)
Access: 2015-09-16 13:42:16.308999956 +0800
Modify: 2015-09-16 13:52:07.756999691 +0800
Change: 2015-09-16 13:52:18.601999687 +0800
[root@localhost ~]#
[root@localhost ~]#
[root@localhost ~]# ls -i install.log
262146 install.log
```

由此可知，当一个用户在 Linux 系统中试图访问一个文件时，系统会先根据文件名去查找它的 inode，看该用户是否具有访问这个文件的权限，如果有，就指向相对应的数据 block，如果没有，就返回 Permission denied。而一块硬盘分区后的结构则是如图 14.3 所示。

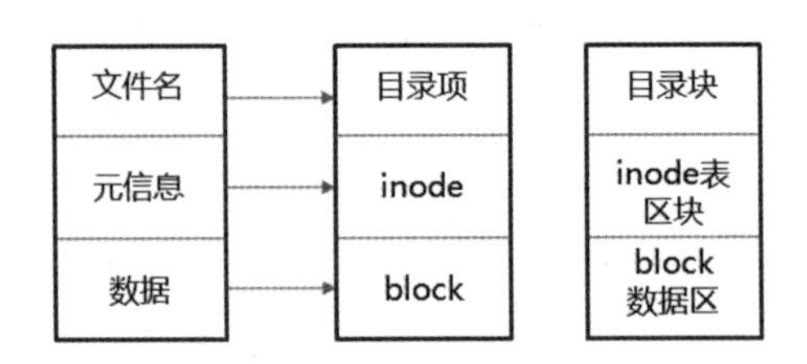

图 14.3　硬盘分区后的结构

5. inode 的大小

inode 也会消耗硬盘空间，每个 inode 的大小，一般是 128 字节或 256 字节。inode 的总数，在格式化时就给定。执行命令“ df -i”即可查看每个硬盘分区的 inode 总数和已经使用的数量。查看每个 inode 的大小，可以用命令“dumpe2fs -h /dev/mapper/VolGroup-lv_root | grep "Inode size"”查看。注意：该命令在 CentOS 7 上运行报错。

```
[root@localhost ~]# df -i
Filesystem             Inodes  IUsed  IFree IUse% Mounted on
/dev/mapper/VolGroup-lv_root 3276800 124742 3152058    4% /
```

```
tmpfs                    489727     5  489722    1% /dev/shm
/dev/sda1                128016    39  127977    1% /boot
/dev/mapper/VolGroup-lv_home 2992416    11 2992405    1% /home
/dev/sr0                      0     0       0     - /media/CentOS_6.5_Final
[root@localhost ~]#
[root@localhost ~]#
[root@localhost ~]# dumpe2fs -h /dev/mapper/VolGroup-lv_root | grep "Inode
size"
dumpe2fs 1.41.12 (17-May-2010)
Inode size:          256
```

由于 inode 号码与文件名分离，这种机制导致了一些 UNIX/Linux 系统特有的现象。

- 有时，文件名包含特殊字符，无法正常删除。这时，直接删除 inode，就能起到删除文件的作用。
- 移动文件或重命名文件，只是改变文件名，不影响 inode 号码。
- 打开一个文件以后，系统就以 inode 号码来识别这个文件，不再考虑文件名。

这使得软件更新变得简单，可以在不关闭软件的情况下进行更新，不需要重启。因为系统通过 inode 号码，识别运行中的文件，不通过文件名。更新的时候，新版文件以同样的文件名，生成一个新的 inode，不会影响到运行中的文件。等到下一次运行这个软件的时候，文件名就自动指向新版文件，旧版文件的 inode 则被回收。

14.1.2　inode 耗尽故障处理

由于每个文件都必须有一个 inode，因此有可能发生 inode 已经用光，但是硬盘还未存满的情况。这时，就无法在硬盘上创建新文件。

下面将通过一个案例来模拟文件系统中文件数量耗尽的故障。

1. 案例描述

（1）案例环境

在一台配置较低的 Linux 服务器（内存、硬盘比较小）的 /data 分区内创建文件时，系统提示磁盘空间不足，用 df -h 命令查看了一下磁盘使用情况，发现 /data 分区只使用了 66%，还有 12G 的剩余空间，按理说不会出现这种问题。 后来用 df -i 查看了一下 /data 分区的 inode，发现已经用满，导致系统无法创建新目录和文件。

（2）故障原因

/data/cache 目录中存在数量非常多的小字节缓存文件，占用的 block 不多，但是占用了大量的 inode 。

（3）解决方案

删除 /data/cache 目录中的部分文件，释放出 /data 分区的一部分 inode。

2. 模拟 i 节点耗尽故障

具体步骤如下。

（1）新建一个约 32MB 大小的 EXT4 文件系统（如 /dev/sdb7），将其挂载到 /data 目录下。并使用带“-i”选项的 df 命令确认该文件系统中 i 节点的使用情况。

```
[root@localhost ~]# mkdir /data
[root@localhost ~]# mount /dev/sdb7 /data
[root@localhost ~]# df -i /data
文件系统      Inode  (I) 已用 (I) 可用 (I) 已用 % 挂载点
/dev/sdb7     8032        11      8021        1%      /data
```

（2）参考如下内容编写一个测试程序，运行该程序后可以耗尽 /dev/sdb7 分区中所有可用的 i 节点（8021 个）。关于脚本程序的相关知识，将在后续课程中专门学习，这里只需复制文本使用即可。

```
[root@localhost ~]# vi killinode.sh              // 新建测试程序 killinode.sh, 内容如下
#!/bin/bash
i=1
while [ $i -le 8021 ]
do
touch /data/file$i
let i++
done
[root@localhost ~]# sh killinode.sh&             // 运行该测试程序
[root@localhost ~]# df -i /data                  // 确认 i 节点占用情况
文件系统      Inode  (I) 已用 (I) 可用 (I) 已用 % 挂载点
/dev/sdb7     8032     8032      0       100%     /data
```

（3）当 i 节点耗尽以后，在该文件系统中再创建新的文件时，将会出现“设备上没有空间”的错误假象。通过 df 命令可以查看到该分区中实际上还有可用的剩余空间，但是因为 i 节点数已经用完，所以无法创建新的文件。

```
[root@localhost ~]# touch /data/newfile
touch: 无法创建 "/data/newfile": 设备上没有空间
[root@localhost ~]# df -hT /data                 // 确认磁盘空间占用情况
文件系统  类型  容量  已用   可用  已用 % 挂载点
/dev/sdb7  ext4  31M  1.6M  28M   6%     /data
```

（4）修复 i 节点耗尽故障。

理解 i 节点耗尽故障的根结以后，问题就比较好解决了。只需要找出该分区中占用大量 i 节点的细小文件，并进行转移或者删除即可。对于许多用户公用的文件系统，建议为相关用户设置磁盘限额（包括文件数量、磁盘空间两方面）。

```
[root@localhost ~]# rm -rf /data/file*
```

14.1.3 硬链接与软链接

在 Linux 下面的链接文件有两种，一种类似于 Windows 的快捷方式功能的文件，

可以快速连接到目标文件或目录；另一种则是通过文件系统的 inode 链接来产生的新文件名，而不是产生新文件，这种称之为硬链接。

1. 硬链接

一般情况下，文件名和 inode 号码是一一对应关系，每个 inode 号码对应一个文件名。但是 Linux 系统允许，多个文件名指向同一个 inode 号码。这意味着，可以用不同的文件名访问同样的内容。ln 命令可以创建硬链接，命令的基本格式为：

```
ln 源文件 目标
```

运行该命令以后，源文件与目标文件的 inode 号码相同，都指向同一个 inode。inode 信息中的“链接数”这时就会增加 1 。

当一个文件拥有多个硬链接时，对文件内容修改，会影响到所有文件名，但是，删除一个文件名，不影响另一个文件名的访问。删除一个文件名，就会使得 inode 中的“链接数”减 1。

不能对目录做硬链接。

通过 mkdir 命令创建一个新目录 /app/kgc，其硬链接数应该有 2 个，因为常见的目录本身为 1 个硬链接，而目录 kgc 下面的隐藏目录 .（点号）是该目录的又一个硬链接，也算是 1 个链接数。

```
[root@localhost ]# mkdir /app/kgc
[root@localhost ]# ls -ld /app/kgc/
drwxr-xr-x 2 root root 4096 9 月  2 15:21 /app/kgc/
```

2. 软链接

软链接就是再创建一个独立的文件，而这个文件会让数据的读取指向它连接的那个文件的文件名。例如，文件 A 和文件 B 的 inode 号码虽然不一样，但是文件 A 的内容是文件 B 的路径。读取文件 A 时，系统会自动将访问者导向文件 B。这时，文件 A 就称为文件 B 的“软链接”（soft link）或者“符号链接”（symbolic link）。

这意味着，文件 A 依赖于文件 B 而存在，如果删除了文件 B，打开文件 A 就会报错。这是软链接与硬链接最大的不同：文件 A 指向文件 B 的文件名，而不是文件 B 的 inode 号码，文件 B 的 inode“链接数”不会因此发生变化。

软链接的创建命令的基本格式为：

```
ln -s 源文件或目录 目标文件或目录
```

14.1.4 恢复误删除的文件

我们删除一个文件，实际上并不清除 inode 节点和 block 的数据，只是在这个文件的父目录里面的 block 中，删除这个文件的名字。Linux 是通过 Link 的数量来控制文件删除的，只有当一个文件不存在任何 Link 的时候，这个文件才会被删除。

在 Linux 系统运维工作中，经常会遇到因操作不慎、操作错误等导致文件数据丢失的情况，尤其对于客户企业中一些新手。当然，这里所指的是彻底删除，即已经不能通过“回收站”找回的情况，比如使用“rm -rf”来删除数据。针对 Linux 下的 EXT 文件系统，可用的恢复工具有 debugfs、ext3grep、extundelete 等。其中 extundelete 是一个开源的 Linux 数据恢复工具，支持 ext3、ext4 文件系统。

在数据被误删除后，第一时间要做的就是卸载被删除数据所在的分区，如果是根分区的数据遭到误删，就需要将系统进入单用户模式，并且将根分区以只读模式挂载。这样做的原因很简单，因为将文件删除后，仅仅是将文件的 inode 节点中的扇区指针清零，实际文件还存储在磁盘上，如果磁盘继续以读写模式挂载，这些已删除的文件的数据块就可能被操作系统重新分配出去，在这些数据库被新的数据覆盖后，这些数据就真的丢失了，恢复工具也回天无力。所以以只读模式挂载磁盘可以尽量降低数据库中数据被覆盖的风险，以提高恢复数据成功的比例。

下面我们将介绍使用 extundelete 工具如何恢复 CentOS 6.5 中误删除的文件。

1. 编译安装 extundelete

在编译安装 extundelete 之前需要先安装两个依赖包 e2fsprogs-libs-1.41.12-18.el6.x86_64.rpm 和 e2fsprogs-devel-1.41.12-18.el6.x86_64.rpm，这两个包在系统安装光盘的 /Package 目录下就有，使用 rpm 命令将其安装。e2fsprogs-devel-1.41.12-18.el6.x86_64.rpm 安装依赖于 libcom_err-devel 包。

安装完依赖包之后，即可将提前上传的 extundelete 软件包解压、配置、编译、安装。

```
[root@localhost ~]# tar jxf extundelete-0.2.4.tar.bz2
[root@localhost ~]# ls
aa.txt      extundelete-0.2.4.tar.bz2  公共的  图片  音乐 extundelete-0.2.4
..........
[root@localhost ~]# cd extundelete-0.2.4
[root@localhost extundelete-0.2.4]# ./configure
Configuring extundelete 0.2.4
Writing generated files to disk
[root@localhost extundelete-0.2.4]#
[root@localhost extundelete-0.2.4]# make && make install
make -s all-recursive
Making all in src
extundelete.cc:571: 警告：未使用的参数“flags”
Making install in src
 /usr/bin/install -c extundelete '/usr/local/bin'
```

2. 模拟删除并执行恢复操作

（1）使用 fdisk 命令创建新分区，将其挂载到 /tmp 目录下，往该目录下新建一些文件或目录

```
[root@localhost ~]# mount /dev/sdb1 /tmp/
```

```
[root@localhost tmp]# echo a>a
[root@localhost tmp]# echo a>b
[root@localhost tmp]# echo a>c
[root@localhost tmp]# echo a>d
[root@localhost tmp]# ls
a  b  c  d  lost+found
```

执行完命令“extundelete /dev/sdb1”后输入“y”即可查看该文件系统的使用情况。

也可以使用“extundelete /dev/sdb1 --inode 2”查看文件系统 /dev/sdb1 下存在哪些文件，具体的使用情况。其中 --inode 2 代表从 i 节点为 2 的文件开始查看，一般文件系统格式化挂载之后，i 节点是从 2 开始的，2 代表该文件系统最开始的目录。

（2）模拟误操作并恢复

使用“rm -rf a b”命令删除 /tmp/ 下的 a 文件和 b 文件，当出现误操作时，立刻卸载该文件系统，然后使用“extundelete /dev/sdb1 --restore-all”恢复 /dev/sdb1 文件系统下的所有内容。

```
[root@localhost tmp]# rm -rf a b
[root@localhost tmp]# ls
c  d  lost+found
[root@localhost tmp]# cd
[root@localhost ~]# umount /tmp/
[root@localhost ~]# extundelete /dev/sdb1 --restore-all
NOTICE: Extended attributes are not restored.
Loading filesystem metadata ... 640 groups loaded.
................
```

执行完恢复的命令后，在当前目录下会出现一个 /RECOVERED_FILES/ 目录，里面保存了已经恢复的文件。

```
[root@localhost ~]# cd RECOVERED_FILES/
[root@localhost RECOVERED_FILES]# ls
a  b
```

当然 extundelete 的用法还有很多，可以通过 help 查看详细用法。

14.2 分析日志文件

日志文件是用于记录 Linux 系统中各种运行消息的文件，相当于 Linux 主机的“日记”。不同的日志文件记载了不同类型的信息，如 Linux 内核消息、用户登录事件、程序错误等。

日志文件对于诊断和解决系统中的问题很有帮助，因为在 Linux 系统中运行的程序通常会把系统消息和错误消息写入相应的日志文件，这样系统一旦出现问题就会“有据可查”。此外，当主机遭受攻击时，日志文件还可以帮助寻找攻击者留下的痕迹。本节将对 Linux 系统中的主要日志文件及分析方法进行介绍。

14.2.1 日志文件的分类

本小节将简单介绍日志数据的种类及常见日志文件的用途。在 Linux 系统中，日志数据主要包括以下三种类型。

- 内核及系统日志：这种日志数据由系统服务 rsyslog 统一管理，根据其主配置文件 /etc/rsyslog.conf 中的设置决定将内核消息及各种系统程序消息记录到什么位置。系统中有相当一部分程序会把自己的日志文件交由 rsyslog 管理，因而这些程序使用的日志记录也具有相似的格式。
- 用户日志：这种日志数据用于记录 Linux 系统用户登录及退出系统的相关信息，包括用户名、登录的终端、登录时间、来源主机、正在使用的进程操作等。
- 程序日志：有些应用程序会选择由自己独立管理一份日志文件（而不是交给 rsyslog 服务管理），用于记录本程序运行过程中的各种事件信息。由于这些程序只负责管理自己的日志文件，因此不同程序所使用的日志记录格式可能会存在较大的差异。

Linux 系统本身和大部分服务器程序的日志文件默认都放在目录 /var/log/ 下。一部分程序共用一个日志文件，一部分程序使用单个日志文件，而有些大型服务器程序由于日志文件不止一个，所以会在 /var/log/ 目录中建立相应的子目录来存放日志文件，这样既保证了日志文件目录的结构清晰，又可以快速定位日志文件。有相当一部分日志文件只有 root 用户才有权限读取，这保证了相关日志信息的安全性。

对于 Linux 系统中的日志文件，有必要了解其各自的用途，这样才能在需要的时候更快地找到问题所在，及时解决各种故障。下面介绍常见的一些日志文件。

- /var/log/messages：记录 Linux 内核消息及各种应用程序的公共日志信息，包括启动、1/0 错误、网络错误、程序故障等。对于未使用独立日志文件的应用程序或服务，一般都可以从该日志文件中获得相关的事件记录信息。
- /var/log/cron：记录 crond 计划任务产生的事件信息。
- /var/log/dmesg：记录 Linux 系统在引导过程中的各种事件信息。
- /var/log/maillog：记录进入或发出系统的电子邮件活动。
- /var/log/lastlog：记录每个用户最近的登录事件。
- /var/log/secure：记录用户认证相关的安全事件信息。
- /var/log/wtmp：记录每个用户登录、注销及系统启动和停机事件。
- /var/log/btmp：记录失败的、错误的登录尝试及验证事件。

14.2.2 日志文件分析

熟悉了系统中的主要日志文件以后，下面将介绍针对日志文件的分析方法。分析日志文件的目的在于通过浏览日志查找关键信息、对系统服务进行调试，以及判断发生故障的原因等。本小节将主要介绍三类日志文件的基本格式和分析方法。

对于大多数文本格式的日志文件（如内核及系统日志、大多数的程序日志），只要使用 tail、more、less、cat 等文本处理工具就可以查看日志内容。而对于一些二进制格式的日志文件（如用户日志），则需要使用特定的查询命令。

1. 内核及系统日志

内核及系统日志功能主要由默认安装的 rsyslog-5.8.10-8..el6.x86_64 软件包提供。rsyslog 服务所使用的配置文件为 /etc/rsyslog.conf。通过查看 /etc/rsyslog.conf 文件中的内容，可以了解到系统默认的日志设置。

```
[root@localhost ~]# grep -v "^$" /etc/rsyslog.conf                //过滤掉空行
# rsyslog v5 configuration file
# For more information see /usr/share/doc/rsyslog-*/rsyslog_conf.html
# If you experience problems, see http://www.rsyslog.com/doc/troubleshoot.html
#### MODULES ####
$ModLoad imuxsock # provides support for local system logging (e.g. via logger command)
$ModLoad imklog   # provides kernel logging support (previously done by rklogd)
#$ModLoad immark  # provides --MARK-- message capability
# Provides UDP syslog reception
#$ModLoad imudp
#$UDPServerRun 514
# Provides TCP syslog reception
#$ModLoad imtcp
#$InputTCPServerRun 514
#### GLOBAL DIRECTIVES ####
# Use default timestamp format
$ActionFileDefaultTemplate RSYSLOG_TraditionalFileFormat
# File syncing capability is disabled by default. This feature is usually not required,
# not useful and an extreme performance hit
#$ActionFileEnableSync on
# Include all config files in /etc/rsyslog.d/
$IncludeConfig /etc/rsyslog.d/*.conf
#### RULES ####
# Log all kernel messages to the console.
# Logging much else clutters up the screen.
#kern.*                                          /dev/console
# Log anything (except mail) of level info or higher.
# Don't log private authentication messages!
*.info;mail.none;authpriv.none;cron.none         /var/log/messages
# The authpriv file has restricted access.
authpriv.*                                       /var/log/secure
# Log all the mail messages in one place.
mail.*                                           -/var/log/maillog
# Log cron stuff
cron.*                                           /var/log/cron
```

```
# Everybody gets emergency messages
*.emerg                                          *
# Save news errors of level crit and higher in a special file.
uucp,news.crit                                   /var/log/spooler
# Save boot messages also to boot.log
local7.*                                         /var/log/boot.log
# ### begin forwarding rule ###
# The statement between the begin ... end define a SINGLE forwarding
# rule. They belong together, do NOT split them. If you create multiple
# forwarding rules, duplicate the whole block!
# Remote Logging (we use TCP for reliable delivery)
#
# An on-disk queue is created for this action. If the remote host is
# down, messages are spooled to disk and sent when it is up again.
#$WorkDirectory /var/lib/rsyslog # where to place spool files
#$ActionQueueFileName fwdRule1 # unique name prefix for spool files
#$ActionQueueMaxDiskSpace 1g   # 1gb space limit (use as much as possible)
#$ActionQueueSaveOnShutdown on # save messages to disk on shutdown
#$ActionQueueType LinkedList   # run asynchronously
#$ActionResumeRetryCount -1    # infinite retries if host is down
# remote host is: name/ip:port, e.g. 192.1612.0.1:514, port optional
#*.* @@remote-host:514
# ### end of the forwarding rule ###
```

从配置文件 /etc/rsyslog.conf 中可以看到，受 rsyslogd 服务管理的日志文件都是 Linux 系统中最主要的日志文件，它们记录了 Linux 系统中内核、用户认证、邮件、计划任务等最基本的系统消息。在 Linux 内核中，根据日志消息的重要程度不同，将其分为不同的优先级别（数字等级越小，优先级越高，消息越重要）。

- 0 EMERG（紧急）：会导致主机系统不可用的情况。
- 1 ALERT（警告）：必须马上采取措施解决的问题。
- 2 CRIT（严重）：比较严重的情况。
- 3 ERR（错误）：运行出现错误。
- 4 WARNING（提醒）：可能影响系统功能，需要提醒用户的重要事件。
- 5 NOTICE（注意）：不会影响正常功能，但是需要注意的事件。
- 6 INFO（信息）：一般信息。
- 7 DEBUG（调试）：程序或系统调试信息等。

内核及大多数系统消息都被记录到公共日志文件 /var/log/messages 中，而其他一些程序消息被记录到各自独立的日志文件中，此外日志消息还能够记录到特定的存储设备中，或者直接发送给指定用户。查看 /var/log/messages 文件的内容如下。

```
[root@localhost ~]# more /var/log/messages
Jun  3 10:20:15 localhost rhsmd: In order for Subscription Manager to provide your system with
    updates, your system must be registered with the Customer Portal.
```

```
Please enter your Red Hat login to ensure your system is up-to-date.
Jun  3 11:41:23 localhost yum[21611]: Erased: firefox
Jun  3 13:26:35 localhost vmusr[2439]: [ warning] [GLib-GObject] Two different plugins tried to
    register 'BasicEngineFc'.
Jun  3 13:26:35 localhost vmusr[2439]: [critical] [GLib-GObject] g_object_new: assertion `G_TYPE_
    IS_OBJECT (object_type)' failed

……                          // 省略部分内容
```

对于 rsyslog 服务统一管理的大部分日志文件，使用的日志记录格式基本上都是相同的。以公共日志 /var/log/messages 文件的记录格式为例，其中每一行表示一条日志消息，每一条消息均包括以下四个字段。

- 时间标签：消息发出的日期和时间。
- 主机名：生成消息的计算机的名称。
- 子系统名称：发出消息的应用程序的名称。
- 消息：消息的具体内容。

在有些情况下，可以设置 rsyslog，使其在把日志信息记录到文件的同时将日志信息发送到打印机进行打印，这样无论网络入侵者怎样修改日志都不能清除入侵的痕迹。rsyslog 日志服务是一个常会被攻击的显著目标，破坏了它将会使管理员难以发现入侵以及入侵的痕迹，因此要特别注意监控其守护进程及配置文件。

关于日志工具 LogRotate 的介绍请参见本章的知识服务。

2. 用户日志

在 wtmp、btmp、lastlog 等日志文件中，保存了系统用户登录、退出等相关的事件消息。但是这些文件都是二进制的数据文件，不能直接使用 tail、less 等文本查看工具进行浏览，需要使用 users、who、w、last 和 lastb 等用户查询命令来获取日志信息。

（1）查询当前登录的用户情况——users、who、w 命令

users 命令只是简单地输出当前登录的用户名称，每个显示的用户名对应一个登录会话。如果一个用户有不止一个登录会话，那他的用户名将显示与其相同的次数。

```
[root@localhost ~]# users
root root root                    //root 用户打开三个终端
```

who 命令用于报告当前登录到系统中的每个用户的信息。使用该命令，系统管理员可以查看当前系统存在哪些不合法用户，从而对其进行审计和处理。who 的默认输出包括用户名、终端类型、登录日期及远程主机。

```
[root@localhost ~]# who
root    tty1      2014-05-31 15:51 (:0)
root    pts/0     2014-05-31 15:52 (:0.0)
root    pts/1     2014-06-03 14:55(10.0.0.12)
```

w 命令用于显示当前系统中的每个用户及其所运行的进程信息，比 users、who 命

令的输出内容要更加丰富一些。

```
[root@localhost ~]# w
 14:57:55 up 6:23,  3 users,  load average: 0.01, 0.00, 0.00
USER     TTY      FROM              LOGIN@   IDLE   JCPU   PCPU WHAT
root     tty1     :0                Sat15    2days  1:28   1:28  /usr/bin/Xorg :0 -nr -ver
root     pts/0    :0.0              Sat15    1.00s  0.73s  0.00s w
root     pts/1    10.0.0.12         14:552:03    0.14s  0.14s -bash
```

（2）查询用户登录的历史记录——last、lastb 命令

last 命令用于查询成功登录到系统的用户记录，最近的登录情况将显示在最前面。通过 last 命令可以及时掌握 Linux 主机的登录情况，若发现未经授权的用户登录过，表示当前主机可能已被入侵。

```
[root@localhost ~]# last
root     pts/1        10.0.0.12        Tue Jun  3 14:55   still logged in
root     pts/0        :0.0             Sat May 31 15:52   still logged in
root     pts/0        :0.0             Sat May 31 15:52 - 15:52  (00:00)
root     tty1         :0               Sat May 31 15:51   still logged in
reboot   system boot  2.6.32-431.el6.x Sat May 31 15:50 - 15:00 (2+23:09)
root     pts/0        :0.0             Sat May 31 15:33 - down   (00:16)
root     tty1         :0               Sat May 31 15:31 - down   (00:18)
reboot   system boot  2.6.32-431.el6.x Sat May 31 15:28 - 15:50  (00:21)
root     pts/0        :0.0             Sat May 31 15:18 - down   (00:09)
root     tty1         :0               Sat May 31 15:17 - down   (00:10)
reboot   system boot  2.6.32-431.el6.x Sat May 31 15:16 - 15:27  (00:11)
reboot   system boot  2.6.32-431.el6.x Sat May 31 15:13 - 15:16  (00:03)

wtmp begins Sat May 31 15:13:02 2014
```

lastb 命令用于查询登录失败的用户记录，如登录的用户名错误、密码不正确等情况都将记录在案。用于登录失败的情况属于安全事件，因为这表示可能有人在尝试猜解你的密码。除了使用 lastb 命令查看以外，也可以直接从安全日志文件 /var/log/secure 中获得相关信息。

```
[root@localhost ~]# lastb
tom      ssh:notty    10.0.0.12        Tue Jun  3 15:02 - 15:02  (00:00)
tom      ssh:notty    10.0.0.12        Tue Jun  3 15:02 - 15:02  (00:00)

btmp begins Tue Jun  3 15:02:44 2014
```

或者

```
[root@localhost ~]# tail /var/log/secure
Jun  3 10:46:06 localhost webmin[20501]: Successful login as root from 127.0.0.1
Jun  3 14:55:50 localhost sshd[24516]: Accepted passwordfor root from 10.0.0.12 port 49851 ssh2
Jun  3 14:55:50 localhost sshd[24516]: pam_unix(sshd:session): session opened for user root by (uid=0)
```

```
Jun  3 15:02:44 localhost sshd[24658]: Invalid user tom from 10.0.0.12
Jun  3 15:02:44 localhost sshd[24659]: input_userauth_request: invalid user tom
Jun  3 15:02:47 localhost sshd[24658]: pam_unix(sshd:auth): check pass; user unknown
Jun  3 15:02:47 localhost sshd[24658]: pam_unix(sshd:auth): authentication failure; logname= uid=0
    euid=0 tty=ssh ruser= rhost=10.0.0.12
Jun  3 15:02:47 localhost sshd[24658]: pam_succeed_if(sshd:auth): error retrieving information about
    user tom
Jun  3 15:02:49 localhost sshd[24658]: Failed password for invalid user tom from 10.0.0.12 port 49868 ssh2
```

从上述查询结果可以看到，tom 用户通过 SSH 出现了失败登录。

3. 程序日志

在 Linux 系统中，还有相当一部分应用程序并没有使用 rsyslog 服务来管理日志，而是由程序自己维护日志记录。例如，httpd 网站服务程序使用两个日志文件 access_log 和 error_log，分别记录客户访问事件、错误事件。由于不同应用程序的日志记录格式差别较大，并没有严格使用统一的格式，这里不再详细介绍。

总地来说，作为一名合格的系统管理人员，应该提高警惕，随时注意各种可疑状况，定期并随机地检查各种系统日志文件，包括一般信息日志、网络连接日志、文件传输日志及用户登录日志记录等。在检查这些日志时，要注意是否有不合常理的时间或操作记录。例如，出现以下一些现象就应多加注意。

- 用户在非常规的时间登录，或者用户登录系统的 IP 地址和以往的不一样。
- 用户登录失败的日志记录，尤其是那些一再连续尝试进入失败的日志记录。
- 非法使用或不正当使用超级用户权限。
- 无故或者非法重新启动各项网络服务的记录。
- 不正常的日志记录，如日志残缺不全，或者是诸如 wtmp 这样的日志文件无故缺少了中间的记录文件。

另外，尤其提醒管理人员注意的是，日志并不是完全可靠的，高明的黑客在入侵系统后，经常会打扫现场。所以需要综合运用以上的系统命令，全面、综合地进行审查和检测，切忌断章取义，否则将可能做出错误的判断。

本章总结

- 文件的数据存储在 block 中，元信息存放到 inode 当中。
- inode 存放的文件元信息中不包括文件名。
- Linux 系统内部不使用文件名，而使用 inode 号识别文件。
- 使用 extundelete 工具能够恢复误删除的文件。
- 日志数据常见的三种类型是内核及系统日志、用户日志、程序日志。

本章作业

1. 硬链接与软链接的区别是什么？
2. inode 存放了哪些元信息？
3. Linux 系统中的日志数据有哪几种类型？各自的用途是什么？
4. 日志消息包括哪几种优先级别？各自的含义是什么？
5. 用课工场 APP 扫一扫完成在线测试，快来挑战吧！